ライブラリ 物理学グラフィック講義=別巻2

グラフィック演習
電磁気学の基礎

和田 純夫 著

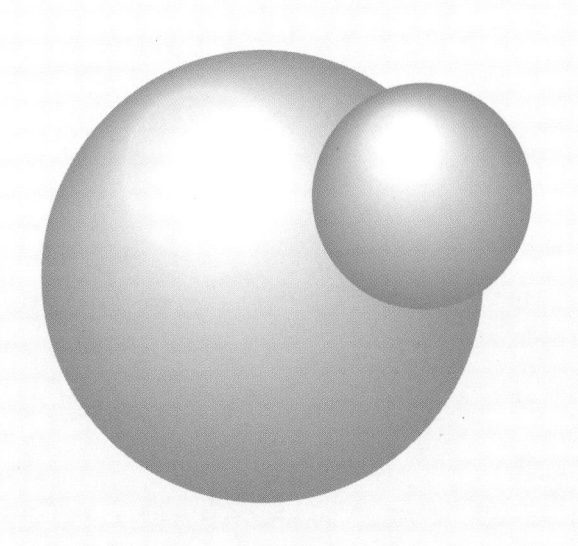

サイエンス社

サイエンス社のホームページのご案内
http://www.saiensu.co.jp
ご意見・ご要望は　rikei@saiensu.co.jp　まで．

まえがき

　本書は演習書なので，授業の補足として，あるいは何らかの教科書の理解を深めるために使っていただければ幸いである．構成やレベルは，姉妹書である『グラフィック講義』に合わせて決めてあるが，他の基礎的な教科書にも合った内容にしたつもりである．このレベルの演習書としては，回路についてかなり詳しく書いた．起電力や水流モデルの解説も，本書の特徴である．

　本書の各部分の関係については，4ページにチャートで示した．必要に応じて順番を考えて学習していただきたい．また，力学の巻では第0章で，「いかにして問題を解くか」として問題解法の一般論を議論したが，電磁気は力学と多少，事情が違うので，「いかにして電磁気学を理解するか」というテーマで，電磁気特有の注意点をまとめた．

　問題は各章ごとに，レベルを「理解度のチェック」，「基本問題」，「応用問題」の3つに分けてある．第1段階の「理解度のチェック」は，当り前過ぎると思われる問題もあるが，しばしば勘違いして理解されている内容が含まれている．また，日常生活では登場しない物理特有の概念を，正しく把握しているかということも問うている．高校物理を学んでいない，あるいは十分に理解していない読者も多いだろうことを想定した．ここをしっかりと理解してから先に進んでいただきたい．第3段階の「応用問題」は，興味深い問題だが必ずしも最初は学ばなくてもいいだろうというものも含まれている．

　勉強のスタイルは人さまざまだが，頑張って解答を見ずに解こうとしてもいいし，それが困難だと思ったら，最初から解答をちらちら見ながら解いてもいい．ただしその場合でも，自分なりの式を書いて，解答に書かれていることを納得しながら先に進んでいただきたい．実際に手を動かしながら考えるということは，演習書を学ぶときに非常に重要なことである．読者諸君の健闘を祈る．

2015年5月

和田純夫

目　　次

第0章　いかにして電磁気を理解するか　　　1

第1章　電気入門　　　6
- ポイント 6
- 理解度のチェック 10
- 基本問題 14
- 応用問題 18

第2章　電場と電位　　　20
- ポイント　1. 電場とガウスの法則 20
- 理解度のチェック　1. 電場とガウスの法則 22
- 基本問題　1. 電場とガウスの法則 26
- ポイント　2. 電位 32
- 理解度のチェック　2. 電位 34
- 基本問題　2. 電位 38
- ポイント　3. 導体とコンデンサー 42
- 理解度のチェック　3. 導体とコンデンサー 44
- 基本問題　3. 導体とコンデンサー 46
- 応用問題 52

第3章　直流回路　　　60
- ポイント 60
- 理解度のチェック 62
- 基本問題 68
- 応用問題 76

目　次　　　　　　　　　iii

第 4 章　磁気現象の基本　　84

- ポイント ………………………………………………… 84
- 理解度のチェック ……………………………………… 88
- 基本問題 ………………………………………………… 92
- 応用問題 ………………………………………………… 98

第 5 章　電磁誘導と交流回路　　106

- ポイント　1. 電磁誘導 ………………………………… 106
- 理解度のチェック　1. 電磁誘導 ……………………… 108
- 基本問題　1. 電磁誘導 ………………………………… 112
- ポイント　2. コイルと回路 …………………………… 114
- 理解度のチェック　2. コイルと回路 ………………… 116
- 基本問題　2. コイルと回路 …………………………… 118
- 応用問題　電磁誘導とコイル ………………………… 126
- ポイント　3. 交流と複素インピーダンス …………… 132
- 理解度のチェック　3. 交流と複素インピーダンス … 134
- 基本問題　3. 交流と複素インピーダンス …………… 136
- 応用問題　交流と複素インピーダンス ……………… 142

第 6 章　物質の電気的・磁気的性質　　144

- ポイント　1. 誘電体 …………………………………… 144
- 理解度のチェック　1. 誘電体 ………………………… 146
- 基本問題　1. 誘電体 …………………………………… 148
- 応用問題　誘電体 ……………………………………… 150
- ポイント　2. 磁性体 …………………………………… 152
- 理解度のチェック　2. 磁性体 ………………………… 154
- 基本問題　2. 磁性体 …………………………………… 156

| 応用問題 | 磁性体 158

第7章 マクスウェル方程式と電磁波　160

| ポイント | 160
| 理解度のチェック | 162
| 基本問題 | 166
| 応用問題 | 170

類題の解答　172
索　引　187

第0章 いかにして電磁気を理解するか

I. 現象のイメージを描こう

物理とは，現実に起こる現象，あるいはそれを抽象化した現象の分析である．したがって，その現象を把握するのが出発点になる．といっても電磁気の場合，実際に何が起きているのか，見てすぐにわかるわけではない．電池につなげた豆電球が光ったのを見ても，電池の中で，そして導線の中で何が起きているのか，目には見えない．

電池と豆電球をつなげた回路には**電流**が流れているというイメージは小学校から教わる．電流が目に見えるわけではないが，その話を疑う読者はいないだろう．しかし大学になると，なぜ流れるのか，そのメカニズムについて，ある程度の理解が必要になる．

電荷には正負があり，正負の電荷は引き付けあう．回路の中で実際に動くのは負電荷の電子だが，歴史的にはそのことがわかる前に，電流は正電荷の流れという描像が作られてしまった．正電荷の流れと，負電荷の逆向きの流れは実質的に同じなので，あまりこだわらずに，とりあえずは正電荷が動くと考えてもよい．だとすれば，電流とは正電荷が負電荷に引き付けられて動く状態だということになる．もう少し詳しく表現すると，電池に回路をつなげると電極にたまっていた電荷がまず回路に押し出され，そして結局は，反対側の電極に引き付けられて流れ込むということになる（7ページの図を参照）．いずれにしろそうなるためには，まず，正電荷と負電荷が分離した状態を作らなければならない．それをするのが電池である．

正電荷と負電荷を分離させる働きを一般に**起電力**というが，起電力をもつのは電池に限らない．乾電池の起電力は化学的作用によるものだが，磁気力による起電力（第4章），そして電磁誘導による起電力（第5章）というものも存在する．それぞれ原理は違うのだが，正負の電荷を分離させる働きという意味では共通している．

起電力によって電荷が分離し，分離した電荷が回路を通って再結合する．これが電流の基本的なイメージだが，さらに目に見える説明にするために登場するのが**水流モデル**である（7ページの図を参照）．このモデルでは，高い位置から下に流れる水流が電流に対応する．そして最初に水を高い位置にくみ上げる装置（ポンプ）が，起電力（電池）に対応する．このように考えると，電流という見えない現象に対して，はっきりしたイメージをもつことができる．

II. 概念を理解しよう

電気についての理論では，電荷（＝電気量），電流に加えて，**電場**，**電位**，**電位差**（＝**電圧**），**電力**といった量が登場する．それらが何を意味するのか，本書ではまず，

水流モデルとの類推で説明した．電場は水に働く重力，電位は水位，電位差は水位の差（高さの差）に対応する．日常的にしばしば使われる電圧は，電位差と同意語である．電力は，水が落下することによって減る位置エネルギーの，単位時間当たりの量に対応する．起電力によって生じた電気エネルギーが，熱や光，あるいは仕事として消費されるときの，単位時間当たりの量を意味する．本書では，第2章でクーロンの法則という電気力の基本法則を説明する前に，第1章で水流モデルとの比較で諸概念を説明したので，まずここをしっかりと理解しておこう．

ただ，水流モデルにも限界がある．（よほど大きなエネルギーを与えない限り）電子は導線から飛び出せないので，電流は回路の導線に沿って流れる．しかし回路があろうがなかろうが，電荷間には電気力が働いている．電荷が広がって分布しているときにどのような電気力が働くのか（静電気の問題），それは水流モデルでは分析できない．そのような場合には，**電気力線**（でんきりきせん）および電位という概念を使う．電気力線は仮想上の線だが，どのような力がどの方向に働くのか，図的に理解することができる．磁気力についても**磁力線**（じりょくせん）という考え方が役立つ．磁石の周りに鉄粉を撒いたときにできる模様が，磁力線を表している．

磁気力については，正負の電荷との類推で，正負の（あるいはNとSの）磁極という仮想上のもので説明する流儀がある（永久磁石のイメージ）．しかし現在の電磁気の理論では磁気力の基本は電流間に働く力ということになっているので（電磁石のイメージ），本書でも電流間の力として磁気力を導入した．しかし，なぜ電流間の力で永久磁石間の力が説明できるのか，その理由を，磁力線を使って図的に理解しておくのも重要である（第4章）．

III. 問題に取り組む

本書は問題を3段階に分けた．その違いは基本的には難易度だが，内容から考えると次のような傾向がある．

- **理解度のチェック**：概念と基本公式の意味を理解したかチェック．計算は（ほとんど）含まれない（**概念問題**）．
- **基本問題**：公式を選び，それに代入して計算する（**代入問題**）．
- **応用問題**：状況を考えて公式を選び，変形し，組み合わせて答えを求める（**分析問題**）．

どのようなタイプの問題かによって対応の仕方も違ってくる．また，読者がどこまで理解できているかによっても，取り組み方は異なるだろう．絶対的な規則があるわけでもないので堅苦しく考える必要はないが，それでも，どのような点を重視すべきか，ヒントになりそうなことを書き下してみよう．

第0章　いかにして電磁気を理解するか

● **状況を把握する**　まず状況の把握から始めよう．すでに強調したように，目に見えない現象を，水流モデル，あるいは電気力線（磁力線）を使ってイメージすることが重要である．

● **解法の方針を考える**　簡単な問題ならば，状況の把握ができた時点で解法の方針がわかるだろう．わからない場合には，最終的な答えを得るにはどのような量を知るべきかを考えよう．そしてそれを知るためには，問題にはどのような条件が与えられているかを整理しよう．

(1) 問題に与えられた条件を把握し

(2) それらから決まる量を考え

(3) それを使って最終的な答えを得る

というのが，問題解法の基本的な手順である．そしてその具体的な道筋を発見するには，この手順を逆にたどることがしばしば役に立つ．

どのような量からどのような量が得られるか，それを知る能力は，それらの量に対する概念がしっかりできているかにかかっている．概念がわかり状況がわかれば，どの公式を使って必要な量が計算できるか，自然に理解できるようになるだろう．その点でまだ不十分だと思ったら，もう一度，ポイントに書かれた公式を復習しよう．ざっと見なおすだけでも理解度が大きく変わると私は予想する．

● **記号を決めて式を書く**　解法の方針が見えてきたら，実際に式を書かなければならない．最初は記号（文字変数）を使った式を書こう．問題では数値が与えられている場合でも，最初はそれを何らかの記号で表しておく．

計算も，数値を代入せずに文字式のまま進めるのがよい．そして最終的な結果が得られたら，（必要な場合には）それに数値を代入する．たとえば3,100,000 といった数値の掛け算や割り算をする場合，それを 3.1×10^6 と書き直しておこう（31×10^5 としても間違いではないが）．そして3.1という1程度の大きさの数の計算と，10の何乗かという桁数を表す部分の計算を別個に行う．卓上計算機を使うのは前者だけですむし，答えがもっともらしいかを暗算で確かめることもできる（足し算や引き算の場合は，10の何乗という部分は同じ形にそろえておかなければならない）．

● **結果を点検する**　数値を代入する場合でも，その前にしておきたいことがある．それは（文字式で書かれた）最終結果の，次元の正しさである．たとえば速度の次元は「長さ÷時間」である．たとえば速度 v を求める問題で，答えが $v = \frac{AB}{C}$ となった場合，A, B, C それぞれの次元を組み合わせ全体の次元が，「長さ÷時間」になって

いなければならない．最初は面倒な手順に思えるかもしれないが，なれれば素早くできるようになる．むしろ，うまくいっていることがわかって感じる喜び，あるいは安心感のほうが大きいだろう．計算の手順が複雑な問題では，次元のチェックは中間段階でもすることを勧める．間違った結果を使い続けて無駄な労力を費やすのは馬鹿げている．ただ，力学と違って電磁気については，次元のチェックは面倒なことも多い．それについては以下で説明する．

次元が正しいことがわかった後，できればしておきたいことがある．それは，答えのもっともらしさである．たとえば $v = \frac{AB}{C}$ という答えでは，仮に B が大きくなると v も大きくなるが，それはもっともらしいだろうか．あるいは $B = 0$ だったら $v = 0$ になる．それは正しいだろうか．そのようなことをいろいろ考えながら答えがもっともらしいかをいろいろ考えるのも，余裕があれば楽しいプロセスである．

IV. 本書の構成

本書は教科書のほうに合わせて 7 章構成になっているが，内容を考えてさらに分割した章もある．それらが互いにどのような関係になっているか，チャートにしたものを示す．

このチャートの左側の列では，電磁気学の基本法則が説明される．静電気（第 2 章），静磁気（第 4 章），電磁誘導（第 5 章の 1），マクスウェルの理論（第 7 章）と続く．磁

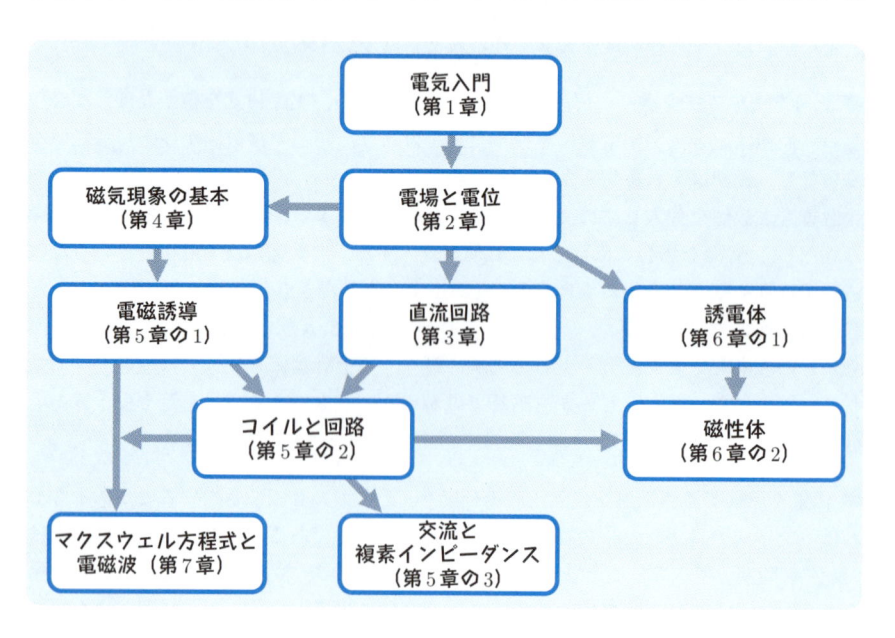

第 0 章　いかにして電磁気を理解するか　　　5

気エネルギーのことで第 5 章の 2 が少し関係する．またチャートの中央の列は，応用としての回路の話が中心になる．直流回路，特に抵抗とコンデンサー（第 3 章），コイル（第 5 章の 2），そして交流回路（第 5 章の 3）と続く．必要に応じて，チャートを参考にしながら取り組んでいただきたい．

V. 単位について

　力学に比べて電磁気は単位が複雑である．m，kg，s の他に，A（アンペア）という電流の単位が基本単位として導入される（2018 年からは A に代わって電気量の単位 C（クーロン）が基本単位になる予定だが，定義の変更であり，1 C がどれだけの電気量になるか，その大きさが変わるわけではない）．また，ε_0 や μ_0 といった定数，あるいは電場，磁場，磁束といった電磁気特有なさまざまな量があり悩ましい．そこで以下に，単位の一覧表を示しておく．今見てもわからないだろうが，勉学の進みに応じて参考にしていただきたい．答えの式の次元のチェックにも役立つと思う．

量の名称	関連する公式	単位の名称	単位の表現
速度 v，光速度 c			m/s
力 F		N（ニュートン）	kg m/s^2 = J/m
エネルギー U，仕事，熱		J（ジュール）	kg m^2/s^2 = m N
電荷（= 電気量）q, Q		C（クーロン）	C = s A
電荷線密度 λ			C/m
電荷面密度 σ			C/m^2
電荷体積密度 ρ			C/m^3
電流 I		A（アンペア）	A = C/s
電位 ϕ，電圧 V，起電力 ε	$U = q\phi$	V（ボルト）	J/C = J/(s A)
抵抗 R	$R = \dfrac{V}{I}$	Ω（オーム）	V/A = J/(s A^2)
電力 P	$P = VI$	W（ワット）	V A = J/s
クーロンの法則の係数 k	$F = k\dfrac{qq'}{r^2}$		N m^2/C^2
誘電率 ε_0，ε	$k = \dfrac{1}{4\pi\varepsilon_0}$		C^2/(N m^2)
透磁率 μ_0，μ	$F = \dfrac{\mu_0}{4\pi}\dfrac{II'}{r}\Delta l$		N/A^2 = N s^2/C^2
誘電率 × 透磁率 $\varepsilon_0\mu_0$	$c^2 = \dfrac{1}{\varepsilon_0\mu_0}$		(m/s)^2
電場 E	$F = qE$, $V = Ed$		N/C = V/m
磁場 B	$F = qvB$	T（テスラ）	N s/(m C) = s V/m^2
磁束 Φ	$\Phi = BS$	Wb（ウェーバー）	N m s/C = J s/C = s V
電気容量 C	$U = \dfrac{1}{2C}Q^2$	F（ファラッド）	C^2/J = s/Ω
インダクタンス L	$U = \dfrac{1}{2}LI^2$	H（ヘンリー）	J/A^2 = s Ω
複素インピーダンス Z	$Z = R$, $i\omega L$, $\dfrac{1}{i\omega C}$		Ω = s/F = H/s

第1章 電気入門

> **ポイント**

- **粒子は「電荷」という性質をもつ** 電子の電荷はマイナス（負電荷），原子核の電荷はプラスである（正電荷）．電荷は**電気量**ともいう．また，電荷という性質をもつ粒子のことを，電荷と呼ぶこともある．
- **電気力** 符号が違う電荷（をもつ粒子）は引き付け合い，同じ電荷は反発する．この力を**電気力**という．
- **正電荷と負電荷のバランスがくずれた状態が帯電** 物質は通常の状態では，電子の負電荷と原子核の正電荷がバランスして全電荷（電荷の合計）はゼロである．そのバランスがくずれ，全電荷がゼロでなくなることを**帯電**という．
- **摩擦による帯電** 異種の物質をこすり合わせると，電子のごく一部が一方から他方に移動し，一方の全電荷はマイナス，他方の全電荷はプラスになることがある．これを**摩擦電気**という．
- **電子が動いている状態が電流** 金属の内部には，自由に動ける電子が多数，存在する（**自由電子**と呼ぶ）．自由電子全体が，ある方向に動いている状態が電流である．電流の方向とは，自由電子（負電荷）の動いている方向の逆方向と定義されている（まだ電流の実体がわからなかった時代に決めたことなのでそうなっている）．ただし，しばしば，正電荷が電流の方向に動いているかのような説明をする．電流の大きさとは，電流のある断面を単位時間に通過する電荷の総量である．

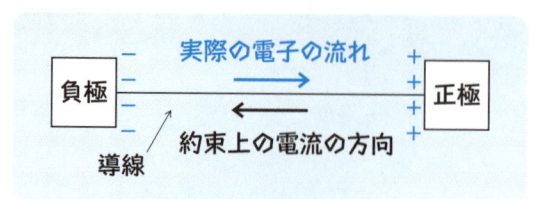

- **電池の両極は帯電している** 電池には正極と負極があり，それぞれがプラスとマイナスに帯電している．電気力によって正電荷と負電荷は引き付け合うのにもかかわらず分離しているのは，電池内部での化学反応のためである．一般に，正電荷と負電荷を分離させる働きを**起電力**という．電池に限らず起電力をもつものを，一般に**電源**という（起電力の大きさの表し方は7ページを参照）．電気力に抗して正負の電荷を引

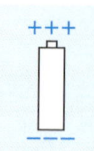

第 1 章　電 気 入 門

き離すとき，電源は電荷（をもつ粒子）に対して仕事をすることになる．引き離れた電荷は，その仕事に等しいエネルギーをもつ（<u>電気的位置エネルギー</u>あるいは単に<u>電気エネルギー</u>）．

● **電池に導線をつなぐと電荷が動き出す**　電池（電源）の両極を導線でつなぐと，負極の過剰な電子が押し出され正極方向に引っ張られて，導線に沿って流れ出す（この電子は導線内で自由電子として振る舞う）．つまり正極から負極に向かって電流が流れる．

導線の途中に電球や抵抗器などを付けておくと，電流は動きを弱められ，流れの大きさが制約される．このようなものを**負荷**という．電流が流れている電池，導線，負荷全体を**回路**という．

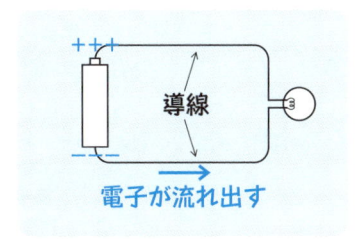

● **回路の原理は水流モデルで表される**　回路の原理は，下の水流モデルとの類推で考えるとわかりやすい．ポンプが電池（電源）に相当し，斜めのパイプが負荷に相当する（パイプ内にはあちこちに障害物があり，水流は抵抗を受けると考える）．

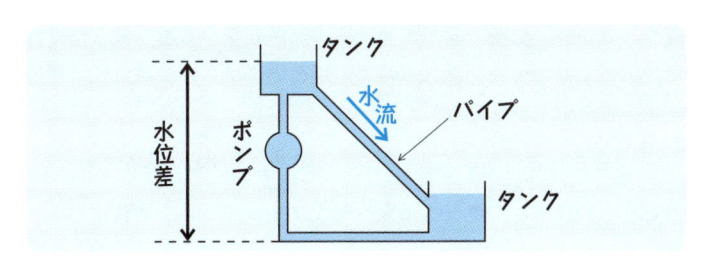

● **電位**　水流モデルでの水は各位置で，その水位によって決まる位置エネルギーをもつ．同様に，回路の各位置での電荷は電気エネルギーをもつ．<u>回路内の各位置に 1 単位の正電荷（単位電荷という）を置いたときにその電荷がもつ電気エネルギー（電気的位置エネルギー）を，その位置の**電位**という．また，回路内の 2 点の電位の差を，その 2 点間の**電位差**あるいは**電圧**という</u>（電位差と電圧は同義語）．一般の大きさの電荷では，

$$\text{電気エネルギー} = \text{電荷} \times \text{電位}$$

● **電池の起電力と電位差**　電池の両極間の電位差は電池ごとに決まっており，電池の起電力の大きさは，その電位差で表す．たとえば起電力 3 V の電池の場合，電極間の電位差が 3 V になる．

🔵 厳密に言うと，電池の両極間の電位差は，電流が流れると少し減る．これを電池の電圧降下という（60ページ参照）．

● **負荷の電位差と電流** 負荷の両端の電位差（電圧）が大きくなると，そこを流れる電流は増える．たとえば，起電力が大きな電池をつなげば，電球に流れる電流は大きくなるので，電球は明るく光る．

● **オームの法則** 負荷両端の電位差（電圧）と電流の関係は負荷によって異なるが，比例関係になることが多い．これを**オームの法則**という．その場合の比例係数をその負荷の**抵抗**（あるいは**抵抗値**）という．

$$\text{オームの法則：} \quad 電圧（電位差）(V) = 抵抗(R) \times 電流(I)$$

🔵 **1** 銅などで作られた導線は抵抗が非常に小さい．したがって，電流の大きさが限られていれば，その両端の電位差はほとんどゼロになる．

🔵 **2** 電球のように電流の大きさによって温度が大きく変わる場合にはオームの法則は成り立たないが，近似的に成り立つとして計算をするときもある．

● **電力** 水が下に流れれば位置エネルギーが減るように，電荷が流れ出せば電気エネルギーが減り，その分，負荷で熱や光のエネルギーが発生する．減った電荷は（電池内での化学反応によって）補給されるので，電荷の量は一定に保たれ，電池がもっていた化学エネルギーが消費される．

$$消費される化学エネルギー = 負荷で発生するエネルギー$$

単位時間当たりの消費エネルギー（= 発生したエネルギー）を**消費電力**あるいは単に**電力**という．

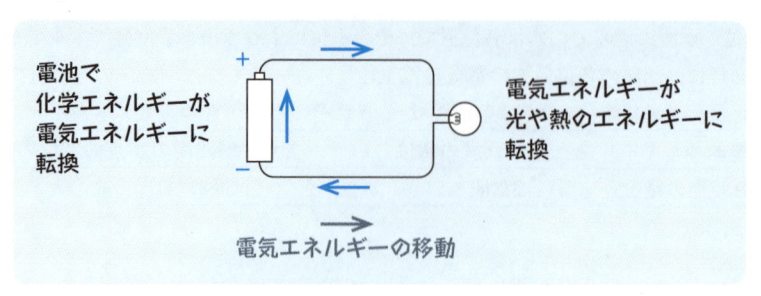

● **電力（消費電力）の大きさは，単位時間に流れた電荷の量と電極間の電圧で決まる** 電力の大きさは，電荷の移動によりどれだけの位置エネルギーが減ったかを考えればわかる．つまり，電力 =（単位電荷当たりの位置エネルギーの減少）×（単位時間当たりの電荷の移動量）より

第 1 章　電気入門

$$電力 (P) = 電圧 (V) \times 電流 (I)$$

● **電力量とは各時間の電力を合計したものである**　すなわち，電気が行った仕事（＝発生したエネルギー）の合計に等しい．

● **ジュールの法則**　抵抗値 R の負荷に電流 I が流れるときに発生する単位時間当たりの熱は I^2R である．これは，上の電力の公式にオームの法則を代入すれば得られる．負荷で電気的に発生する熱をジュール熱という．

● **電気素量**　電子の電荷の大きさを $-e$ と書き，e は電荷素量（素電荷）と呼ぶ．

$$e \fallingdotseq 1.602 \times 10^{-19} \text{ C} \tag{1.1}$$

● **記号と単位（SI 単位系）**

	記号	単位
電荷（電気量）	Q	C（クーロン）
電流	I	A（アンペア）
電圧（電位差）	V	V（ボルト）
抵抗	R	Ω（オーム）
電力	P	W（ワット）
電力量	W	J（ジュール）
		あるいは Ws（ワット秒），Wh（ワット時）など
起電力	ε（イプシロン）	V（ボルト）

（電力量の記号 W は仕事（Work）の頭文字であり，単位 W（Watt）とは無関係．）

● 大きな量，小さな量を表すときは接頭辞を使う．たとえば，k（キロ）は 1000 倍を意味し，m（ミリ）は 1000 分の 1 を意味する（例：mA（ミリアンペア））．主な接頭辞をあげると

デカ（da）	10 倍	デシ（d）	10 分の 1
ヘクト（h）	100 倍	センチ（c）	100 分の 1
キロ（k）	1000 倍	ミリ（m）	1000 分の 1
メガ（M）	100 万倍	マイクロ（μ）	100 万分の 1
ギガ（G）	10 億倍	ナノ（n）	10 億分の 1
テラ（T）	1 兆倍	ピコ（p）	1 兆分の 1

理解度のチェック

※類題の解答は巻末

理解 1.1 (摩擦電気) (a) スーパーのレジ袋とティッシュペーパーをこすり合わせ，2つを少し離してぶら下げた．それらは引き付け合うか，反発し合うか．
(b) ティッシュペーパーとこすり合わせた別のレジ袋を，最初のレジ袋と少し離してぶら下げた．それらはどうなるか．

理解 1.2 (原子) 電子の電荷を $-e$ とすると（e は正の定数），原子核の電荷は，N を自然数として，Ne となっている．なぜ，そうであることがわかるのか．

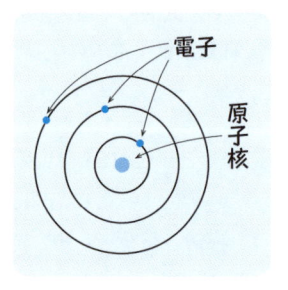

理解 1.3 (電流の方向) 電池の両極を導線で負荷につなげたところ，導線を通って電流が流れた．負荷ではどちら方向に電流が流れているか．電池の内部では電流はどのように流れているか．電子はどのように流れているか．

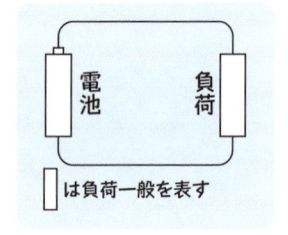

理解 1.4 (電流の方向) 溶液の中を陽イオンが多数，左から右に動いている．電流はどちらからどちらに流れているか．陰イオンだったらどうなるか．

理解 1.5 (電流と電気量) (a) 導線に電流 I が流れている．時間 t の間に，この導線のある断面を通過した電荷（電気量）の総量が Q であった．I, t, Q の関係を求めよ．
(b) 電荷の単位 C（クーロン）と電流の単位 A（アンペア）の関係を求めよ．

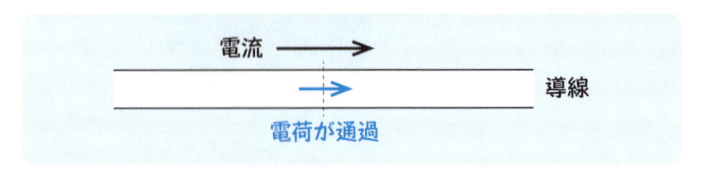

第1章 電気入門

答 理解 1.1 (a) 電子が移動するので一方（ティッシュペーパー）が正，他方（レジ袋）が負に帯電する（摩擦電気）．したがって引き付け合う．
(b) どちらも同じ電荷に帯電しているので反発する．

答 理解 1.2 原子全体としては電気的に中性（全電荷 = 0）でなければならない．したがって，もし原子内の電子数が N 個だったら，電子の全電荷は $-Ne$，したがって原子核の電荷は $+Ne$ でなければならない（この場合，原子核内には陽子という粒子が N 個存在する．陽子の電荷は厳密に $+e$ である）．

答 理解 1.3 電子は導線を通って電子過剰な負極から電子過少な正極に流れる．したがって電流は定義により，その逆に正極から負極に流れる．電池は常に一定量の電子を負極にためようとするが，負極の電子が流れて少なくなればそれを補おうとする．したがって電池内部では負極に向けて電子が流れる．つまり電流は電池内部を負極から正極に向けて流れる．

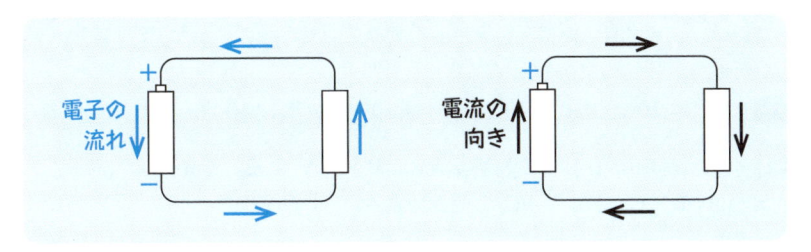

答 理解 1.4 移動するものが正電荷の場合は，移動する方向が電流の方向である．したがって陽イオンの場合は電流は左から右，陰イオンの場合は逆に電流は右から左になる．

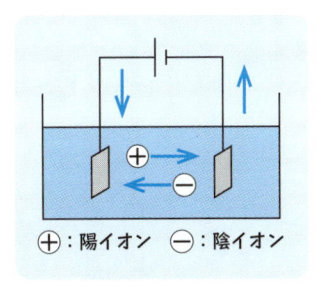

答 理解 1.5 (a) 電流とは単位時間に流れる電気量だから，時間 t で流れる量は $Q = It$.
(b) $Q = It$ の関係を SI 単位系で表せば，時間の単位は秒（s）なので，C = A s あるいは A = C/s

理解 1.6 （エネルギーの転換） (a) 電池と負荷からなる回路に電流が流れているとき，電池内では負極から正極に向けて電流が流れている（理解度のチェック 1.3）．このとき，電荷がもつ電気エネルギーは，電池内で増えているか減っているか．
(b) 負荷ではどうなっているか．
(c) エネルギーはどのように移動しているか．エネルギー保存則から，何が言えるか．

理解 1.7 （電池） 電池について，その起電力 ε，（両極間の）電圧 V，流れる電流 I，消費電力 P，消費電力量 W の間の関係を列挙せよ．

類題 1.1 （負荷） 負荷について，（その両端の）電圧 V，流れる電流 I，消費電力 P，消費電力量 W の間の関係を列挙せよ．さらに，この負荷でオームの法則（$V = IR$）が成り立つ場合は，さらにどのような関係式が成り立つか．

理解 1.8 （単位） (a) $23\,\mathrm{k\Omega}$（キロオーム）を，Ω を使って表せ．また，$\mathrm{M\Omega}$（メガオーム）を使って表せ．
(b) $23\,\mu\mathrm{A}$（マイクロアンペア）を，A を使って表せ．また，mA（ミリアンペア）を使って表せ．

ヒント k とは 10^3，M とは 10^6，m とは 10^{-3}，μ とは 10^{-6}，である．

類題 1.2 （単位） (a) $1.2\,\mathrm{MV}$ を kV，および V を使って表せ．
(b) $1.2\,\mathrm{mC}$ を，C，および $\mu\mathrm{C}$ を使って表せ．

類題 1.3 （接続） (a) 電池を2つ，下図左のようにつなげた．電池1つの起電力を $1.5\,\mathrm{V}$ としたとき，図に示された両端の電圧（電位差）はどれだけになるか．電池を水流モデルでのポンプだとみなして考えよ．
(b) 右図のようにつなげたらどうなるか．

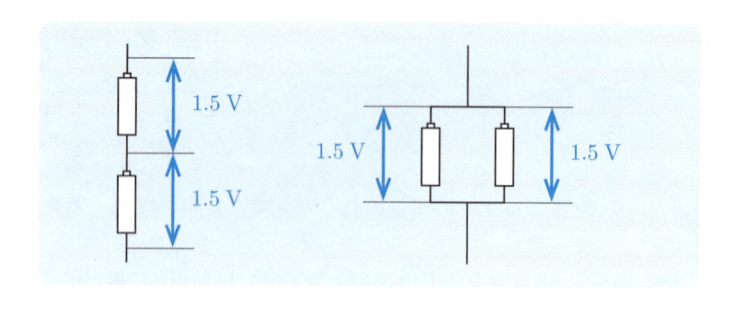

第1章 電気入門

答 理解 1.6 (a) 電流を正電荷の流れとして考えよう．電池内では，正電荷が，電位の低い負極から，電位の高い正極に流れる．電荷のもつ電気的な位置エネルギーは，電荷（電気量）に電位を掛けたものなので，増えている（このエネルギーは電池内の物質がもつ化学エネルギーによって供給される）．
(b) 電流は電位の高い方から低い方に流れるので，電荷のもつ電気的な位置エネルギーは減っている（減った分は，負荷で発生する熱や光になる）．
(c) 電池内での化学エネルギーが減少し，負荷で発生する熱や光のエネルギーになる．エネルギーは，電荷の電気エネルギーとして回路内を移動する．エネルギー保存則から，減少分と発生量は等しくなければならない．

答 理解 1.7 (1) 電池の起電力とは，電圧降下という現象（60 ページ参照）を無視すれば，両極間に生じる電位差のことである．したがって $\varepsilon = V$．
(2) 電流 I が流れているときは，単位時間に I だけの電荷が，（電位差 V の）負極から正極に移動しているので，単位時間に増加する電気エネルギーは IV である．このエネルギーは電池内の物質から供給される．つまり電池が単位時間に消費するエネルギー P は，$P = IV$（電流の大きさ自体は，電池にどのような負荷をつないだかに依存する）．
(3) 消費電力量とは，電池を使っている時間全体でのエネルギーのことなので，P に使用時間を掛けたものが W．

答 理解 1.8 (a) $1\,\mathrm{k\Omega} = 10^3\,\Omega$ を使えば

$$23\,\mathrm{k\Omega} = 23 \times 10^3\,\Omega = 2.3 \times 10^4\,\Omega$$

$23{,}000\,\Omega$ としてもよい（有効数字が何桁かはわからなくなるが）．
　また，$1\,\Omega = 10^{-6}\,\mathrm{M\Omega}$ を使えば（$1\,\mathrm{k\Omega} = 10^{-3}\,\mathrm{M\Omega}$ を使ってもよい）

$$23\,\mathrm{k\Omega} = 2.3 \times 10^4\,\Omega = 2.3 \times 10^4 \times 10^{-6}\,\mathrm{M\Omega} = 2.3 \times 10^{-2}\,\mathrm{M\Omega}$$

$0.023\,\mathrm{M\Omega}$ としてもよい．
(b) $1\,\mu\mathrm{A} = 10^{-6}\,\mathrm{A}$, $1\,\mathrm{A} = 10^3\,\mathrm{mA}$ などを使えば

$$\begin{aligned}23\,\mu\mathrm{A} &= 23 \times 10^{-6}\,\mathrm{A} = 2.3 \times 10^{-5}\,\mathrm{A} \\ &= 2.3 \times 10^{-5} \times 10^3\,\mathrm{mA} = 2.3 \times 10^{-2}\,\mathrm{mA}\end{aligned}$$

それぞれ，$0.000023\,\mathrm{A}$, $0.023\,\mathrm{mA}$ としてもよい．

基本問題 ※類題の解答は巻末

基本 1.1（電流と電気量） (a) 導線に電流が 5 A 流れている．その断面を，1 分間に流れる電荷／電気量 Q を求めよ．
(b) 導線に一定の電流が流れている．1 分間に 10 C の電荷／電気量が流れた．電流の大きさ I を求めよ．

基本 1.2（オームの法則） (a) 抵抗の単位 Ω（オーム）を，電圧の単位 V（ボルト）と電流の単位 A（アンペア）を使って表せ．
(b) 100 V の電圧 V がかかっている負荷に，1 mA の電流 I が流れている．この負荷の抵抗（抵抗値）R を，オームの法則を使って求めよ．
(c) 2 MΩ の負荷 R に，3 mA の電流 I が流れている．この負荷の両端の電圧（電位差）V を求めよ．

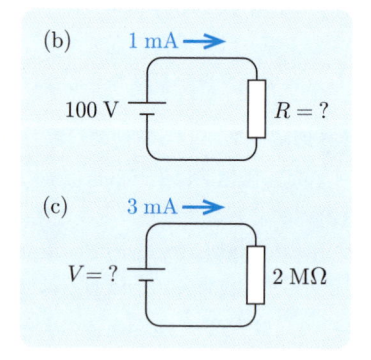

基本 1.3（電気エネルギー） (a) V という電位差があるところで電荷 Q を移動させると，電気エネルギーはどれだけ変化するか（理解度のチェック 1.6 も参照）．
(b) V という電位差があるところを，電流 I が流れると，電気エネルギーは単位時間にどれだけ変化するか．

基本 1.4（電力） (a) 電源が単位時間に生み出すエネルギーを電力という．上問の問 (b) の結果から，電力 P を，電圧 V と電流 I で表す式を記号で表せ．
(b) これから導かれる単位間の関係を求めよ．
(c) 電圧 100 V をかけたときの消費電力が 500 W である機械がある．流れる電流の大きさを求めよ．
(d) 電圧 100 V をかけたとき，電流 2.5 A が流れる機械がある．この機械の消費電力を求めよ．

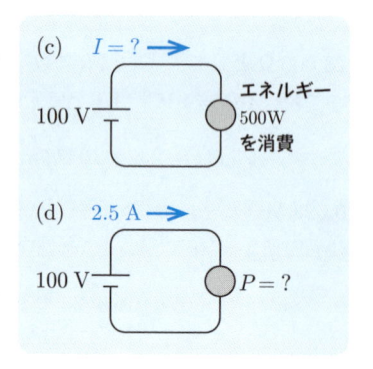

第1章　電気入門

答 基本 1.1 (a) 時間を SI 単位系に直して計算しなければならない．時間を t と書けば，$t = 1$ 分 $= 60\,\text{s}$（60秒）だから

$$Q = It = 5\,\text{A} \times 60\,\text{s} = 300\,\text{A}\,\text{s} = 300\,\text{C}$$

（単位の関係は $\text{A}\,\text{s} = \text{C}$ … 理解度のチェック 1.5 参照）
(b)　$I = \frac{Q}{t} = 10\,\text{C} \div 60\,\text{s} = 0.17\,\text{C/s} = 0.17\,\text{A}$

答 基本 1.2 (a) 抵抗の大きさはオームの法則によって定義されているので，その単位もこの法則から考える．抵抗 $= \frac{電圧}{電流}$ $\left(R = \frac{V}{I}\right)$ だから，単位の関係に直せば，$\Omega = \text{V/A}$.
(b) m（ミリ）とは 10^{-3}（1000分の1）ということだから，$1\,\text{mA} = 1 \times 10^{-3}\,\text{A}$. したがって，

$$R = \frac{V}{I} = 100\,\text{V} \div (1 \times 10^{-3}\,\text{A}) = 1 \times 10^5\,\text{V/A} = 1 \times 10^5\,\Omega = 100\,\text{k}\Omega$$

(c) M（メガ）は 10^6 倍（100万倍）ということなので，$2\,\text{M}\Omega = 2 \times 10^6\,\Omega$. したがって

$$V = IR = (3 \times 10^{-3}\,\text{A}) \times (2 \times 10^6\,\Omega) = 6 \times 10^3\,\text{V} = 6\,\text{kV}$$

答 基本 1.3 (a) 単位電荷では，電位差 V だけのエネルギーの変化がある．したがって電荷が Q のときは，VQ の変化になる（増えるのか減るのかは，電位が大きい方に動くのか，小さい方に動くのかによって決まる）．
(b) 単位時間に電荷 I が移動するのだから，単位時間のエネルギー変化は VI.

答 基本 1.4 (a) 電力 $=$ 電圧 $\times$ 電流．記号で表せば，$P = VI$.
(b) $\text{W} = \text{V}\,\text{A}$（電圧を表す記号 V と，その単位を表す記号 V の字体の違いに注意．英語では前者は voltage，後者は volt）．
(c) 電流 $= 500\,\text{W} \div 100\,\text{V} = 5\,\text{W/V} = 5\,\text{A}$
(d) 消費電力 $= 100\,\text{V} \times 2.5\,\text{A} = 250\,\text{V}\,\text{A} = 250\,\text{W}$

基本 1.5　（電力の単位）　単位時間に消費される（発生する）エネルギーが電力である．このことから，電力の単位 W（ワット）とエネルギーの単位 J（ジュール）の関係を求めよ．

類題 1.4　（単位）　(a)　単位の間の関係式 J ＝ V C を，基本問題 1.4 と 1.5 で導いた単位の関係式から導け．
(b)　この関係を，物理量の関係式から導け．

基本 1.6　（電力量）　(a)　基本問題 1.5 から，1 J ＝ 1 W s であることがわかる．つまり 1 J とは，電力 1 W のペースで 1 秒間に消費されるエネルギーである．これに対して，電力 1 W のペースで 1 時間に消費されるエネルギーを 1 Wh（ワット時と読む．h は hour）と呼ぶが，このエネルギーは何 J になるか．
(b)　1 kWh（キロワット時と読む）は何 J か．

基本 1.7　（オームの法則）　(a)　オームの法則を，それぞれの量の記号を使って表せ．
(b)　抵抗の単位 Ω（オーム）を他の単位によって表せ．
(c)　電圧 100 V をかけたときの消費電力が 500 W の機械がある．抵抗を求めよ．

基本 1.8　（ジュール熱）　(a)　負荷で消費される電力，すなわち発生する熱（ジュール熱）を，電流 I と抵抗 R を使って表せ．文字式および記号の式で書け．また，これらの式に対応する単位の関係式を書け．
(b)　同様に，ジュール熱を，負荷の電圧 V と抵抗 R を使って表す式を，文字式と記号の式で書け．また，これらの式に対応する単位の関係式を書け．
(c)　(b) の結果を使って，基本問題 1.7 (c) の問題を解け．

基本 1.9　（消費電力）　(a)　電池の両極を，負荷のない導線でつなぐとどうなるか考えよ．
(b)　電池に負荷をつなげたとき，負荷の抵抗が大きいときと小さいときで，どちらの消費電力のほうが大きいか．
注　電池の内部抵抗を考えるとこの問題は複雑になるのだが，ここではそれは無視して考えよ．64 ページも参照．

第 1 章 電 気 入 門

答 基本 1.5
$$電力 (P) = 消費されたエネルギー \div 時間$$
これを単位の関係に書き直せば
$$W = J/s \quad あるいは \quad J = W\,s$$

答 基本 1.6 (a) SI 単位系で計算する．1 時間は 3600 s だから
$$1\,Wh = 1\,W \times 3600\,s = 3600\,W\,s = 3600\,J = 3.6 \times 10^3\,J$$
(b) $1\,kWh = 3600\,J \times 1000 = 3.6 \times 10^6\,J$

答 基本 1.7 (a) 電圧 = 抵抗 × 電流 より，$V = RI$，あるいは $V = IR$．
(b) 単位は V = A Ω，すなわち Ω = V/A．
(c) 基本問題 1.4 (c) より電流は 5 A だから，抵抗 = 100 V ÷ 5 A = 20 V/A = 20 Ω．

答 基本 1.8 (a) 電力 = 電圧 × 電流 にオームの法則（電圧 = 電流 × 抵抗）を代入すれば，
$$電力 = 電流^2 \times 抵抗 \quad すなわち \quad P = I^2 R$$
単位の関係式にすれば W = A² Ω
(b) 同様に，電力 = 電圧 × 電流 にオームの法則（電流 = 電圧 ÷ 抵抗）を代入すれば，
$$電力 = 電圧^2 \div 抵抗 \quad すなわち \quad P = \frac{V^2}{R}$$
単位の関係式にすれば W = V²/Ω
(c) (b) の式を変形して
$$R = V^2 \div P = (100\,V)^2 \div 500\,W = 20\,V^2/W = 20\,\Omega$$

答 基本 1.9 (a) 負荷のない導線とは抵抗がゼロであることを意味する．電池の両極間の電圧は電池によって決まる一定値なので，消費電力（上問より $P = \frac{V^2}{R}$）は無限大になる．つまり電池がもっている化学エネルギーは一瞬にして消滅し，膨大な熱エネルギーが発生して電池は危険な状態になる（電流はオームの法則により，電流 = 電圧 ÷ 抵抗 = ∞ になる）．
(b) 電池では V が一定なのだから，$P = \frac{V^2}{R}$ より，R が小さいほど P は大きい．

第1章 電気入門

応用問題 ※類題の解答は巻末

応用 1.1 （電子の数） (a) どんな粒子にしろ，1モルとは，アボガドロ定数 N_A（$\fallingdotseq 6.02 \times 10^{23}$）だけの粒子を含む量を意味する．電子1モルの電荷は何Cになるか．逆に，電荷1Cは何モルになるか．電子1つがもつ電荷（電気素量）は式(1.1)参照．
(b) 炭素12gから電子の一部が外部に出ていった結果，全電荷は $1\,\mu$C になった．どれだけの割合の電子が出ていったか．μ（マイクロ）とは 10^{-6}，つまり100万分の1という意味である（炭素12gとは炭素1モルのことであり，また，炭素原子1つには電子は6個ある）．

応用 1.2 （ジュール熱） 500Wの電熱器によって1Lの水を20℃から80℃まで上げたい．水に吸収され内部に残るエネルギーは消費電力の50%だとすると，どれだけの時間がかかるか．何kWhの電力量を消費したか．

ヒント 1gの水を1℃上げるのには4.2J（=1cal）のエネルギーが必要であるとして，必要な全電力量を計算する．

応用 1.3 （充電と放電） ある充電式電池は，2.5V，15mAで4時間充電すると，1.5V，20mAで3時間使用できる．次の量を求めよ．
(a) 充電時にこの電池に与えられる電気エネルギー（電力量）．
(b) この電池が使用時に放出する電気エネルギー（電力量）．
(c) 充電時に流れる全電気量．
(d) 使用時に流れる全電気量．

類題 1.5 （電池のエネルギー） 起電力1.5Vで，100Cの電気量を流せる電池がある．これに抵抗値200Ωの負荷をつなげると，どれだけの時間，電流が流れ続けるか．電池の全消費電力量はどれだけか．

類題 1.6 （電力料金） 電力料金が1kWhで30円だったとする．
(a) 消費電力500Wの電化製品を3時間使ったらいくらになるか．
(b) 水1Lを20℃から50℃に上げるのに，熱を全く無駄にしなかったとしたらいくらかかるか．ただし水1gを1℃上げるのに必要なエネルギーは1cal = 4.2Jである．

第 1 章　電気入門

答 応用 1.1　(a)　電荷の合計 = 1 モルの電子数 × 電気素量 = $(6.02 \times 10^{23}) \times (1.602 \times 10^{-19}\,\text{C}) = 9.64 \times 10^4\,\text{C}$. また，

$$1\,\text{C の電子数} = 1\,\text{C} \div (1.602 \times 10^{-19}\,\text{C}) = 6.24 \times 10^{18}\,(\text{個})$$

これをモル数に換算すれば

$$6.24 \times 10^{18} \div (6.02 \times 10^{23}) = 1.04 \times 10^{-5}\,(\text{モル})$$

(b)　炭素 1 モル中の電子の全電荷は，(a) の答えより

$$9.64 \times 10^4\,\text{C} \times 6 = 5.78 \times 10^5\,\text{C}$$
$$\rightarrow\quad 割合 = (1 \times 10^{-6}\,\text{C}) \div (5.78 \times 10^5\,\text{C}) \fallingdotseq 1.73 \times 10^{-12}$$

摩擦電気の大きさは μC レベルだが，移動した電子の割合はごくわずかである．

答 応用 1.2　必要なエネルギーは

$$4.2\,\text{J/g}^\circ\text{C} \times 1000\,\text{g} \times 60^\circ\text{C} = 2.52 \times 10^5\,\text{J}$$

効率が 50 % だから，この 2 倍の 5.04×10^5 J の電力量が必要である．1 kWh は 1000×3600 J $= 3.6 \times 10^6$ J だから，これは 0.14 kWh に相当する．またかかる時間は

$$5.04 \times 10^5\,\text{J} \div 500\,\text{W} = 1.01 \times 10^3\,\text{s} = 16.8\,\text{分}$$

(あるいは 0.14 kWh $\div$ 500 W $=$ 0.28 時間 $=$ 16.8 分）

答 応用 1.3　(a)　単位時間当たりに移動する電気エネルギー，すなわち電力は 電圧 × 電流 であり，それに時間を掛けたものが，この電池に移動した全電気エネルギーである．したがって

$$電力量（充電時）= 2.5\,\text{V} \times (15 \times 10^{-3}\,\text{A}) \times (4 \times 3600\,\text{s}) = 5.4 \times 10^2\,\text{J}$$

(b)　同様にして（有効数字 2 桁で計算する）

$$電力量（使用時）= 1.5\,\text{V} \times (20 \times 10^{-3}\,\text{A}) \times (3 \times 3600\,\text{s}) = 3.2 \times 10^2\,\text{J}$$

充電時の答え (a) との差は，電池内での発熱になる．

(c)　1 秒当たりの電気量が 15 mA $=$ 15 mC/s なので，15 mC/s $\times$ 4 $\times$ 3600 s $=$ 2.2×10^2 C．

(d)　同様にして，20 mC/s $\times$ 3 $\times$ 3600 s $= 2.2 \times 10^2$ C．

第2章 電場と電位

> **ポイント** 1. 電場とガウスの法則

● **クーロンの法則** 電荷間の力（電気力／クーロン力）F は距離 r の 2 乗に反比例し，それぞれの電気量に比例する．

> クーロンの法則： 電気力 $F = k\dfrac{qq'}{r^2}$
> 　　　　　　　　　↑
> 　　　　　　　比例係数

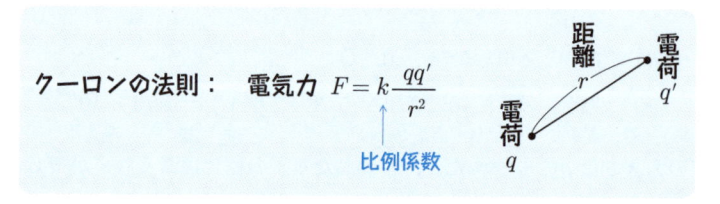

k は $\frac{1}{4\pi\varepsilon_0}$ とも書く．ε_0 を真空の誘電率という（第 6 章参照）．力の単位を N（ニュートン），電気量の単位を C（クーロン）とすれば，

$$k = \frac{1}{4\pi\varepsilon_0} \fallingdotseq 9.0 \times 10^9 \text{ N m}^2/\text{C}^2$$

● **電場という概念の導入** クーロンの法則を，電場の発生 と，電場から受ける力 という 2 つの現象に分ける．

電場の発生：電荷 q があると，その周囲の空間の各点は電場 $\boldsymbol{E}$ という性質をもつ．電場はベクトルである（大きさと方向をもつ）．

> 電荷による電場の大きさ
> （電場のクーロンの法則）： $E = k\dfrac{q}{r^2}$ 　　　　　(2.1)
> 　電場の方向： その位置に置いた正電荷に働く力の方向

電場から受ける力（電気力）：電場 $\boldsymbol{E}$ が発生している位置に電荷 q' を置くと，その電荷は，$\boldsymbol{F} = q'\boldsymbol{E}$ という力を受ける．

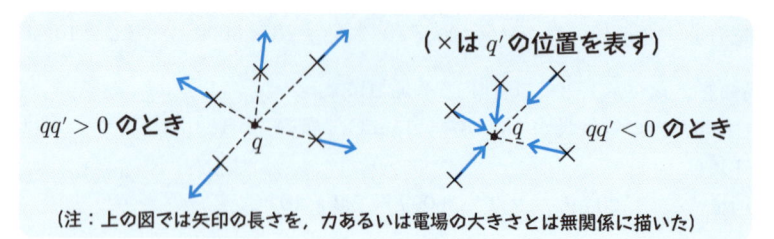

（×は q' の位置を表す）

$qq' > 0$ のとき　　　　　　$qq' < 0$ のとき

（注：上の図では矢印の長さを，力あるいは電場の大きさとは無関係に描いた）

第 2 章　電場と電位

● **電気力線**　電場ベクトルをつないだ線を**電気力線**という．空間全体で電場がどのようになっているかを理解するのに役立つ．各点で電場の方向を向く線であり，<u>正電荷から湧き出し，負電荷には吸い込まれる</u>．

● **電気力線の諸性質**

1. 電気力線は正電荷から湧き出し，負電荷に吸い込まれる．
2. 電気力線は交わらない（交わったとすると交点で電場の方向が 2 つできてしまう）．
3. 電気力線が密な場所は電場が強く，まばらな場所は電場が弱い．

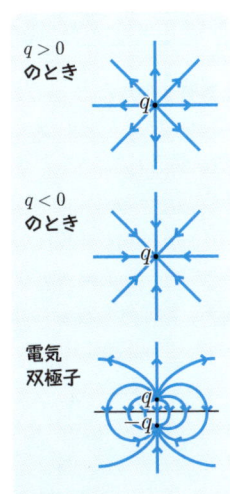

● **ガウスの法則**　（基本問題 2.6 参照）

$$\text{閉曲面から出ていく電場の総量} = \frac{1}{\varepsilon_0} \times \text{その内部の全電荷}$$

電場の総量を，<u>出ていく電気力線の合計数</u>と読みかえれば，その合計数が，内部の全電荷に比例するということを意味する．

● **球面電荷の電場**　半径 a の球面に電荷 Q が一様に分布している場合，球面外では電場は放射状であり，大きさは点電荷 Q と同じ（$E = k \frac{Q}{r^2}$）．球面内では電場はゼロ（理解度のチェック 2.6，基本問題 2.7）．

● **直線電荷の電場**　無限に長い直線に，線密度 λ で電荷が一様に分布している場合，電場の大きさは直線からの距離 r に反比例する（理解度のチェック 2.7，基本問題 2.8）．

$$E = \frac{1}{2\pi\varepsilon_0} \frac{\lambda}{r} \qquad (2.2)$$

● **平面電荷の電場**　無限に広い平面に，面密度 σ で電荷が一様に分布している場合，電場は一様であり，面からの距離によらない（理解度のチェック 2.8，基本問題 2.10）．

$$E = \frac{\sigma}{2\varepsilon_0} \qquad (2.3)$$

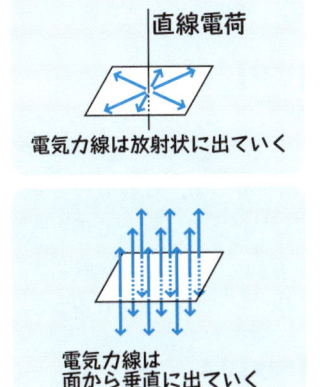

1. 電場とガウスの法則

理解 2.1　(電気力の方向)　下の図のように，一直線上に3つの電荷（電荷をもつ粒子）が並んでいる．それぞれの電気量を q_1, q_2, q_3 とする．また電荷間の距離は，図に示されているように 2:1 だとする．
(a)　$q_1 = q_2 = q_3$ のとき，それぞれの電荷に働く電気力の方向は右向きか，左向きか．
(b)　$q_1 = q_2 = 5q_3$ のとき，同じ質問に答えよ．
(c)　$q_1 = q_2 = -q_3$ のとき，同じ質問に答えよ．
注　各電荷の符号は指定しないが答えは決まる．

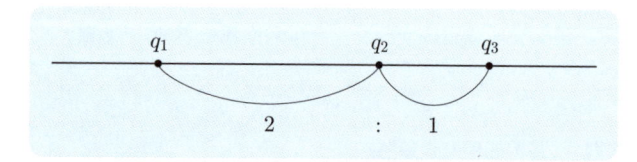

理解 2.2　(電場の方向)　やはり上の図を考え，次の問いに答えよ．また $\boldsymbol{F} = q\boldsymbol{E}$ の関係を考え，本問の答えと上問の答えの関係を説明せよ．
(a)　$q_1 = q_2 = q_3 > 0$ のとき，それぞれの電荷の位置での他の電荷による電場が右向きか，左向きか．電場は正電荷から湧き出し，負電荷には吸い込まれることから考えよ．
(b)　$q_1 = q_2 = q_3 < 0$ のとき，同じ質問に答えよ．
(c)　$q_1 = q_2 = -q_3 > 0$ のとき，同じ質問に答えよ．
注　電場の方向は電荷の符号がわからないと答えられない．

理解 2.3　(電場の方向)　右の図のように2カ所に電荷 q_1 と q_2 があるときの原点 O での電場の方向を考えよう．次の場合に O での電場はどの象限を向くか．
(a)　$q_1 > 0, q_2 > 0$ のとき．
(b)　$q_1 > 0, q_2 < 0$ のとき．
(c)　$q_1 < 0, q_2 > 0$ のとき．
(d)　$q_1 < 0, q_2 < 0$ のとき．

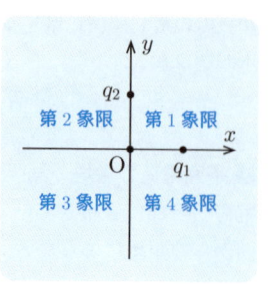

理解 2.4　(単位)　(a)　SI単位系で，電場の単位が N/C であることを説明せよ．
(b)　電圧の単位 V（ボルト）を使うと V/m とも書けることを示せ．
ヒント　エネルギーの単位 J を経由して証明するとよい．$J = V \cdot C$（類題 1.4）である．

第 2 章 電場と電位

答 理解 2.1 (a) すべて同符号なので互いに反発する．したがって電荷 q_1 は左向きの力を受け，q_3 は右向きの力を受ける．q_2 は両側から反対向きの力を受けるが，q_3 のほうが近いので影響が大きく，合力は左向きになる．
(b) 同符号なのですべて反発し合う．したがって電荷 q_1 は左向きの力を受け，q_3 は右向きの力を受ける．q_2 については，q_3 と比べて q_1 の電荷は 5 倍，距離は 2 倍なので，q_2 が q_1 から受ける力は q_3 から受ける力と比べて，「電荷 $\div$ 距離の 2 乗」より，$5 \div 2^2 = 1.25$（倍）．つまり q_2 は q_1 からのほうが大きな力を受けるので，合力は右向き．
(c) q_3 は異符号．したがって q_1 は q_2 には反発され q_3 には引き付けられる．しかし q_2 のほうが近く影響が大きいので，力は左向き．q_3 はどちらからも引き付けられるので受ける力は左向き．q_2 は q_1 から反発され q_3 には引き付けられるので，受ける力は右向き．

答 理解 2.2 (a) q_1 の位置には，q_2 と q_3 から湧き出した左向きの電場がかかるので全電場も左向き．q_3 の位置も同様で全電場は右向き．q_2 の位置では，q_1 からの電場は右向き，q_3 からの電場は左向きだが，q_3 のほうが近いので全電場は左向き．すべて力の向きと同じだが，$q > 0$ なのだから当然．
(b) 電荷が負なので電場の方向は逆転し，q_1 での電場は右向き．q_3 での電場は左向き．q_2 での電場は右向き．すべて力の方向と逆．
(c) q_1 の位置では q_2 から湧き出した電場が左向き，q_3（< 0）に吸い込まれる電場が右向きだが，q_2 のほうが近いので全電場は左向き．q_2 の位置では，どちらからの電場も右向き．q_3 の位置ではどちらからの電場も右向き．力の方向とは，q_3 だけ異なる（$q_3 < 0$ なので）．

答 理解 2.3 $q_1 > 0$ ならば，原点での電場の x 成分は $-x$ 方向を向く．$q_2 > 0$ ならば y 成分は $-y$ 方向．このように考えると，(a) 第 3 象限，(b) 第 2 象限，(c) 第 4 象限，(d) 第 1 象限．

答 理解 2.4 (a) 点電荷 q が電場から受ける力の公式 $\boldsymbol{F} = q\boldsymbol{E}$ より，$\boldsymbol{E} = \frac{\boldsymbol{F}}{q}$．したがって，力 F の単位 N と，電荷 q の単位 C から，E の単位 $=$ N/C．
(b) 仕事 $=$ 力 $\times$ 距離 より J $=$ N m．したがって
$$\text{N/C} = (\text{J/m})/\text{C} = (\text{J/C})/\text{m} = \text{V/m}$$

理解 2.5 （点電荷の電気力線）　次のケースの電気力線の概略図を描け．図の特徴を説明せよ．電気力線とは正電荷から湧き出し負電荷に吸い込まれること，その数は電気量に比例すること，また，電気力線は途中で交わることはないことに留意すること．
(a)　わずかに離れた，電気量 q が同じ2つの点電荷．$q > 0$ とする．
(b)　わずかに離れた2つの点電荷 $2q$ と $-q$（$q > 0$ とする）．

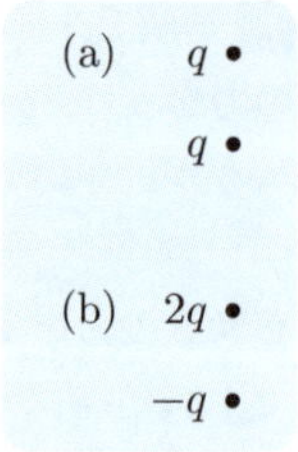

(a)　q ●
　　　q ●

(b)　$2q$ ●
　　　$-q$ ●

理解 2.6 （球面電荷）　(a)　一様に正に帯電している球面が作る電気力線が右図のようになることを，球面の内外に対して説明せよ．球面の内部は中空であるとする．
(b)　球面の内部の電場はどうなるか．
(c)　点電荷の電気力線の形も考え，ガウスの法則より，球面電荷が作る電場と，点電荷が作る電場の関係を論じよ．

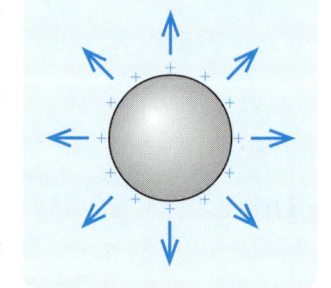

理解 2.7 （直線電荷）　無限に延びる，一様に帯電した直線状の棒（直線電荷）が作る電場が，直線からの距離に反比例する理由を，電気力線を描いて説明せよ．

理解 2.8 （平面電荷）　(a)　無限に広がる，一様に帯電した平面（平面電荷）が作る電気力線が下の図のようになることを説明せよ．
(b)　この図を使って，電場の大きさが，面から離れても変わらないことを説明せよ．

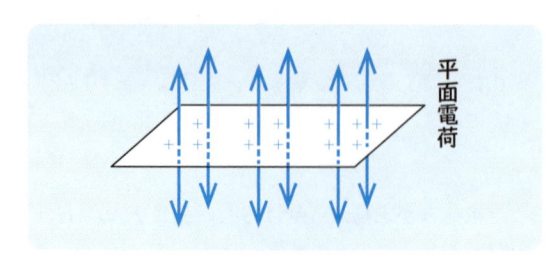

第 2 章　電場と電位

答 理解 2.5　(a)　どちらの電荷からも電気力線は湧き出すが，ぶつかるように進んだ電気力線は，交差はできないので，曲がって横方向に進む．電荷は等しいので，図は上下対称となる．
(b)　$2q$ から湧き出した電気力線の半分が $-q$ に吸い込まれる．残りは四方八方にちらばる．

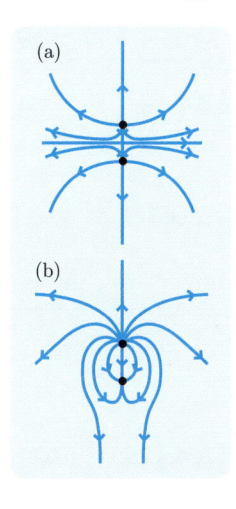

答 理解 2.6　(a)　電荷分布が球対称なので，球面から外部に出ていく電気力線はどちらにも曲がらずに放射状に延びる．球面内部には何もないので，電気力線は球面内部には延びられない（内部に延びても行き先がないから）．
(b)　内部には電気力線がないのだから電場もない．
(c)　外部の電気力線は，点電荷の電気力線と同じ形をしている．したがって，電場の発生量が同じならば電気力線の密度も同じになり，電場の大きさも同じになる．電場の発生量は内部の全電荷で決まる（ガウスの法則）ので，球面上の全電荷と同じ電気量の点電荷と，（球面の外部の）電場は同じになる（厳密な計算は基本問題 2.7）．

答 理解 2.7　電気力線は，図のように直線から放射状に広がる．円周（図の破線）の長さは直線からの距離に比例するので，電気力線の密度は距離に反比例して減少する．したがって電場も距離に反比例して減少する．

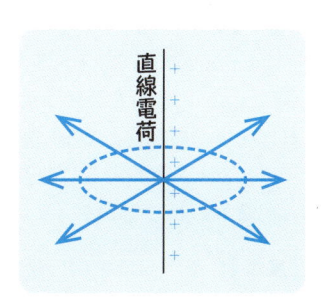

答 理解 2.8　(a)　面は無限に広がっているのだから，どこから見ても電荷分布は左右対称であり，電気力線はまっすぐにしか延びられない．
(b)　電気力線の密度は不変なので，電場の大きさは変わらない．

基本問題　1. 電場とガウスの法則　※類題の解答は巻末

基本 2.1 （クーロンの法則）　下の図のように，一直線上に 3 つの電荷が並んでいる．それぞれの電気量を q_1, q_2, q_3 とする．また電荷間の距離は，図に示されているように，それぞれ d_1, d_2 とする．このとき，それぞれの電荷が受ける力を，クーロンの法則を使って表せ．ただし右向きの場合を正とする．

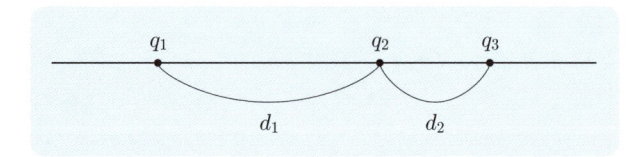

基本 2.2 （点電荷による電場）　(a)　右図において，原点の電場の x 成分 E_x と y 成分 E_y を求めよ．
(b)　$q_1 = 1\,\mu\text{C}$, $q_2 = 0.5\,\mu\text{C}$, $d_1 = 3\,\text{cm}$, $d_2 = 2\,\text{cm}$ のときの電場の大きさと方向を求めよ．方向は $+x$ 方向から反時計回りに測った角度 θ で表せ．
(c)　原点に電荷 $q = -0.8\,\mu\text{C}$ を置いたとき，それに働く力の大きさと方向を求めよ（$1\,\mu\text{C}$（マイクロクーロン）とは $1\,\text{C}$ の 10^{-6} 倍だが，電荷がこの程度の大きさのときに電気力は常識的な大きさになる）．

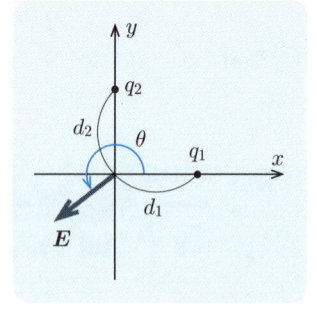

基本 2.3 （電子）　$1\,\mu\text{C}$ は電子何個分か．これは何モルに相当するか（電子の電荷 e は $1.6 \times 10^{-19}\,\text{C}$，1 モルの粒子数は 6.0×10^{23} 個として計算せよ）．

注　$1\,\mu\text{C}$ の電荷を発生させるには，物質中の電子のうちどの程度の割合を移動させればいいかの目安となる．割合で見れば非常にわずかであることがわかるだろう．逆に考えると，電気力とは非常に強い力なので，わずかな電荷で重力に匹敵する力を生み出せることになる．

基本 2.4 （平面電荷の電気力）　電子が平面電荷に，重力 mg と同じ大きさの力で引き付けられている．式 (2.3) より，この平面上の電荷面密度 σ を求めよ．電子の質量と電荷は $m = 9.1 \times 10^{-31}\,\text{kg}$, $e = 1.6 \times 10^{-19}\,\text{C}$ とする．

第 2 章 電場と電位

答 基本 2.1 たとえば $q_1q_2 > 0$ のとき、q_1 が q_2 から受ける力は左向き、つまり負になる。このように考えて式の符号を決めれば、$q_1q_2 < 0$ のときも自動的に正しい答えになる。

$$q_1 \text{ に働く力}: \quad F_1 = -k\frac{q_1q_2}{d_1^2} - k\frac{q_1q_3}{(d_1+d_2)^2}$$
$$q_2 \text{ に働く力}: \quad F_2 = k\frac{q_1q_2}{d_1^2} - k\frac{q_2q_3}{d_2^2}$$
$$q_3 \text{ に働く力}: \quad F_3 = k\frac{q_1q_3}{(d_1+d_2)^2} + k\frac{q_2q_3}{d_2^2}$$

答 基本 2.2 (a) E_x, E_y それぞれ、q_1 と q_2 による電場だから、それぞれ $+x$ 方向、$+y$ 方向を正とすれば

$$E_x = -k\frac{q_1}{d_1^2}, \qquad E_y = -k\frac{q_2}{d_2^2}$$

(b) SI 単位系での数値にして計算すれば

$$E_x = -9.0 \times 10^9 \times (1 \times 10^{-6}) \div (0.03)^2 = -1.0 \times 10^7 \text{ (N/C)}$$
$$E_y = -9.0 \times 10^9 \times (0.5 \times 10^{-6}) \div (0.02)^2 = -1.125 \times 10^7 \text{ (N/C)}$$

これらより

$$E = \sqrt{E_x^2 + E_y^2} = 1.5 \times 10^7 \text{ N/C}$$
$$\tan\theta = \frac{1.125}{1.0} = 1.125 \quad \rightarrow \quad \theta = 48° + 180° = 228°$$

(第 3 象限の方向なので、$180°$ を足してある)

(c) 8×10^{-7} C を掛ければ、力 = 12 N。方向は、$+x$ 方向から $48°$ (第 1 象限の方向、電荷 < 0 なので)。

答 基本 2.3

$$\text{電子の個数} = 1\,\mu\text{C} \div (1.6 \times 10^{-19} \text{ C}) = 5.3 \times 10^{12} \text{ 個}$$
$$\text{モル数} = 5.3 \times 10^{12} \text{ 個} \div (6.0 \times 10^{23} \text{ 個/モル}) = 0.9 \times 10^{-11} \text{ モル}$$

答 基本 2.4 $mg = eE = e\frac{\sigma}{2\varepsilon_0} = 2\pi ke\sigma$ より

$$\sigma = \frac{mg}{2\pi ke} = 9.9 \times 10^{-22} \text{ C/m}^2$$

28　第2章　電場と電位

基本 2.5 （電気力線）　次のケースの電気力線の概形を描け.
(a)　一様に帯電した全電気量 $-q$ の棒と，その正面にある点電荷 q.
(b)　一様に帯電した全電気量 $-q$ の棒と，その正面にある点電荷 $2q$.
(c)　一様に帯電した輪電荷.
(d)　一様に帯電した輪電荷 q とその中心の点電荷 $-q$.

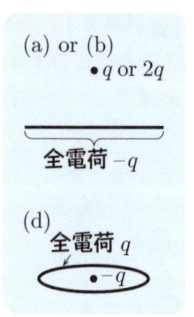

基本 2.6 （ガウスの法則とクーロンの法則の関係）　(a)　クーロンの法則を使って，点電荷 q に対するガウスの法則を，点電荷を中心とする任意の球面に対して証明せよ．つまり，小さな球面を考えても大きな球面を考えても，そこから出ていく電場の合計は同じ（$\frac{q}{\varepsilon_0}$）であることを示せ．
(b)　逆に，ガウスの法則からクーロンの法則を導くのにはどうすればよいか．どのような仮定を付け加える必要があるか（クーロンの法則からガウスの法則は導けるが，ガウスの法則だけからはクーロンの法則は導かれない）．

基本 2.7 （球面電荷）　(a)　一様に帯電した球面（半径 a）が作る電場は放射状かつ球対称であると仮定して，球の中心から距離 r の位置での電場の大きさを，ガウスの法則から求めよ（下の図で考えよ）．ただし全電荷を Q とする．
(b)　球面上の表裏の電場の差は，電荷面密度を σ とすると，$\frac{\sigma}{\varepsilon_0}$ であることを示せ（面密度とは，単位面積当たりの電荷，すなわち全電荷を全面積で割ったもの）．

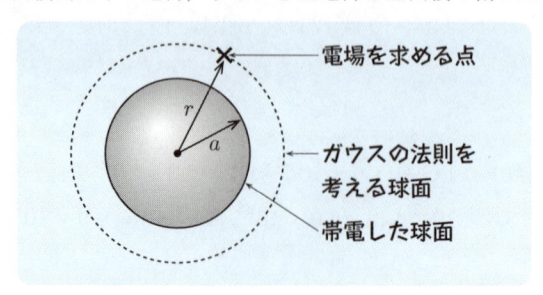

類題 2.1 （球面と中心の電荷）　(a)　球面上，およびその中心に電荷があったとする．その帯電球面の外には電場はなかった．中心の電荷（点電荷）を q （> 0）としたとき，球面内の電場を求めよ．
(b)　球面上の表裏の電場の差は，電荷の面密度を σ とすると，$\frac{\sigma}{\varepsilon_0}$ であることを示せ．

答 基本 2.5 (a) 点電荷から湧き出した電気力線はすべて棒に吸い込まれる．また点電荷のすぐ近くでは点電荷の電気力線，棒のすぐ近くでは棒の電気力線になっていなければならない．
(b) 半分だけ棒に吸い込まれる．
(c) 十分に遠方から見れば輪は点のように見えるから，点電荷の電気力線（放射状）と同じになる．
(d) 輪から湧き出した電気力線はすべて点電荷に吸い込まれる．
注 電気力線の総本数は電荷と無関係に描いている．

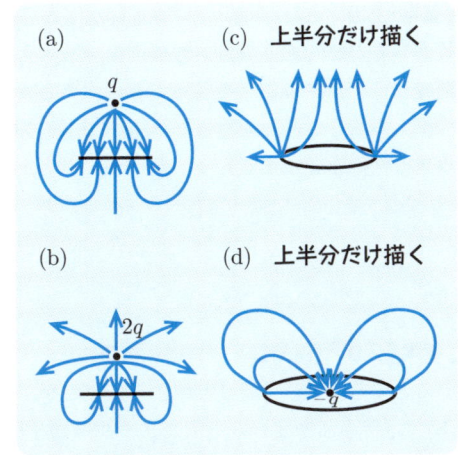

答 基本 2.6 (a) 球面の半径を r とすると，球面上の電場は外向き（球面から出ていく向き）であり，大きさは $E(r) = \frac{1}{4\pi\varepsilon_0} \frac{q}{r^2}$．したがって

$$\text{球面から出ていく電場の合計} = E(r) \times \text{球面積} = \frac{q}{\varepsilon_0}$$

(b) 電場は球対称であると仮定する（電気力線を描くときはこのことは当然であるとしていたが，ガウスの法則だけからはこのことは導けない）．すると電場は点電荷からの距離 r のみの関数になり，$E = E(r)$ と書ける．後は (a) とは逆に

$$E(r) \times \text{球面積} = \frac{q}{\varepsilon_0} \quad \to \quad E(r) = \frac{1}{4\pi\varepsilon_0} \frac{q}{r^2}$$

答 基本 2.7 (a) 球対称なので電場の大きさは，中心からの距離 r のみで決まる．つまり $E = E(r)$ と書ける．まず，帯電した球面より大きな球面 ($r > a$) に対してガウスの法則を適用すると

$$E(r) \times 4\pi r^2 = \frac{Q}{\varepsilon_0} \quad \to \quad E(r > a) = \frac{1}{4\pi\varepsilon_0} \frac{Q}{r^2}$$

つまり点電荷 Q による電場と同じである．また，内部に考えた球面 ($r < a$) に対しては，その内側には電荷はないので，ガウスの法則の右辺はゼロ．したがって電場もゼロ．
(b) $\sigma = \frac{Q}{4\pi a^2}$．したがって $\frac{\sigma}{\varepsilon_0}$ は球面すぐ外側の電場 $E(a)$ に等しい．内側の電場はゼロだから，題意は示された．

基本 2.8 (直線電荷) 直線電荷が作る電場は放射状かつ軸対称であること（理解度のチェック 2.7）を前提に，ガウスの法則を使ってその大きさが式 (2.2) で与えられることを証明せよ（右図の円筒に対してガウスの法則を適用する）．

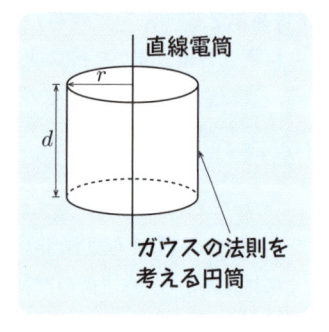

基本 2.9 (円筒電荷) (a) 無限に延びる半径 a の円筒に，一様に電荷が分布しているとする．電気力線はどのようになるか．
(b) 電荷の面密度を σ として，ガウスの法則を使って電場の大きさを求めよ．

基本 2.10 (平面電荷) 無限に広がる平面上に一様に電荷が分布している．面密度を σ としたとき，電場の大きさが式 (2.3) で与えられることを証明せよ（電場の全体的振る舞いについては理解度のチェック 2.8 を参照）．

ヒント 下図の円筒に対してガウスの法則を適用する．

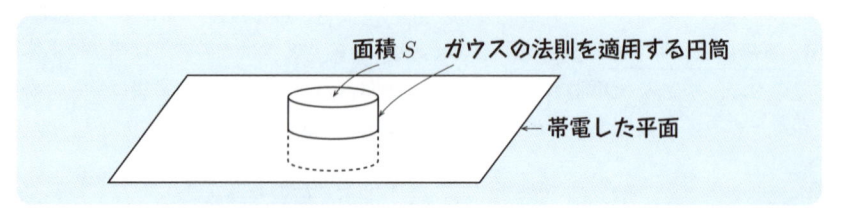

基本 2.11 (平行平面) 平面電荷が 2 枚，平行に置かれている．それぞれの電荷面密度は，大きさが同じで符号が正反対であるとする（σ と $-\sigma$）．それぞれの平面電荷の電場を重ね合わせることで，2 枚の電荷が作る全電場を求めよ．

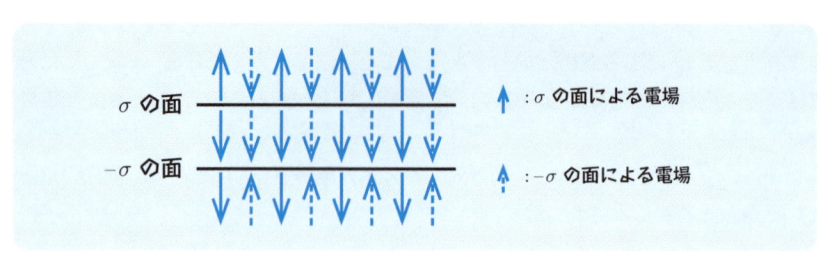

第 2 章　電場と電位

答 基本 2.8　電場は軸対称なので，直線からの距離 r の関数として $E(r)$ と書ける．左ページの図のように，この直線を軸とする半径 r の円筒に，ガウスの法則を適用する．電場は放射状なので，円筒の側面から出ていくが，円筒の上下の面から出ていく電場はない．したがってガウスの法則は

$$E(r) \times 側面積 = \frac{円筒内部の全電荷}{\varepsilon_0}$$
$$\to \quad E(r) \times (2\pi r \times d) = \frac{\lambda \times d}{\varepsilon_0} \quad \to \quad E(r) = \frac{1}{2\pi\varepsilon_0}\frac{\lambda}{r}$$

答 基本 2.9　(a)　電荷の配置が軸対称なので，直線電荷の場合と同様に電気力線も放射状になる．ただし円筒内部には電気力線は延びない（球面電荷と同様…理解度のチェック 2.6 参照）．
(b)　上問と同様に，この帯電した円筒の外側に半径 r $(>a)$ の円筒を考え，ガウスの法則を適用する．上問の単位長さ当たりの電荷 λ はここでは $2\pi a\sigma$ となるので，その置き換えをすれば

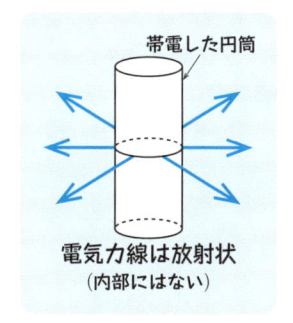

$$E(r) = \frac{1}{\varepsilon_0}\frac{a\sigma}{r}$$

$r < a$ ならば $E(r) = 0$．

答 基本 2.10　電場は，この円筒の上下の面から出ていく．側面からは出ていかない．また大きさは一定である（理解度のチェック 2.8）．それを E とし，また円筒の底面積を S とすれば，ガウスの法則は

$$E \times 2 \times S = \frac{\sigma S}{\varepsilon_0} \quad \to \quad E = \frac{\sigma}{2\varepsilon_0}$$

答 基本 2.11　2 枚の上側あるいは下側では，電場は逆向きなので打ち消し合う．したがって $E = 0$．はさまれた領域では強め合って 2 倍になり

$$E = \frac{\sigma}{\varepsilon_0}$$

向きは下向き．

ポイント 2. 電位

● 空間内の任意の位置における電位とは，その位置に単位電荷（SI 単位系では 1 C）を置いたときに生じる電気的位置エネルギーの値である．第 1 章では，電位を回路内の各点がもつ性質として導入した．ここではそれを拡張して，回路が存在しているかいないかにかかわらず，空間の各点の性質として電位を定義する．電位は通常，ϕ（ギリシャ文字のファイ）で表す．ϕ は位置座標の関数である．空間内の任意の 2 点の電位 ϕ の差が，その 2 点間の電位差 $\Delta\phi$ である．

● 電位が ϕ である位置に電荷 q を置いたときの位置エネルギーは $q\phi$ である．以下ではこの位置エネルギーを**電気エネルギー**と呼ぶことにする．

● **電位に対するクーロンの法則**　点電荷 q が存在するとき，その電荷によって生じる，そこから距離 r だけ離れた点の電位は

$$\phi = k\frac{q}{r} = \frac{1}{4\pi\varepsilon_0}\frac{q}{r} \tag{2.4}$$

注意点

(1) 電気力や電場の公式に似ているが，距離の 2 乗ではなく 1 乗に反比例している．

(2) 電場とは異なり，電位には方向はない（ベクトルではない）．力はベクトルだがエネルギーはそうではないことと同様．複数の電荷によって生じる電位は，それぞれによる電位を単純に足せばよい．

(3) 電位の発生源である点電荷自体の位置での電位は，$r=0$ なのだから無限大である．したがって点電荷は自分自身の電位によって無限大のエネルギーをもつことになってしまう．これは難しい問題なのだが，無限大であるにしろないにしろ，点電荷の位置には無関係な一定値なので，エネルギーの変化だけが問題になる通常の状況では考える必要はない．

● 点電荷 q_1 と q_2 が，距離 r だけ離れているときの，この 2 電荷全体の電気エネルギー U は

$$U = kq_2\phi_1 = kq_1\phi_2 = k\frac{q_1q_2}{r} \tag{2.5}$$

である．ただし，ϕ_1 は q_1 による電位，ϕ_2 は q_2 による電位（理解度のチェック 2.9 参照）．

● 電位は電場から計算できる．また逆に，電位が（たとえばクーロンの法則 (2.4) を使って）わかっていれば，それから電場が計算できる．

第 2 章 電場と電位

電場は単位電荷に働く力であり，電位は単位電荷がもつ位置エネルギーである．したがって，力学での

$$\text{力} \quad \Leftrightarrow \quad \text{仕事（= 力} \times \text{距離）= 位置エネルギーの差}$$

という関係が，電場と電位の間の関係になる．

$$\text{電場} \quad \Leftrightarrow \quad \text{電場} \times \text{距離 = 電位差}$$

ただし，力が一定ではない場合は単純な積ではなく積分になるのと同様に，電場が一定ではない場合は，電位差は電場の積分になる．また逆に，電場は電位の微分になる（厳密に言えば，電場の，ある方向の成分は，電位のその方向への変化率（微分）に負号を付けたものに等しい．電位が減る方向が電場の方向なので，微分に負号を付けなければならない）．

● **等電位面** 電位が変化する方向が電場ベクトルの方向であり，電場ベクトルに垂直な方向（面）が，電位が変化しない方向である．この面を**等電位面**という．

> 電場の方向 = 電位が変化する（減る）方向
> 電場に垂直な方向（面）= 電位が一定の面（等電位面）

● **電位と等電位面(破線)**

点電荷 (q)

$$\phi(r) = \frac{1}{4\pi\varepsilon_0}\frac{q}{r} \qquad (2.6)$$

直線電荷（線密度 λ）

$$\phi(r) = -\frac{\lambda}{2\pi\varepsilon_0}\log r + \text{定数} \qquad (2.7)$$

平面電荷（面密度 σ）

$$\phi(z) = -\frac{\sigma}{2\varepsilon_0}|z| + \text{定数} \qquad (2.8)$$

（「定数」は基準点（電位 $\phi = 0$ の点）の決め方に依存する．点電荷では無限遠を基準点とする．）

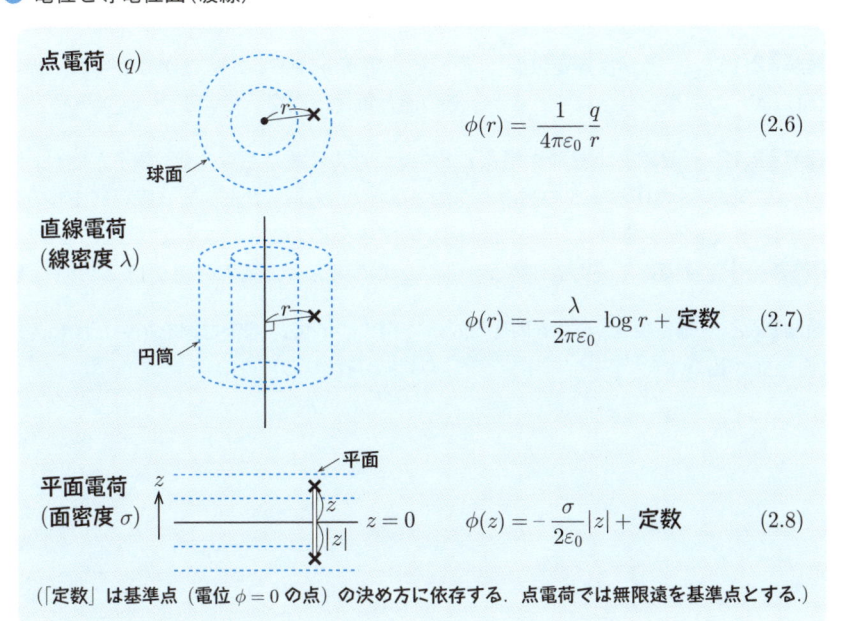

理解度のチェック　2. 電位 ※類題の解答は巻末

理解 2.9 （2つの点電荷）　2つの点電荷 q_1 と q_2 が，距離 r だけ離れて置かれている．
(a)　まず q_1 が置かれ，その後に r だけ離れた位置に q_2 が置かれたと考えて，この2電荷の電気エネルギーを，電位を使って求めよ．
(b)　逆に，まず q_2 が置かれ，その後に q_1 が置かれたと考えたときの電気エネルギーを求めよ．これは (a) の結果とつじつまがあっているか．

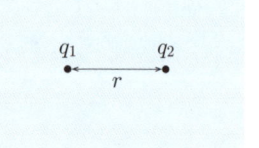

理解 2.10 （点電荷）　原点に点電荷 $q\,(>0)$ がある．次の質問に答えよ．
(a)　x 軸上の点 $(x,0,0)$ での電位は正か負か．
(b)　$x\,(>0)$ が大きくなると電位は増えるか減るか．x の関数として，電位 ϕ の概形を描け（$x<0$ の領域も考えよ）．
(c)　その点 $(x,0,0)$ にもう1つの電荷 $q'\,(>0)$ を置く．位置エネルギーは正か負か．
(d)　力は位置エネルギーが小さくなる方向に働く．そのことから電荷 q' に働く力の方向を述べよ．
(e)　このこととクーロンの法則とは，つじつまがあっているか．
(f)　電位の減る方向と電気力の方向の間には，一般にどのような関係があるか．

理解 2.11 （点電荷：等電位面）　原点に点電荷 q がある．電位が等しい面（等電位面）はどのような形をしているか．その面と電場は直交しているか．

理解 2.12 （双極子）　2つの電荷 q と $-q$ が近くに並んだものを**双極子**という．双極子の電気力線は 21 ページの図のようになる（q から湧き出し $-q$ に吸い込まれる）．この図に等電位面を描け（ただし断面図なので線を描くことになる）．概略図でよい．
ヒント　等電位面は電気力線に直交することから考えよ．基本問題 2.14 も参照．

類題 2.2 （等電位面）　基本問題 2.5 の 4 例について，電気力線を描いた図に等電位面を書き込め．

答 理解 2.9 (a) q_1 が置かれた段階で，その周囲に電位 $\phi_1 = k\frac{q_1}{r_1}$ が生じる．r_1 は q_1 からの距離である．この電位が存在する空間の $r_1 = r$ の位置に q_2 を置いたと考えれば，電気エネルギーは $q_2\phi_1 = k\frac{q_1q_2}{r}$ となる．
(b) q_2 が置かれた段階で，その周囲に電位 $\phi_2 = k\frac{q_2}{r_2}$ が生じる．r_2 は q_2 からの距離である．この電位が存在する空間の $r_2 = r$ の位置に q_1 を置いたと考えれば，電気エネルギーは $q_1\phi_2 = k\frac{q_1q_2}{r}$ となる．この結果は (a) に等しい．どちらも，q_1 と q_2 が距離 r だけ離れた位置にある状態の電気エネルギーを求めているのだから，結果は等しくなるはずである．

答 理解 2.10 (a) x の正負にかかわらず，原点からの距離は $r = |x|$ なので，電位は $\phi = k\frac{q}{|x|}$ であり，$q > 0$ なのだから正． 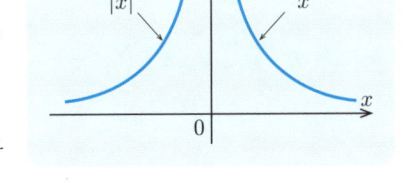
(b) $q > 0$ なので減少する．$x < 0$ の場合も，その絶対値が大きくなると電位は減少する．
(c) 位置エネルギーは $k\frac{qq'}{|x|}$ なのだから正．
(d) 位置エネルギーが減る方向は $|x|$ が増える方向である．つまり力は外向きに働く．
(e) 正電荷どうしは反発し合うのだから，つじつまがあっている．
(f) 電位に q' を掛けたものが位置エネルギー．したがって，q' の符号によって，電位の減る方向と電気力の方向は同じときも逆のときもある．

答 理解 2.11 原点からの距離が r である点での電位は $\phi = k\frac{q}{r}$ である．したがって r が等しい点はすべて電位が等しい．r が等しい点の集合は，原点を中心とする半径 r の球面だから，等電位面は，原点を中心とする球面となる．電場は放射状である．つまり $q > 0$ ならば原点から離れる方向，$q < 0$ ならば原点に向かう方向である．どちらも，原点を中心とする球面とは直交する．

答 理解 2.12 右図で実線が電気力線，破線が等電位面．3次元的に見れば，等電位面は歪んだ球面になる．

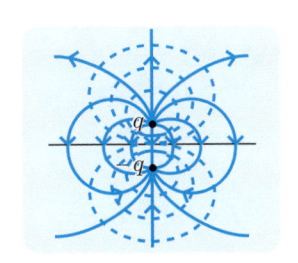

理解 2.13 （球面電荷）
(a) 電位と電場の関係を考えて，球面電荷の電位は，球面外では点電荷の電位と同じであることを説明せよ．

(b) 球面内部の電位はどうなっているか．全電荷を Q，球の半径を a として具体的に求めよ．また，中心からの距離 r の関数としてグラフを描け．電位は球面上で連続でなければならない（球面内外でずれていてはならない）ことに注意．

注 帯電している面の両側では，電場は不連続に変わる．電位の微分（に負号を付けたもの）が電場である．したがって，電位のグラフはそこで折れ曲がって，傾きが不連続に変わる．しかし電位の値自体が不連続に変化することはない．もし不連続に変化したら，そこでは傾きが無限大になって電場が無限大であることになってしまう．

理解 2.14 （直線電荷）
(a) 電荷が一様に分布している直線がある．電荷線密度を $\lambda\ (>0)$ とすると，この直線から距離 r だけ離れた位置での電位は下式（式 (2.7)）で表される．$r \to 0$ と $r \to \infty$ での振る舞いに注意しながら，電位のグラフの概形を描け．

$$\phi(r) = -\frac{\lambda}{2\pi\varepsilon_0}\log r + 定数$$

(b) 電位が一定という面（等電位面）はどうなっているか．その面は，電場と直交しているか．

類題 2.3 （円筒電荷）　無限に長い円筒上に電荷が一様に分布している．
(a) 円筒外部の電位は上問の電位と同じ形になることを説明せよ．
(b) 円筒内部の電位は一定であることを説明せよ．
(c) 円筒内部の電位の値はどのようにして決まるか．

ヒント 理解度のチェック 2.13 の球面電荷の場合の考え方を参考にせよ．

理解 2.15 （平面電荷）
(a) xy 面上に，電荷が一様に，無限の遠方まで分布している．電位はこの面からの距離 $|z|$ のみで決まり，電荷面密度を σ とすると，式 (2.8) で表される．$\sigma > 0$ とし，$z = 0$ と $|z| \to \infty$ での振る舞いに注意しながら，電位のグラフの概形を正負の z（つまり面の表裏）に対して描け．

(b) この電位は $z = 0$ で折れ曲がっている．その理由を電場の振る舞いから説明せよ．

(c) この電位は $|z|$ のみの関数である（x と y には依存しない）．その理由を，電場の振る舞いから説明せよ．

第2章　電場と電位

答 理解 2.13 (a) 球の外部の電場は，同じ電荷をもつ点電荷の電場に等しい（理解度のチェック 2.6）．電位は電場の積分なのだから，電場が等しければ電位も等しい．
(b) 球面内部では電場はゼロ，つまり電場の微分がゼロなので電位は変化しない．電位は連続なので，球面内の電位は，球面すぐ外の電位に等しい．球面外では電位は $\phi = k\dfrac{Q}{r}$ なので（r は球の中心からの距離），球面内では $\phi = k\dfrac{Q}{a}$．

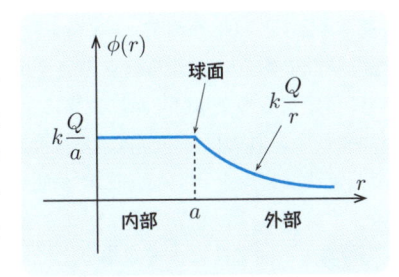

答 理解 2.14 (a) 対数関数の性質（$\log 0 = -\infty$, $\log \infty = \infty$）より，ϕ は $r \to 0$ では $+\infty$，$r \to \infty$ では $-\infty$ になる．電荷が正ならば電場は常に外向きなので，グラフは単調減少の形になる．

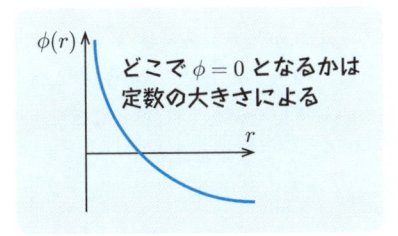

(b) 直線からの距離 r が一定というのが条件なので，この直線を軸とする，無限に長い円筒になる．電場はこの直線から放射状に出ていくので，この面と直交する．

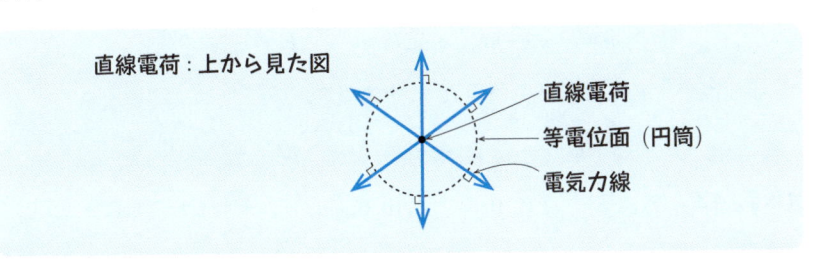

答 理解 2.15 (a) 右図
(b) 電場の向きは xy 面で逆転している（面の上側では電場は $+z$ 向き，下側では $-z$ 向き）．電場の方向は電位が減る方向だから，電場の方向が逆転すれば，そこで電位の傾き方も変わる．
(c) 電場は $\pm z$ 方向を向く．電場の方向は電位が変化する方向だから，電位は x や y が変わっても変化しない．

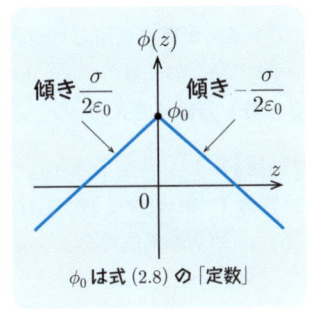

基本問題 2. 電位 ※類題の解答は巻末

基本 2.12 （平面電荷） 電場を積分すると，積分路の両端での電位差になる（ただし積分の始点の ϕ から終点の ϕ を引いたもの）．電場が一定の場合には，（電場の方向に積分するのならば）単に電場に距離を掛ければよい．このことを使って，xy 面上（つまり $z=0$ の面）に位置する平面電荷が作る電位が式 (2.8) であることを示せ．ただし電荷面密度を σ とし，この平面上での電位を ϕ_0 とする（ϕ_0 は定数だが，状況によって決まることも決まらないこともある）．

ヒント 平面電荷による電場はすでに基本問題 2.10 で求めてある．

基本 2.13 （電位の微分） 電位を，それが変化する方向の変数で微分すれば電場の大きさが得られる（電場の向きは電位が変化する方向）．ただし符号まで考えるときは，微分した上で負号を付けなければならない．以下の例で，ポイントで与えられている電位を微分してから電場を求め，知られていた結果に一致することを確かめよ（ポイントで与えた式が正しいことを確認する問題である）．

(a) 点電荷の場合：電位に対するクーロンの法則 (2.6) から電場 (2.1) を求める．
$$\phi = k\frac{q}{r} \quad \to \quad E = k\frac{q}{r^2}$$

(b) 直線電荷：電位 (2.7) から電場 (2.2) を求める．
$$\phi = -\frac{\lambda}{2\pi\varepsilon_0}\log r + 定数 \quad \to \quad E = \frac{1}{2\pi\varepsilon_0}\frac{\lambda}{r}$$

(c) 平面電荷：電位 (2.8) から電場 (2.3) を求める．
$$\phi = -\frac{\sigma}{2\varepsilon_0}|z| + 定数 \quad \to \quad E = \frac{\sigma}{2\varepsilon_0}$$

基本 2.14 （双極子） 点 $(0,0,d)$ と点 $(0,0,-d)$ に，それぞれ点電荷 $q\ (>0)$ と $-q$ を置く．
(a) 原点の電位を求めよ．
(b) 電位が原点と同じ点の集合，つまり原点を通る等電位面を求めよ．
(c) z 軸上の任意の点 $(0,0,z)$ の電位を求めよ．$z<-d,\ -d<z<d,\ d<z$ の 3 領域を分けて考えよ．

類題 2.4 （双極子） (a) 上問 (c) で求めた電位は $|z|\to\infty$ でどのようになるか．点電荷 1 つの場合とどう違うか．
(b) z 軸上の電位のグラフを，横軸を z とするグラフに描け．

第 2 章　電場と電位　　　　　　　　　　　　　　**39**

答 基本 2.12　平面電荷では電場の大きさが一定 ($\frac{\sigma}{2\varepsilon_0}$) であり，平面から両側に出ていく方向（±$z$ 方向）を向く．この平面から点 (x,y,z) までの積分を考える．距離は z の正負にかかわらず $|z|$ なので，そこでの xy 平面上との電位差は

$$\phi_0 - \phi(x,y,z) = 電場 \times 距離 = \frac{\sigma}{2\varepsilon_0}|z|$$

（電場の方向と積分の方向が同じなので右辺はプラス）．ϕ_0 は定数だから，式 (2.8) と一致する．

答 基本 2.13　(a) 電荷が原点にあるとすれば，そこから r だけ離れた位置での電位は $\phi = k\frac{q}{r}$．ϕ は r 方向（動径方向，つまり原点とその点を結ぶ線の方向）に変化するので，r で微分すると

$$\frac{d\phi}{dr} = -k\frac{q}{r^2}$$

これに負号を付ければ電場の式 (2.1) になる（$q > 0$ ならば正になるので，電場は $+r$ 方向，つまり r が増える方向を向く）．
(b) 電荷が z 軸に沿って分布しているとすれば，z 軸から r だけ離れた位置での電位は $\phi = -\frac{\lambda}{2\pi\varepsilon_0}\log r + 定数$．$\phi$ は r 方向（z 軸に垂直な方向）に変化するので，r で微分すると

$$\frac{d\phi}{dr} = -\frac{\lambda}{2\pi\varepsilon_0}\frac{1}{r}$$

これに負号を付ければ式 (2.2) になる（$\lambda > 0$ ならば電場は $+r$ 方向）．
(c) $z > 0$ のときは $\phi = -\frac{\sigma}{2\varepsilon_0}z + 定数$．$z$ 方向に変化するので z で微分すれば

$$\frac{d\phi}{dz} = -\frac{\sigma}{2\varepsilon_0}$$

これに負号を付ければ式 (2.3) になる（$\sigma > 0$ ならば正になるので $+z$ 方向）．
　$z < 0$ のときは $\phi = +\frac{\sigma}{2\varepsilon_0}z + 定数$．符号が逆になるので電場は $-z$ 方向．

答 基本 2.14　(a) 原点は 2 つの電荷から等距離．したがって電位は打ち消し合ってゼロになる（ただし無限遠で電位はゼロであるとする）．
(b) 2 つの電荷から等距離の面（電位が打ち消し合うので）．これは xy 平面，つまり $z = 0$ の面である．
(c)
$$z > d: \quad \phi = k\frac{q}{z-d} - k\frac{q}{z+d}$$
$$-d < z < d: \quad \phi = k\frac{q}{d-z} - k\frac{q}{d+z}$$
$$z < -d: \quad \phi = k\frac{q}{-z+d} - k\frac{q}{-z-d}$$

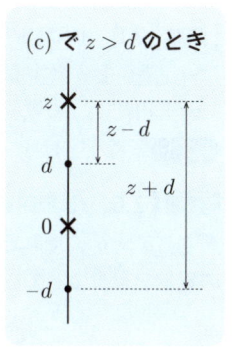

基本 2.15 （平行平面） xy 面に平行な 2 枚の無限に広がる面上に，電荷が一様に分布している．それぞれの面の位置は $z = \pm d$，それぞれの電荷面密度を $\pm \sigma$ とする．電位 ϕ は z のみの関数になるが，基準点を $\phi(z=0) = 0$ として $\phi(z)$ を求め，図示せよ．

ヒント 2 平面間の電場は，$+z$ 方向に $\frac{\sigma}{\varepsilon_0}$．また 2 平面の両側では電場はゼロであることは基本問題 2.11 で示した．電場はそれぞれの領域内では一定なので，電位差は電場 × 距離 で得られる．

$$
\begin{array}{c}
E = 0 \\
z = d \;\rule{6cm}{0.4pt}\; \sigma \\
\downarrow \quad E = \dfrac{\sigma}{\varepsilon_0} \quad \downarrow \\
z = -d \;\rule{6cm}{0.4pt}\; -\sigma \\
E = 0
\end{array}
$$

基本 2.16 （2 重球面） 共通の中心をもつ 2 つの導体球面 A と B があり，それぞれの半径を a および b とする（$a > b$）．球面 A 上には電荷 Q_A，球面 B 上には電荷 Q_B がある（どちらも正とする）．全領域の電位を求め，図示せよ．

ヒント 一様な球面電荷の場合，球面の外側の電場は，その内側の電荷がすべて中心にある場合と同じである．したがって，電場の積分である電位も，定数（積分定数）を除いて点電荷の場合と同じになる．ここでは点電荷の場合と同様に，無限遠で電位がゼロになるように定数を決めよ．

類題 2.5 （円筒電荷） 無限に長い円筒に電荷が一様に分布している．電荷面密度は σ，半径を a とする．円筒内外の電位を，中心軸からの距離 r の関数として求めよ．ただし円筒上での電位をゼロとする．

ヒント 考え方はすでに類題 2.3 で議論した．

類題 2.6 （2 重円筒） z 軸を共通の軸とする，半径 a と b の，無限に長い円筒があり（$a > b$），それぞれの単位長さ当たりの電荷を λ_a, λ_b とする．外側の円筒上での電位をゼロとして，全領域での電位を求めよ．

答 基本 2.15 まず $-d < z < d$ の場合を考える．上面 ($z = d$) から z への積分を考えると（電場の方向がその方向なので），

$$\phi(d) - \phi(z) = 電場の大きさ \times 距離$$
$$= \frac{\sigma}{\varepsilon_0} \times (d - z)$$

$\phi(z = 0) = 0$ と決めたので，上式に $z = 0$ を代入すれば，$\phi(d) = \frac{\sigma}{\varepsilon_0} \times d$ となる．結局

$$\phi(z) = \frac{\sigma}{\varepsilon_0} z$$

2 平面の両側では電場はゼロなので電位は一定．電位は連続でなければならないから，上で決めた $\phi(z)$ の $z = \pm d$ での値が両側での ϕ の値になる．グラフは右図のとおり．ϕ の傾き（下がる方向）が電場の方向になっている．

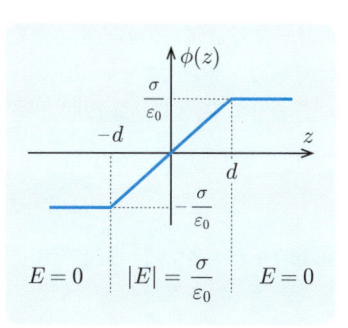

答 基本 2.16 無限遠の電位がゼロと決まっているので，外側 ($r > a$) から始めよう．全電荷が $Q_A + Q_B$ なので，電位は（定数を除いて点電荷と一致しなければならないので）

$$\phi(r > a) = k\frac{Q_A + Q_B}{r} + 定数$$

$r \to \infty$ で $\phi = 0$ という条件より，右辺の定数はゼロとなる．

次に，中間の領域 ($a > r > b$) では，それより内側の電荷は Q_B なので，

$$\phi(a > r > b) = k\frac{Q_B}{r} + 定数$$

この定数は，$r = a$ で外側の ϕ とつながるということから決まり

$$\phi(a > r > b) = k\frac{Q_B}{r} + k\frac{Q_A}{a}$$

となる．最後に，$b > r$ では電場はゼロなので ϕ は一定．$r = b$ での連続性より

$$\phi(b > r) = k\frac{Q_A + Q_B}{b}$$

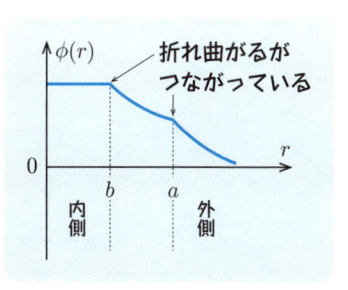

ポイント 3. 導体とコンデンサー

● **コンデンサー** 接触していない固定された2つの導体に，電池の両極をつなげる．電極から導体に電荷が図のように移動する．これらの導体が（電池の電極などに比べて）十分に大きければ，他の場所の帯電は無視できるので，一方の導体にたまる電気量が Q ならば，他方にたまる電気量は $-Q$ になる（全電荷はゼロなので）．また，各導体の電位は電池の各電極の電位に等しい（導線には電位差はない）ので，導体間には電池の起電力に等しい電圧 V が生じる．

この電圧 V と電気量 Q は比例する．その比例係数 C を，この2導体の**電気容量**という．

$$Q = CV \quad \text{あるいは} \quad C = \frac{Q}{V} \qquad (2.9)$$

電気容量が大きいと，同じ電圧でも大きな電気量をためることができる．このように見たときのこの2導体を，全体として**コンデンサー**（あるいは**キャパシター**）という．

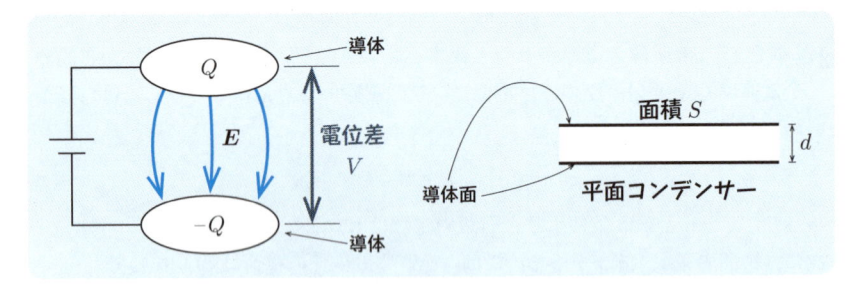

● **平面コンデンサー（平行板コンデンサー）** 最も一般的なコンデンサーは，同じ形の，広い2枚の導体面を平行に，接触させずに置いたものである．面積を S，間隔を d とすると，その電気容量は次の式で表される（証明は基本問題 2.17）．

$$C = \frac{\varepsilon_0 S}{d} \qquad (2.10)$$

● コンデンサーがもつ電気エネルギーは次の式で表される（基本問題 2.20）．

$$\text{コンデンサーの電気エネルギー：} \quad \frac{1}{2}QV = \frac{1}{2}CV^2 = \frac{1}{2}\frac{Q^2}{C} \qquad (2.11)$$

● **導体内部では電位は一定（内部で電荷が動いていない場合）** 導体の内部に電場があれば導体内の電子が動く．その結果，電場も変化し，最終的に電子が動かなくなった状態（静電気）では電場はゼロである．そのときは電位は変化せず，導体内では電

位は一定となる（導体に電源をつなぎ電流を流し続ける場合には内部の電場がゼロではないので電位は一定ではない）．

● **導体に外部から電場をかけると導体表面に電荷が誘導される（誘導電荷）**　導体に外部から電荷を近付けると，導体内部で電子の移動が起こり，外部の電荷による導体内部の電場を打ち消す．移動して生じた電荷は，すべて表面に分布する（同符号の電荷は互いに反発し合うので，すべて表面に押しやられると考えればよい．もし内部に電荷が残ると，その周囲には電場が生じ，導体内部では電場はないという話と矛盾してしまう）．

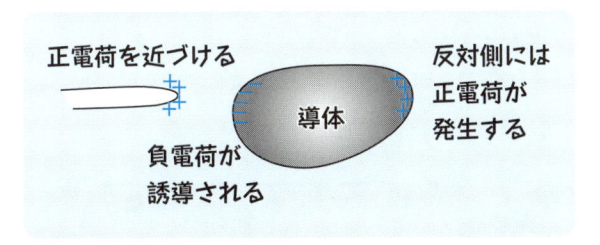

● **導体で囲まれた領域内は外部から電気的に遮蔽される（静電遮蔽）**　内部に空洞がある導体に，外部から電場をかけても，（導体内部ばかりでなく）空洞内にも電場は生じない．導体内は等電位だが，空洞部分もそれと同じ電位になる．誘導電荷は表面のみに生じると説明したが，空洞内の表面には電荷は生じない（基本問題 2.24）．

● **接地（アース）**　導体に導線を付けて地球と接続することを接地（アース）という．その導体に外部から電場を掛けても，地球との間で電荷の移動が起こり，導体の電位は地球と同じに保たれる（通常は地球を電位の基準点とみなして 電位 = 0 とするので，アースされた導体の電位はゼロとなる）．

● **鏡像法**　無限に広い導体平面と，それから離れた位置に電荷 $q\,(>0)$ があったとする．電荷の影響により導体平面には負の誘導電荷が生じるが，それによる平面の電荷側の電場は，平面の正反対（この平面を鏡とみなしたときの像の位置）に電荷 $-q$ が存在すると考えたときの電場と同じである．ただし導体平面の反対側は静電遮蔽により電場は生じない（基本問題 2.25 参照）．

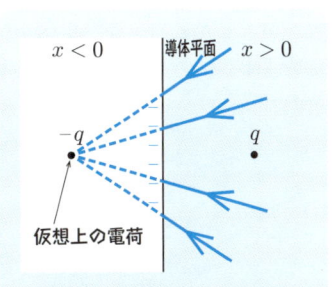

3. 導体とコンデンサー

理解 2.16 （コンデンサーの電圧）　±Q に帯電している2つの導体（コンデンサー）間の電圧（電位差）V は Q に比例しており，$Q = CV$ と書ける．比例係数 C がこのコンデンサーの電気容量だが，平面コンデンサーの場合には $C = \frac{\varepsilon_0 S}{d}$ である（S は面積，d は間隔）．この公式の証明は基本問題 2.17 ですが，なぜ S は分子にあるのか，d は分母にあるのか，次の問題から考えてみよう．
(a)　この式から，導体面をどこにも接続しない場合（つまり電荷が移動せず Q が不変な場合），面積 S を増やすと（電気容量 C が増えるので）電圧 V は減ることがわかる．このことを，電場の変化から説明せよ．
(b)　また，間隔 d を広げると（電気容量 C が減るので）V は増えることもわかる．このことを，電場の変化から説明せよ．

理解 2.17 （点電荷と静電誘導）　(a)　無限に広がる導体平面と，それから少し離れた位置に電荷 $q\,(>0)$ の粒子（点電荷）がある．この点電荷と平面の間にはどのような電気力が働くか（力の方向を述べればよい）．無限遠の電位をゼロとしたとき，この平面の電位はどうなるか（正か負かゼロか）．
(b)　帯電していない孤立した導体球と，それから少し離れた位置に点電荷 $q\,(>0)$ がある．この点電荷と導体球の間には，どの方向に電気力が働くか．また無限遠の電位をゼロとしたとき，この導体球の電位はどうなるか（正か負かゼロか）．ただし「孤立した」とは，外部との電荷の出入りがないという意味である．

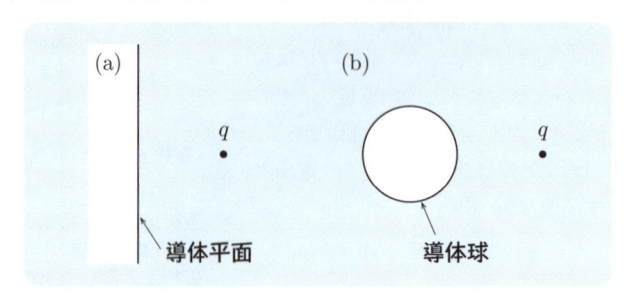

第 2 章　電場と電位

答 理解 2.16　(a) Q が変わらず面積 S が広がれば電荷密度 σ $(= \frac{Q}{S})$ は減る．したがって電場 $(= \frac{\sigma}{\varepsilon_0}$ … 基本問題 2.11) も減る．したがって電圧 $(=$ 電場 × 距離$)$ も減る．
(b)　電場は変わらないが距離が増えるので電圧は増える．いずれにしろ，<u>電気容量が大きいとは，小さな電圧で大きな電荷をためられることである</u>，と考えれば，S や d の変化が C にどう影響するかが，直観的にわかる．
注意：この問題では，コンデンサーが外部に接続されていないという点が重要である．たとえば電池に接続されている場合は，電圧は変化せず電荷が変化する．

答 理解 2.17　(a) 正の点電荷 q に引き付けられて，導体平面の点電荷に近い部分に負の電荷が誘導される（導体内の自由電子が引き付けられて集まる）．その誘導電荷と点電荷が引き付け合うので，点電荷と平面間には引力が働く．平面は負に帯電したことになるが，正の電荷が無限遠に残されており，全体としては，電荷はゼロと考えるべきである．また，この平面は無限遠にまで広がっており，また導体の電位はいたるところ同じ（等電位）なので，電位はゼロ． 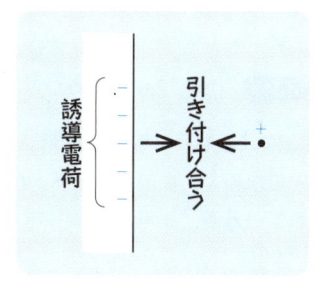
(b)　下図のように，導体の点電荷に近いほうの表面に，負の電荷（自由電子）が集まる（誘導される）．したがって，その反対側に正の電荷が取り残される．負の電荷のほうが点電荷に近いので，全体としては導体と点電荷は引き付け合う．電位は，電気力線から考えるとよい．導体の正電荷から出る電気力線は無限遠に向かう．したがって導体は無限遠よりも電位は高い（電場は電位の低い方向を向く）．無限遠で電位がゼロなので，導体の電位は正になる．（$q > 0$ なので点電荷の位置の電位は $+\infty$（電位 $\propto \frac{q}{r}$ であり $r \to 0$ なので）．したがって，点電荷と無限遠の中間にある導体の電位は，有限な正の値になると考えればよい）．

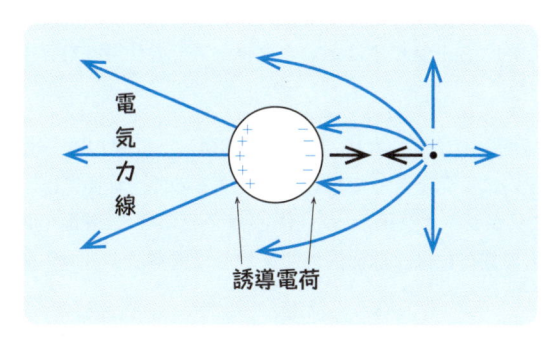

基本問題 3. 導体とコンデンサー ※類題の解答は巻末

基本 2.17 （平面コンデンサーの電気容量）　面積 S，間隔 d の平面コンデンサーの電気容量が $C = \frac{\varepsilon_0 S}{d}$ であることを，$C = \frac{Q}{V}$ という定義式を使って求めよ．

基本 2.18 （球面（同心球）コンデンサーの電気容量）　共通の中心をもつ 2 つの導体球面 A と B があり，それぞれの半径を a および b とする（$a > b$）．この 2 重球面をコンデンサーとみなしたとき，その電気容量を，定義式 $C = \frac{Q}{V}$ によって求めよ（基本問題 2.16 で求めた電位を使って計算する）．

類題 2.7 （円筒コンデンサーの電気容量）　共通の軸をもつ 2 つの，長さ l の円筒 A と B があり，それぞれの半径を a および b とする．この 2 重円筒をコンデンサーとみなしたとき，その電気容量を，定義式 $C = \frac{Q}{V}$ によって求めよ．
ヒント　類題 2.6 で求めた電位を使って計算する．●

基本 2.19 （平行平面間の力）　$\pm Q$ に帯電している 2 枚の平行な平面の間に働く力を求めよ．面の面積を S，面の間の距離を d として計算せよ．結果は S や d に依存しているか．

基本 2.20 （コンデンサーのエネルギー）　(a)　コンデンサーがもつ電気エネルギーは $\frac{1}{2}QV$（式 (2.11)）であることを平面コンデンサーの場合に示せ．
ヒント　上問で求めた力を使って，最初はくっついていた 2 つの平面を，距離 d だけ引き離すのにどれだけの仕事が必要か計算する．●
(b)　電位 ϕ の位置に電荷 q を置くと，その電気エネルギーは $q\phi$ である．似たような状況にある上の問題で，答えが QV ではない理由（$\frac{1}{2}$ という係数が付く理由）を説明せよ．

類題 2.8 （コンデンサーのエネルギー）　コンデンサーの電気エネルギー $\frac{1}{2}QV$ という公式を，2 枚の平面を最初から d だけ離した位置に置き，電荷を一方から少しずつ移動させて，最終的に $\pm Q$ にするというプロセスでの仕事を計算することによって求めよ．

基本 2.21 （球面電荷に働く力）　半径 a の球面に，電荷 Q が一様に分布しているとする．電荷は互いに反発し合って離れようとするので，球面には膨張する方向に力が働く（実際，これがシャボン玉だったら膨張するだろう）．球面全体に働く力を求めよ．ただし球面上の電荷には，球面内外で平均した電場による力が働くと考えよ．

第 2 章　電場と電位

答 基本 2.17　各面の電荷を $\pm Q$ とすると，電荷面密度は $\sigma = \frac{Q}{S}$ である．面の間の電場は $\frac{\sigma}{\varepsilon_0} = \frac{Q}{\varepsilon_0 S}$ となり，電圧（電位差）V はそれに間隔を掛けて

$$V = 電場 \times 間隔 = \frac{dQ}{\varepsilon_0 S} = \frac{d}{\varepsilon_0 S} Q$$

$$\to \quad C = \frac{Q}{V} = \frac{\varepsilon_0 S}{d}$$

答 基本 2.18　この場合，電圧とは両球面の電位の差である．基本問題 2.16 の結果を使うと（ただし $Q_A = -Q_B = Q$ とする）

$$V = \phi(a) - \phi(b) = kQ\left(-\frac{1}{a} + \frac{1}{b}\right) = kQ\frac{a-b}{ab}$$

$$\to \quad C = \frac{Q}{V} = \frac{ab}{k(a-b)} = 4\pi\varepsilon_0 \frac{ab}{a-b}$$

答 基本 2.19　$+Q$ 側の面の電荷が，$-Q$ 側の面の電荷に及ぼす電気力を計算しよう．$+Q$ 側の面の面電荷密度は $\frac{Q}{S}$ だから，それによる電場は，距離に関係なく $\frac{Q}{2\varepsilon_0 S}$ である．したがってその電場が電荷 $-Q$ に及ぼす電気力の大きさは

$$電気力 = 電荷 \times 電場 = \frac{Q^2}{2\varepsilon_0 S}$$

一方の面だけによる電場を使ったことに注意．両方の面による電場を考えると，2 面の間の電場はその 2 倍，外側の電場はゼロである．その平均を使えば，（両方の面による電場を使っても）正しい答えが得られる．

答 基本 2.20　(a)　上問で導いた電気力に対抗するだけの力が必要なのだから，大きさ（絶対値）だけの式で考えれば

$$電気エネルギー = 仕事 = 電気力 \times 距離 = \frac{Q^2}{2\varepsilon_0 S} \times d$$

$V = \frac{d}{\varepsilon_0 S} Q$ である（基本問題 2.17）であることを考えれば，これは $\frac{1}{2}QV$ に等しい．(b)　$q\phi$ という式では ϕ は，電荷 q 以外の起因による電位である．一方，ここでの V は，両方の面電荷に起因する電位差である．一方の面電荷だけを考えると，基本問題 2.19 で示したように電場は半分になるので，その違いが結果にも現れている．

答 基本 2.21　球面表側での電場は $E = \frac{1}{4\pi\varepsilon_0}\frac{Q}{a^2}$ であり，裏側では $E = 0$．したがって，球面上の電荷 Q に働く力は，その平均で決まり

$$力 = \frac{1}{8\pi\varepsilon_0}\frac{Q^2}{a^2}$$

注　球面電荷がもつ電気エネルギーは $\frac{1}{2}QV = \frac{1}{8\pi\varepsilon_0}\frac{Q^2}{a}$ である．実際，これを a で微分すれば上記の力になる．

基本 2.22 （コンデンサーと導体板） $\pm Q$ に帯電した 2 枚の導体平面が，距離 $3d$ だけ離れて平行に置かれている（$Q > 0$）．その中央に，厚さ d の，幅のある導体板を挿入する．導体板がもつ全電荷はゼロである．導体平面も導体板もすべて，その面積は S であるとする．導体板にはどのような電荷が誘導されるか．2 枚の導体面の間の電場と電位を求めよ．電位は，下側（$-Q$ 側とする）の導体平面でゼロであるとして，そこからの距離の関数としてグラフに描け．導体平面間の電位差を求めよ．

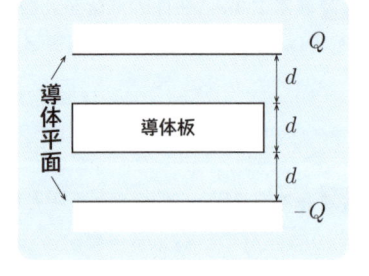

注 この問題では，導体平面も導体板も外部にはつながっていないとする．つまりその電荷は一定であるとする．

基本 2.23 （2 重球面） 共通の中心をもつ 2 つの導体球面 A と B があり，それぞれの半径を a および b とする（$a > b$）．
(a) 球面 A 上には電荷 Q_A があり孤立しているが，球面 B は接地されているとする．各領域での電位，および球面 B 上に誘導される誘導電荷を求めよ．
(b) 逆に，球面 B 上には電荷 Q_B があり孤立しているが，球面 A は接地されているとする．各領域での電位，および球面 A 上に誘導される誘導電荷を求めよ．

注 孤立しているとは，電荷の出入りがないことを意味する．またどちらのケースも，無限遠での電位をゼロとする．接地されている球面の電位もゼロとなる．(a) では電荷 Q_A により，それと逆符号の電荷が B に誘導される（接地のための導線を通じて地球から引き寄せられる）．(b) では電荷 Q_B により，それと逆符号の電荷が A に誘導される．それを求める問題．基本問題 2.16 を理解してからこの問題を考えること．

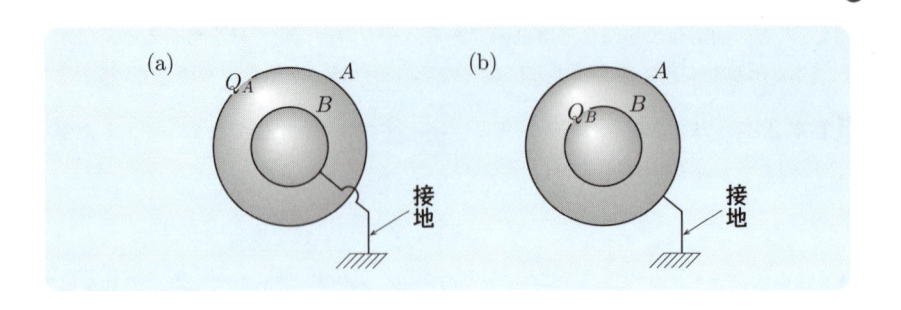

第 2 章　電場と電位

答 基本 2.22 導体平面の電荷の影響で，導体板の両表面に電荷が誘導される．その大きさは次の 2 条件から決まる．

条件 1：導体板の全電荷はゼロなのだから，それは異符号で，大きさが等しくなければならない．以下，それを $\pm Q'$ とする．

条件 2：導体板内部の電場は，上下 2 枚の導体平面による電場と，板の両面に誘導された電荷による電場の合計だが，導体内部なのだからゼロでなければならない．導体平面の電荷による電場は，(基本問題 2.12 で求めたように) $\frac{Q}{\varepsilon_0 S}$ であり，誘導された電荷による電場は逆向きに $\frac{Q'}{\varepsilon_0 S}$ なので，それが打ち消し合うためには $Q = Q'$ でなければならない．

以上により，導体平面の両側，および導体板内部で電場はゼロ．導体平面と導体板の中間では電場は $\frac{Q}{\varepsilon_0 S}$．電場は各領域で一定だから，電位差はそれに距離を掛ければよい．平面間の電位差は $\frac{Q}{\varepsilon_0 S} \times 2d$．つまり導体板の部分が存在せず，間隔が $2d$ である場合と同じになる．

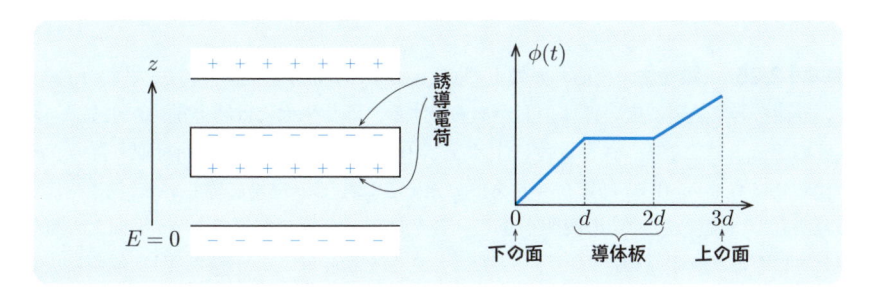

答 基本 2.23 各面上での電荷がわかっていれば，(a) も (b) も電位は同じ形に書け，基本問題 2.16 より

$$\phi(r \leqq b) = k\frac{Q_B}{b} + k\frac{Q_A}{a}$$
$$\phi(a \geqq r \geqq b) = k\frac{Q_B}{r} + k\frac{Q_A}{a}$$
$$\phi(r \geqq a) = k\frac{Q_A + Q_B}{r}$$

(a)　Q_B が未知である．その代わりに $\phi(r = b) = 0$ であることがわかっているので，$Q_B = -\frac{b}{a}Q_A$．これを上の 3 式に代入すれば各領域での電位が得られる．確かに Q_A とは逆符号の電荷が（地球から導線を通して）B に誘導されている．

(b)　Q_A が未知である．その代わりに $\phi(r = a) = 0$ であることがわかっているので，$Q_A = -Q_B$．Q_B とは逆符号の電荷が A に誘導される．

基本 2.24 （誘導電荷の分布）

(a) 外部から電場がかかっているか否かにかかわらず，静的状態（電荷の動きが落ち着いて止まった状態）では，電荷は導体表面にしか分布できないことを，電気力線を使って説明せよ（導体内部では電場が存在すればかならず電子の移動が起きることを使う）．

(b) 上問より，静的状態では導体内部には電場はなく，電位が一定（等電位）になっていることがわかる．そのとき，導体内部の一部を取り出してその部分を中空にしても，電荷分布には何の変化も起きない（中空部分の表面には電荷は発生しない）．その理由を述べよ．

(c) 導体内部の空洞（中空の部分）の表面に電荷が分布していると，導体が等電位であることと矛盾する．その理由を，電気力線を使って説明せよ．

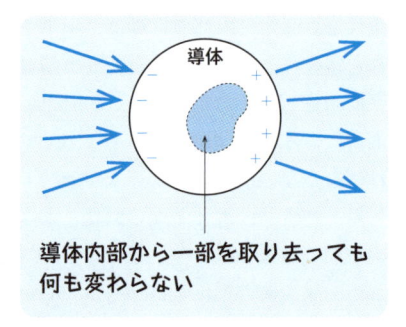

導体内部から一部を取り去っても何も変わらない

基本 2.25 （鏡像法）

(a) x 軸上の点 $(a,0,0)$ に電荷 q があり，yz 平面（$x=0$ という面）上に無限に広い導体平面があるとする．導体平面には誘導電荷が生じる（理解度のチェック 2.17）．誘導電荷による $x>0$ の領域の電場は，平面を取り除き，その代わりに点 $(-a,0,0)$ に電荷 $-q$ を置いたときに生じる電場に等しいと，43ページで説明した（鏡像法）．この説明が正しいことは，どちらの配置でも yz 平面上の電位がゼロになる（無限遠の電位に等しくなる）ことを示せばよい（**注**参照）．無限に広い導体平面がある場合はそれは当然だが（導体は等電位なので無限遠の電位に等しい），$\pm q$ の電荷が存在する場合でもそうなることを示せ．

注 任意の領域の電場は，その領域を囲む面上の電位と，領域内部の電荷分布を決めれば一意的に決まるという定理がある．ここでは $x>0$ の領域を，xy 平面と無限遠にある半球面で囲まれた領域と考えればよい．●

(b) 問(a)の，点電荷と導体平面の配置では，$x<0$ の領域には電場は存在しないことを説明せよ．

(c) 問(b)の結果から，導体平面上の誘導電荷による電気力線の形を考えよ．

(d) 問(c)の結果から，鏡像法による説明が正しいことの，((a)とは異なる）別証明を考えよ．

第 2 章 電場と電位

答 基本 2.24 (a) もし電荷が内部に存在していたら（つまり内部に電子の過剰な部分または過少な部分があったら），そこから発生する，またはそこに吸収される電気力線が存在することになり，電場が存在する．したがって電子の動きが起こり，静的状態ではありえない．表面だったら，電気力線は面から出ていく方向だけに延びていればよい．実際，そうなるように表面の電荷分布が決まる．
(b) 内部には電荷がないのだから，その部分がなくなっても外部は何も影響を受けない．電荷の移動は起きないので，内部表面に誘導電荷は発生しない．
(c) 内部表面に正の電荷があると，そこからの電気力線は，空洞部分に出ていき，内部表面の他の部分に吸い込まれなければならない（空洞内部には電荷は存在しないので）．しかし電気力線があれば，それが出ていく場所と吸い込まれる場所に電位差ができ，導体が等電位であることと矛盾する．

答 基本 2.25 (a) xy 平面上の任意の点で，両側の電荷までの距離 r は等しい．電荷は逆符号なので，電位（$\pm \frac{kq}{r}$）は打ち消し合ってゼロになる．
(b) この領域は yz 平面および無限遠という，電位 $= 0$ の部分によって囲まれている．また内部には電荷は存在しない．したがって，（導体内部の空洞の話（上問 (c)）と同じ理由で）電気力線は存在できず，電場も存在しない．
(c) 誘導電荷による電場は左右対称である．また問 (b) より，$x < 0$ の領域では，点 $(a, 0, 0)$ の電荷 q の電場を打ち消すようになっていなければならない．

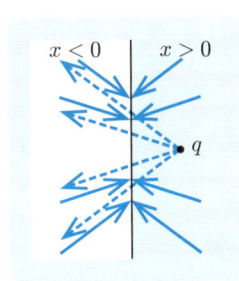

破線：電荷 q による電気力線
実線：誘導電荷による電気力線

$x < 0$ の領域では
実線と破線の電場が打ち消し合う

(d) 問 (b) より，誘導電荷による電場は，$x < 0$ の領域では，点 $(a, 0, 0)$ の電荷 $-q$ による電場と同じである（$+q$ による電場を打ち消すのだから）．誘導電荷による電場は左右対称なのだから，$x > 0$ の領域では点 $(-a, 0, 0)$ の電荷 $-q$ の電場と同じでなければならない．この電荷が点 $(a, 0, 0)$ の電荷 q の鏡像である．

応用問題 ※類題の解答は巻末

応用 2.1（点電荷の集団） 原点付近に，さまざまな電荷をもつ点電荷が多数，存在している．この集団から十分に離れた遠方では，それらによる電場は近似的に，全電荷が原点に集まっているのと同じになることを示せ．i 番目の点電荷 q_i の位置を (x_i, y_i, z_i) とし，x 軸上の離れた点 $(x, 0, 0)$ での電場だとして式を書いて考えよ．

ヒント 直接，電場を考えることもできるが，電場には方向があるので，方向がない電位で考えた方が容易である．電位で題意が示せれば，その微分である電場についても題意が成り立つ．

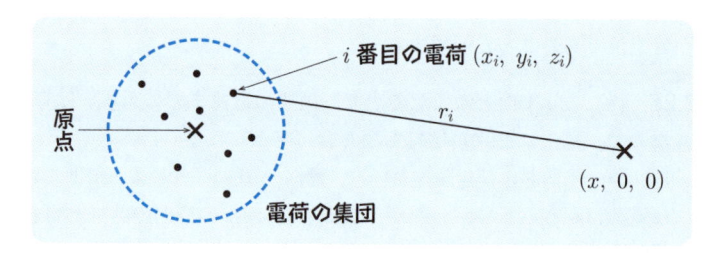

応用 2.2（輪電荷） xy 平面上に，原点を中心とする半径 a の導体の輪があり，一様に帯電している．全電荷は Q である．

(a) クーロンの法則を使って，z 軸上の電位を z の関数として求めよ．

(b) z 軸上では電場が z 方向を向いていることを示せ．また，その大きさを求めよ．

注 輪電荷による電場は複雑だが，この問いでは z 軸上と限定しているため答えは簡単に得られる．

類題 2.9（半直線の電荷） z 軸上の $z < 0$ の部分（半直線）に，一様な電荷が分布している．電荷線密度を λ とする．z 軸上の位置 $z = a$ (> 0) での電場をクーロンの法則を使って求めよ．電位も求めよ．

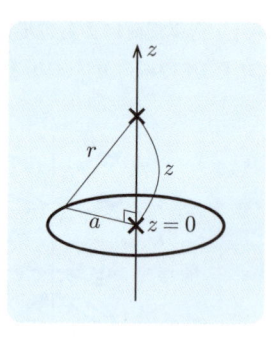

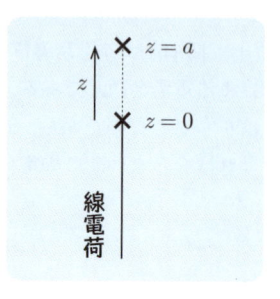

第 2 章　電場と電位

答 応用 2.1　点電荷 q_i と，電位を計算する点 $\boldsymbol{r} = (x, 0, 0)$ との間の距離 r_i は，

$$r_i = \sqrt{(x-x_i)^2 + y_i^2 + z_i^2}$$

ここで，x が他の変数よりも圧倒的に大きいという条件を使って近似式を書くと ($x > 0$ とする)

$$r_i \fallingdotseq \sqrt{x^2 - 2x_i x} = x\sqrt{1 - \frac{2x_i}{x}} \fallingdotseq x\left(1 - \frac{x_i}{x}\right)$$

一貫して，小さい変数について 2 次以上の項は無視するという近似を使っている．電位は，各電荷による電位の合計なので

$$\phi(\boldsymbol{r}) = \sum k \frac{q_i}{r_i} \fallingdotseq \sum k \frac{q_i}{x}\left(1 + \frac{x_i}{x}\right)$$

$$= k \frac{\sum q_i}{x} + k \frac{\sum x_i q_i}{x^2}$$

$x_i \ll x$ ならば第 2 項は無視できるので，全電荷が原点に集まっている場合と同じ電位になる．ただし全電荷がゼロ ($\sum q_i = 0$) の場合は例外であり，その場合には上式第 2 項より，電位は距離の 2 乗に反比例する．

答 応用 2.2　(a)　z 軸上の点では，輪上のすべての位置への距離 r が等しい ($r = \sqrt{a^2 + z^2}$) ので，輪の各部分による電位も等しい．つまり全電位はそれらを単純に足せばよく

$$\phi(z) = k \frac{\text{電荷の合計}}{r} = k \frac{Q}{\sqrt{a^2 + z^2}}$$

(b)　z 軸上の点では，輪の両側 (たとえば図の A と B) の電荷による電場を合成すると z 方向を向く．したがって全電場も z 方向を向く．輪の各部分による電場の z 成分は等しいので，全電場もそれらを足せばよい．

$$E_z(z) = k \frac{\text{電荷の合計}}{r^2} \times \cos\theta = k \frac{Qz}{(a^2 + z^2)^{3/2}}$$

これは，(a) で求めた電位を z で微分しても求めることができる (ただし負号を付ける)．電位と電場の関係を考えれば当然である．

注　十分遠方 ($z \gg a$) では，$\sqrt{a^2 + z^2} \fallingdotseq z$ なので，上の答えは，原点にある点電荷 Q の電位や電場に等しくなる．上問 (応用問題 2.1) を考えれば当然である．●

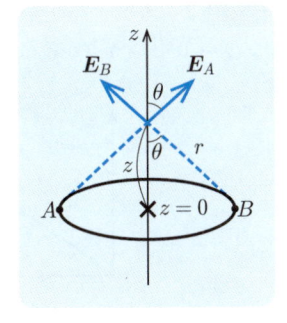

第2章 電場と電位

応用 2.3（球面電荷） 半径 a の球面上に電荷が一様に分布している．全電荷を Q，電荷面密度を σ とする（$Q = 4\pi a^2 \sigma$）．中心からの距離 r の位置での電位を，クーロンの法則と，応用問題 2.2 の結果を使って求めよ．

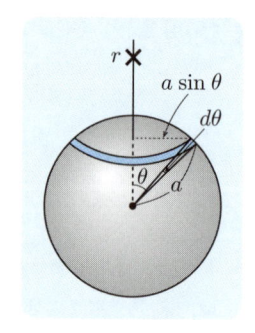

注 球外部ならば答えは点電荷 Q の場合に一致することは，すでにガウスの法則を使って示している．これをクーロンの法則を直接使って確認する問題である．

類題 2.10（直線電荷） z 軸全体に一様な電荷が分布している．電荷線密度を λ とする．x 軸上の位置 $(x, 0, 0)$ での電場を，クーロンの法則を使って求めよ．

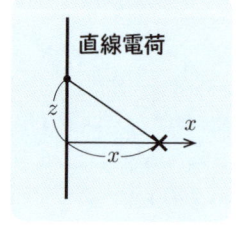

注1 答えはガウスの法則を使ってすでに求めてある（式 (2.2)）．クーロンの法則でも同じ答えが得られることを確認する問題である．

注2 $\int_{-\infty}^{\infty} \frac{1}{(z^2+x^2)^{3/2}} dz = \frac{2}{x^2}$ を使う．

応用 2.4（球電荷） 半径 a の球全体に，電荷が一様に分布している（表面ばかりでなく内部も含む）．ガウスの法則を使って，球内部の電位 ϕ および電場の大きさ E を，中心からの距離 r ($< a$) の関数として求めよ（球外部では点電荷と同じ）．全電荷を Q とする．電荷密度（ρ と記す）は $\rho = Q \div 体積 = \frac{3Q}{4\pi a^3}$ である．無限遠では $\phi = 0$ として計算せよ．

ヒント1 球面電荷の場合は，その外部では点電荷と同じ，内部では電場はない（基本問題 2.7）．ここでも距離 r の部分に仮想上の球面を考え，電荷をその内部と外部に分けて考えると，その結果が使える．

ヒント2 スペースの関係で答えのグラフを下に示す．球外部では $E \propto \frac{1}{r^2}$，中心では $E \to 0$ という点が特徴である．面電荷ではないので E に不連続性はない．

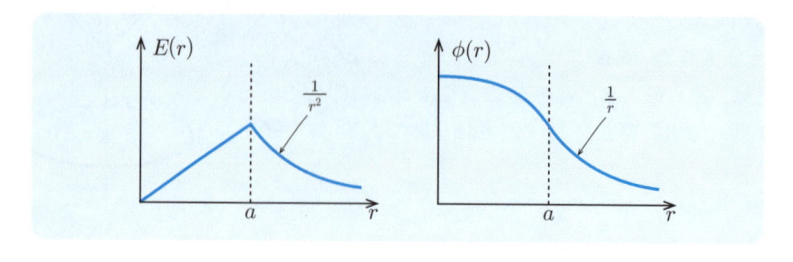

第 2 章　電場と電位

答 応用 2.3　図の角度 θ の部分の円環を考える．角度の幅を $d\theta$ とすれば，

$$\text{円環の面積} = \text{円周} \times \text{幅} = 2\pi a \sin\theta \times a\, d\theta = 2\pi a^2 \sin\theta\, d\theta$$

これに電荷面密度 σ を掛けたものが応用問題 2.2 の電荷 Q に対応し，また応用問題 2.2 の a は $a\sin\theta$，z は $r - a\cos\theta$ に対応する．それらを代入し $0 < \theta < \pi$ で積分すれば

$$\begin{aligned}
\phi(r) &= k\int \frac{2\pi a^2 \sigma \sin\theta}{\sqrt{(a\sin\theta)^2 + (r - a\cos\theta)^2}}\, d\theta \\
&= k(2\pi a^2 \sigma) \int_{-1}^{1} \frac{1}{\sqrt{a^2 + r^2 - 2art}}\, dt \\
&= k\frac{2\pi a^2 \sigma}{ar}\left(\sqrt{a^2 + r^2 + 2ar} - \sqrt{a^2 + r^2 - 2ar}\right) \\
&= k\frac{2\pi a^2 \sigma}{ar}\left(|r + a| - |r - a|\right) \\
&= \begin{cases} k\dfrac{Q}{r} & (r > a\text{ のとき}) \quad \text{点電荷の電位に一致} \\ k\dfrac{Q}{a} & (r < a\text{ のとき}) \quad \text{定数になる} \end{cases}
\end{aligned}$$

答 応用 2.4　球の外部（$r > a$）では球面電荷の場合と同じであり，全電荷が中心に集まっているとした場合と同じである（理解度のチェック 2.6，基本問題 2.7，理解度のチェック 2.12）．

$$\phi(r > a) = k\frac{Q}{r}$$
$$E(r > a) = k\frac{Q}{r^2}$$

r が球の内部である場合には，r より内側の小球と，そこから球表面までの球殻（内側が抜けた球）に分けて考える．球殻にとっては r の位置は内側である（正確には内側表面だが）．したがって球面内部の電場がゼロという議論より，球殻の電荷は r の位置の電場には寄与しない．したがって r での電場は，内側の小球の電荷（$Q(r)$ と記す）が中心に集まった点電荷の電場に等しい．つまり

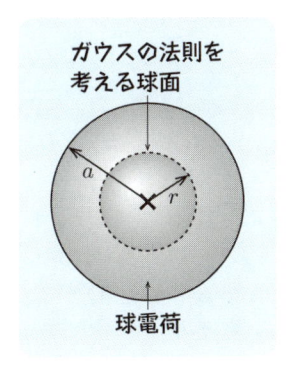

$$E(r) = k\frac{Q(r)}{r^2} = k\frac{\frac{4\pi}{3}r^3\rho}{r^2} = k\frac{Q\left(\frac{r}{a}\right)^3}{r^2} = k\frac{Q}{a^3}r$$

電位はこれを積分して負号を付け，

$$\phi(r) = -k\frac{Q}{2a^3}r^2 + \text{定数}$$

定数は，$r = a$ で $\phi(r > a) = k\dfrac{Q}{r}$ とつながっているという条件から決まり，結局

$$\phi(r) = -k\frac{Q}{2a^3}r^2 + \frac{3}{2}k\frac{Q}{a} = \frac{\rho}{6\varepsilon_0}(3a^2 - r^2)$$

応用 2.5 （電位が固定された球面）
(a) 半径 a の導体球面が，起電力 V の電池を通して地面につなげられている．球面上の全電荷 Q を求めよ（球面外部の電位は球の中心からの距離 r に反比例するとしてよい）．

(b) 共通の中心をもつ2つの導体球面 A と B があり，それぞれの半径を a および b とする（$a > b$）．球面 A は起電力 V の電池を通して地面につなげられており，また球面 B は直接接地されているとする．各球面上の電荷 Q_A および Q_B と，各位置での電位を求めよ．

(c) 問 (b) で，球面 B のほうが起電力 V の電池を通して地面につなげられており，球面 A は直接接地されているとする．各球面上の電荷と，各位置での電位を求めよ．

ヒント 通常とは逆に電位から電荷を求める問題である．しかし，とりあえず電荷を記号で表して電位を求め（基本問題 2.23），その結果から電荷を決めればよい．

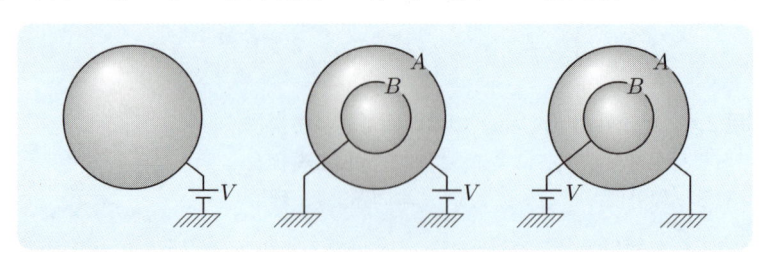

応用 2.6 （コンデンサーのエネルギー）
電気容量 C のコンデンサーがもつ電気エネルギーは $\frac{1}{2}\frac{Q^2}{C}$ であり，面積 S，間隔 d の平面コンデンサーの場合 $C = \frac{\varepsilon_0 S}{d}$ なので，d を増せば（Q が一定ならば）電気エネルギーは増える．板を引き離すのには仕事が必要なので当然だろう（基本問題 2.20）．一方，エネルギーを電位差を使って表すと $\frac{C}{2}V^2$ となり，d を増すと（V が一定ならば）電気エネルギーは減る．この違いが生じる理由を次のようにして考えよう．

(a) 間隔 d を変えたときも電位差 V を一定に保つため，コンデンサーに起電力 V の電池をつなげておく．V が一定なので d を変えるとコンデンサーにたまっていた電荷 Q が変化し，変化した分は電池を通じて流れる．d が Δd だけ変化したときの電荷の変化量 ΔQ を求めよ（変化量は微小であるとする）．

(b) この変化において，板を引き離すのに必要な仕事 W，コンデンサーのエネルギーの変化 ΔU，および電池に電荷が流れたことによるエネルギーの変化 ΔE を求めよ．エネルギー保存則はどのような形で成り立っているか．

第 2 章 電場と電位

答 応用 2.5 (a) 球面上の全電荷を Q とすれば，球面外部での電位は $k\frac{Q}{r}$．電位は連続であり，$r = a$ では V に等しいので，

$$k\frac{Q}{a} = V \quad \to \quad Q = a\frac{V}{k} \ (= 4\pi\varepsilon_0 aV)$$

(b) 各領域での電位は基本問題 2.23 の答えより，$\phi(r \leqq b) = k\frac{Q_B}{b} + k\frac{Q_A}{a}$, $\phi(a \geqq r \geqq b) = k\frac{Q_B}{r} + k\frac{Q_A}{a}$, $\phi(r \geqq a) = k\frac{Q_A+Q_B}{r}$. まず $\phi(r=a) = V$ より，$\frac{Q_A+Q_B}{a} = \frac{V}{k}$．次に $\phi(r=b) = 0$ より，$\frac{Q_B}{b} + \frac{Q_A}{a} = 0$．この 2 式を解くと

$$Q_A = \frac{a^2}{a-b}\frac{V}{k}, \qquad Q_B = -\frac{ab}{a-b}\frac{V}{k}$$

となる．$V > 0$ ならば A には正電荷がたまるが，それに引き付けられて B には負電荷がたまる．

(c) $\phi(r=a) = 0$ より，$\frac{Q_A+Q_B}{a} = 0$．$\phi(r=b) = V$ より，$\frac{Q_B}{b} + \frac{Q_A}{a} = \frac{V}{k}$．この 2 式を解くと

$$Q_A = -\frac{ab}{a-b}\frac{V}{k}, \qquad Q_B = \frac{ab}{a-b}\frac{V}{k}$$

答 応用 2.6 (a) 電位差は 電場×間隔 であり，また電場は電荷に比例するので ($E = \frac{Q}{\varepsilon_0 S}$)，電位差が一定ならば，電荷 × 間隔 が一定になる．すなわち

$$Qd = (Q + \Delta Q)(d + \Delta d) \quad \to \quad \Delta Q = -\frac{Q}{d}\Delta d$$

(変化量 Δ について 2 次の項は無視している)．

(b) 力は $\frac{1}{2}QE = \frac{1}{2}\frac{QV}{d}$．したがって

$$\text{仕事 }(W) = \text{力} \times \Delta d = \frac{QV}{2d}\Delta d$$

また，$\Delta C = \frac{dC}{dd}\Delta d = -\frac{\varepsilon_0 S}{d^2}\Delta d = -\frac{C}{d}\Delta d$ より

$$\Delta U = \frac{\Delta C}{2}V^2 = -\frac{CV^2}{2d}\Delta d = -\frac{QV}{2d}\Delta d$$

電池には電荷が逆流するので電池は回路に負の仕事をすることになる（蓄電池ならば電池の電気エネルギーが増える）．その大きさは

$$\Delta E = |\Delta Q|V = \frac{QV}{d}\Delta d$$

つまり W と $|\Delta U|$ の合計が電池側に移動する．

応用 2.7 （コンデンサーと導体板） (a) 基本問題 2.22 と同じ状況で，導体板がある場合と導体板がない場合それぞれの電気エネルギーを計算せよ．

ヒント 導体板がある場合は，上部と下部に 2 つのコンデンサーがあるとみなし，それぞれの電気エネルギーを加えればよい．

(b) 問 (a) の結果を見ると，導体がある場合のほうがエネルギーが小さいことがわかる．ということは，板の間に導体を差し込むと引き込まれるということである（エネルギーが小さい状態に移動しようとするので）．導体板を途中まで差し込んだ状態のとき，引き込まれる力がどのように生じるのかを説明せよ．

類題 2.11 （コンデンサーと導体板） 基本問題 2.22 と同じ配置だが，中間の導体板が全電荷 Q_0 に帯電していたとする．この電荷がどのように分布するか述べよ．

類題 2.12 （誘導電荷） どちらも接地されている導体の平行平面の間に，一様な電荷密度 σ をもつ（厚さの無視できる）板を挿入する．接地されている導体平面にはどのような電荷が誘導されるか．挿入した板の電位も求めよ．導体板と，その両側の 2 枚の平面との間の距離をそれぞれ d_1, d_2 とする．

応用 2.8 （誘導電荷） 面密度 σ の電荷が分布している場合，その両側での電場の差は

$$E_1 - E_2 = \frac{\sigma}{\varepsilon_0}$$

となる．導体の場合，内部の電場はゼロなので，表面すぐ外の電場が $\frac{\sigma}{\varepsilon_0}$ になる．これは σ が一定でない場合でも成立する．

この式を逆に使えば，導体表面に誘導される電荷 σ が電場から計算できる．この手法により，基本問題 2.24 の配置（点電荷と導体平面）において導体平面に誘導される電荷面密度を計算せよ．またその合計が $-q$ であることを示せ．

類題 2.13 （鏡像法） (a) 上問で，点電荷 q が受ける力を求めよ．

(b) $x = 0$ と $z = 0$ の 2 つの面上に導体板が広がっている．点 $(a, 0, a)$ に位置する点電荷 q が，面上の誘導電荷から受ける力を求めよ．

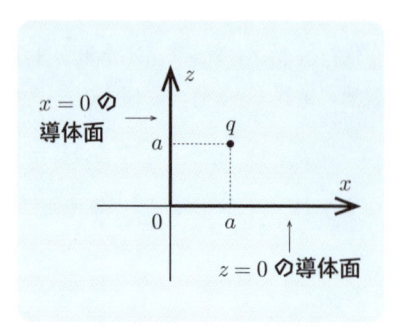

第 2 章　電場と電位

答 応用 2.7 (a) 導体板のない場合の電気容量を $C_0\left(=\frac{\varepsilon_0 S}{3d}\right)$ とすれば，電気エネルギーは $\frac{1}{2}\frac{Q^2}{C_0}$．また導体板がある場合は，図のように電荷が分布するが，導体板内は電場がないので，この空間は何もないのと同様である．したがってそこを取り除けば，電気容量が $\frac{\varepsilon_0 S}{d}=3C_0$ のコンデンサーが 2 つあることになる．したがって電気エネルギーの合計は $\frac{1}{3}\frac{Q^2}{C_0}$ となる．

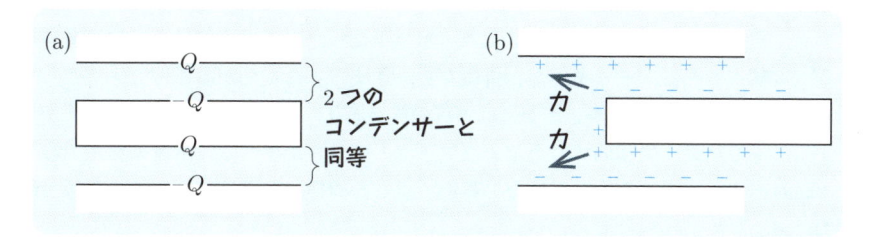

(b) 導体板が途中まで差し込まれた状態では，導体表面の誘導電荷は図のようになるだろう．電荷間の引力によって引き込まれる．

答 応用 2.8 導体面は yz 面に一致し，原点を通るとしている．この面上の，原点を中心とし半径 r，幅 dr の円環を考える（dr は微小）．この位置（表面右側）における電場は（点電荷 q とその鏡像 $-q$ の寄与を合計すると），$-x$ 方向を向き，大きさは

$$E = 2kq\frac{\cos\theta}{r^2+a^2} = 2kq\frac{a}{(r^2+a^2)^{3/2}}$$

電荷密度はこの $-\varepsilon_0\left(=\frac{1}{4\pi k}\right)$ 倍（電場は内側を向いているので負号を付ける）．したがって，円環上の電荷 $\Delta Q(r)$ は

$$\Delta Q(r) = \sigma \times 面積 = -\varepsilon_0 E \times (2\pi r)\Delta r$$

これより，導体面上の全電荷は

$$Q = \sum \Delta Q(r)$$
$$= -2kqa \times (2\pi\varepsilon_0)\int \frac{r}{(r^2+a^2)^{3/2}}\,dr$$
$$= -2kqa \times (2\pi\varepsilon_0) \times \frac{1}{2} \times \frac{2}{a} = -q$$

点電荷 q から出る電気力線はすべてこの面に吸収されるのだから，全電荷が $-q$ になるのは当然である．

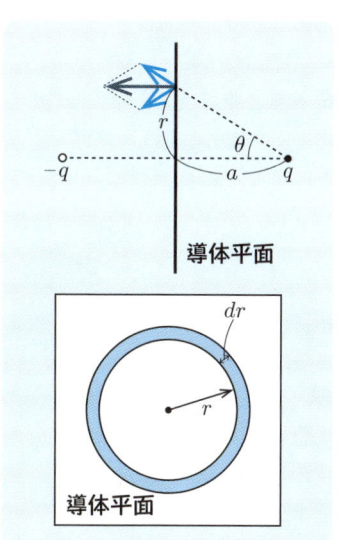

第3章 直流回路

ポイント

● **電源と負荷**　電気回路の中で，電気エネルギーが発生する部分（電池など）を**電源**といい，電気エネルギーが消費される他のエネルギーが発生する部分を一般に**負荷**という（電球，電熱器，モーター，抵抗器など，さまざまなものがある）．

● **電源は電位差を生み出す**　電源には正負の極があり，それぞれに正と負の電荷が分布する．その結果，両極間には電位差（電圧ともいう）が生じる．水流モデルでのポンプに対応する．電流が流れていない状態で生じる両極間の電位差を，この電源の**起電力**という．

⚠ 電流が流れると電池内部の抵抗により，両極間の電圧（端子電圧という）は起電力よりも少し小さくなる（電圧降下 … 理解度のチェック 3.4）が，特に断らない限り，それを無視して電圧は起電力に等しいとする．

● **負荷の両端にも電位差が存在する**　負荷の中を電子が動くためには，電場が存在し，それから電気力を受けなければならない．そして電位は電場の方向に下がるので，負荷の両端には電位差（電圧）が生じる．

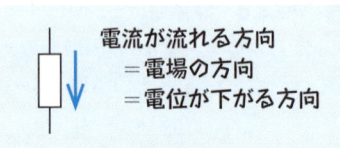

電流が流れる方向
 = 電場の方向
 = 電位が下がる方向

● **負荷と抵抗**　負荷の両端にかかる電圧（V）が増えると，負荷を流れる電流（I）も増える．電圧と電流が比例することを**オームの法則**といい，比例係数を**抵抗**（R）（あるいは電気抵抗，抵抗値）という．

$$\text{電圧} = \text{抵抗} \times \text{電流}$$
$$\text{すなわち}\quad V = RI, \quad \text{あるいは}\quad I = \frac{V}{R}$$

抵抗が大きいと電流は減る．つまり抵抗とは，負荷が電流を抑制する程度を表す量である．

⚠ 電圧と電流が比例しない，つまりオームの法則が成り立たない負荷もある．その場合でも上式によって抵抗値 R を定義できるが，R は定数とはならず，I や V に依存する量になる．

● **回路**　電源と負荷を導線でつなぎ，電流が 1 周できるようにすると回路になる．導線にも抵抗は存在するが，非常に小さいので通常は無視する（応用問題 3.1(b) 参照）．すると，電源の正極につなげられた点 (A) は正極と同電位，負極につなげられた点 (B)

第3章 直流回路

は負極と同電位になるので，負荷の両端には電源と同じ電圧がかかることになる．その結果，回路には電流が流れる．

● **回路の基本方程式** 回路ができたら，そこに流れる電流の大きさを求めなければならない．そのための基本は，回路を1周すると，電位はもとに戻るという性質である（理解度のチェック 3.1 参照）．

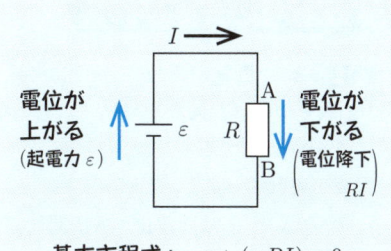

基本方程式： $\varepsilon + (-RI) = 0$

● **抵抗の接続**

直列の合成抵抗　　$R = R_1 + R_2$ 　　(3.1)

並列の合成抵抗　　$\dfrac{1}{R} = \dfrac{1}{R_1} + \dfrac{1}{R_2}$ 　　(3.2)

$\left(R = \dfrac{R_1 R_2}{R_1 + R_2}\right)$

● **キルヒホッフの第1法則** 電流は分かれても合計の大きさは変わらない．

● **キルヒホッフの第2法則** 複雑な回路内に電流が流れるループを考えたとき，そのループを1周すると電位が元に戻る（つまり電位の変化の合計はゼロ）…たとえば基本問題 3.6．

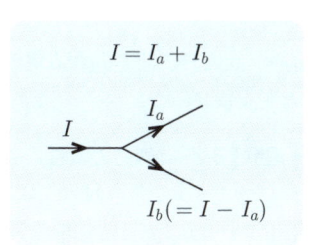

$I = I_a + I_b$

$I_b (= I - I_a)$

● **コンデンサーの接続**

直列接続： $\dfrac{1}{C} = \dfrac{1}{C_1} + \dfrac{1}{C_2}$ ，　並列接続： $C = C_1 + C_2$ 　　(3.3)

● SI 単位系では抵抗 R の単位は **Ω**（オーム）($= V/A$)，電気容量 C の単位は **F**（ファラッド）($= C/V$) である．

● **過渡現象** コンデンサーを含む回路で，スイッチを入れてからコンデンサーに電荷がたまるまで，あるいはそこから電荷が放出されるまでに起こる現象（理解度のチェック 3.10 参照）．最終的な状態には指数関数的に近付く（応用問題 3.8, 3.9 参照 … 第5章も参照）．

理解度のチェック

理解 3.1 （回路の電位） 電池に導線で抵抗（負荷）1つをつなげた回路を考える（右図参照）．電池はA側が正極である．回路がつながっているので電流が流れている．

(a) 図のAとBは同電位（AB間に電位差がない）だった．何を意味するか．

(b) CとDも同電位だった．そのとき，4点A～Dを電位が高い順番に並べ，不等号および等号でつなげよ．

(c) AD間の電位差とBC間の電位差の大きさが等しい理由を述べよ．

ヒント 回路を1周すると電位は元の値に戻っていなければならない．

(d) AD間の電位差（＝BC間の電位差）は何によって決まるか（電池の内部抵抗は無視して考えてよい）．

(e) BC間では，電流は電位が高い方向に流れているか．低い方向に流れているか．その理由を述べよ．

(f) AD間では，電流は電位が高い方向に流れているか．低い方向に流れているか．その理由を起電力という言葉を使って説明せよ（電池内部のメカニズムにまで触れる必要はない）．

(g) 抵抗BC間を流れる電流 I，電池内DA間を流れる電流 I' の大きさは，それぞれ何で決まるか．

理解 3.2 （回路の電位） 図のように，上問の図の回路にスイッチを取り付け，スイッチを切った状態にする．

(a) A～Dにおける電位の大小関係はどうなるか．不等号と等号を使って表せ．

(b) スイッチの両端（EとF）の電位差はどうなっているか．それは何によって生じているか．

(c) スイッチを入れると何が起こるか．各位置での電位はどのように変化するか．

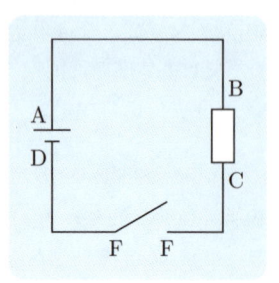

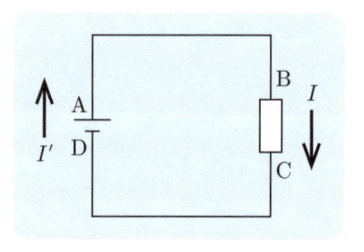

第 3 章　直 流 回 路　　**63**

答 理解 3.1　(a)　電流が流れているのに電位差がない ($V = 0$) のだから，$\frac{V}{I} = R = 0$. つまりこの導線には抵抗はない．通常の導線には抵抗はあるが，小さいので無視して考える場合が多い．
(b)　A の電圧を単に A と記すという記法を使うと，A = B > C = D．
(c)　A での電位が B から C の間で下がり，また D から A で上がって A の電位に戻るのだから，AD 間の電位差 = BC 間の電位差 でなければならない．
(d)　この電池がもつ起電力によって決まる（電池の内部抵抗を無視すれば，電位差は起電力に等しい．内部抵抗がある場合には，電位差は起電力よりも少し減る … 理解度のチェック 3.4）．
(e)　電流は B から C へ，つまり電位が低い方に流れている．
理由：B のほうが電位が高いのだから，電場は B から C の方向を向く．したがって正電荷だったら B から C へ，負電荷（電子）だったら C から B へと動く．いずれの場合も定義によって，電流は B から C へ流れる．
(f)　電流は D から A へ，つまり電位が高い方に流れる．
理由：電場の力（電気力）にさからって正極に一定量の正電荷（負極には負電荷）をためようとするのが電池の起電力の働きである（水流モデルでのポンプの働き）．電極の電荷が回路を通って流れ出してしまうと，それを補充しようとして正極に正電荷（負極に負電荷）を補充するため D から A へと（電池内を）電流が流れる．
(g)　この抵抗の抵抗値を R とすれば，抵抗の電位差は電池の起電力に等しいのだから，$I = \frac{起電力}{R}$．また，電池から流れ出た分だけ電極の電荷が補充されるのだから，$I' = I$．分布している電荷の量が一定であるためには，回路全体で常に同じ大きさの電流が流れていなければならない．

答 理解 3.2　(a)　電流が流れていないのだから ($I = 0$)，抵抗での電位差 ($= RI$) はゼロ．電池の両極間では，電流の有無にかかわらず起電力に等しい電位差がある．したがって，A = B = C > D．
(b)　スイッチにつながれている導線内は同電位である．したがって，F の電位は D の電位に等しく，E は C に等しい．したがってスイッチの両端にはそれだけの電位差があり，それは電池の起電力に等しい．この電位差は，スイッチの両側にたまる正負の電荷によって生じている．
(c)　電流が流れ出し，抵抗に電位差が生じ（電位降下），C の電位が下がり，スイッチの部分（EF 間）の電位差がなくなる．

理解 3.3 (電流の正負) 「右図の回路に, 矢印の方向に電流 I が流れている.」この文は正しいか.

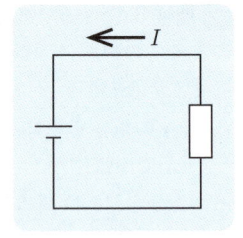

理解 3.4 (端子電圧) 厳密に考えると, 電池内を流れる電流にも, 電池がもつ抵抗 (内部抵抗という) が働く. 内部抵抗による電位降下は, 電池の両極間の電位差 (端子電圧) にどのように影響するか.

理解 3.5 (直列接続) 抵抗を 2 つつなげたものに, 電流 I (>0) が矢印の方向に流れている. 3 点 A, B, C を電位の高い順番に並べよ. また, 抵抗値を R_1, R_2 としたとき, それぞれの抵抗での電位降下の比率はどうなるか.

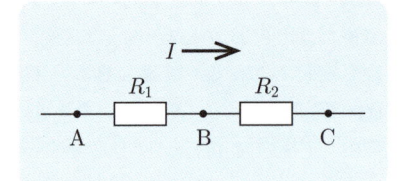

理解 3.6 (並列接続) 電流 I が, A で 2 つ (I_1 と I_2) に分かれそれぞれの抵抗を通過し, その後, B でまた合流している. 各抵抗の抵抗値はそれぞれ, R_1, R_2 である.
(a) $I = I_1 + I_2$ である. その理由を述べよ.
(b) I_1 と I_2 の比率はどのような条件から決まるか.

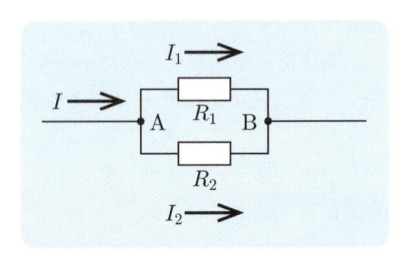

理解 3.7 (直列接続) 電池に抵抗を 1 つつなげた場合と, 同じ抵抗を 2 つ直列につなげた場合とでは, どちらが電流が多く流れるか.
(a) 公式を使わずに直観的に答えよ.
(b) 抵抗の合成の法則 (3.1) を使って答えよ.
(c) 抵抗値が無視できない導線を考える. それが長い場合と短い場合では, どちらが抵抗が大きいか.

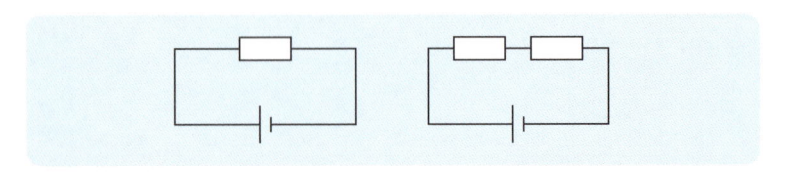

第3章 直流回路

答 理解 3.3 図の上側が電池の正極（電位が高い側）なので，電流は回路を，正極から負極に向けて（図の右回り）流れる．つまり図の矢印とは逆方向である．矢印の方向を正方向とすれば実際の電流は負方向に流れることになる．したがって，I は負である（$I<0$）とすればこの文は正しい．

答 理解 3.4 電池内では電流は負極から正極に向かって流れる．したがって内部抵抗による電位降下は，正極側の電位を下げるように働く．これは起電力によって生じる両極間の電位差とは逆なので，結局，電池の両極間の電位差を減らすことになる．つまり端子電圧は起電力よりも少し小さくなる（電池は古くなると内部抵抗が大きくなり，したがって電圧が下がって性能が悪くなる）．

答 理解 3.5 抵抗を電流が流れると電位は下がる．実際の電流の方向は I の正負によって変わることを考えれば

$$I>0 \text{ の場合：} \quad A>B>C, \quad I<0 \text{ の場合：} \quad C>B>A$$

電位降下は RI なので，I が共通ならば電位降下は抵抗値に比例する．

$$\frac{\text{AB 間の電位降下}}{\text{BC 間の電位降下}} = \frac{R_1}{R_2}$$

答 理解 3.6 (a) A に入ってくる電流と出ていく電流が等しくなければならない．さもないと，A に存在する電気量が変化することになり電位が変化し，したがって電流も変化する．電流が一定になっている状況ではそのようなことはありえない（ただし回路のスイッチを入れた瞬間は電荷分布が変化する）．
(b) AB 間の電位差が，どちらの抵抗の電位降下で考えても同じになるというのが，電流の大きさを決める条件である．すなわち

$$R_1 I_1 = R_2 I_2 \quad \rightarrow \quad \frac{I_1}{I_2} = \frac{R_2}{R_1}$$

電流は抵抗値に反比例する（抵抗の小さい方に多く流れる）．

答 理解 3.7 (a) 流そうとする力（起電力）は同じだが，それを妨げようとする効果は増えるので（電流は両方の抵抗を通らなければならない），電流は減る．
(b) 抵抗は 2 倍になるので電流（$I=\frac{V}{R}$）は半分になる．
(c) 長い導線（抵抗をたくさんつなげたのと同じことになる）．

第3章 直流回路

理解 3.8 （並列接続） 電池に抵抗を1つつなげた場合と，同じ抵抗を2つ並列につなげた場合（61ページ参照）とでは，どちらが電流が多く流れるか．
(a) 公式を使わずに直観的に答えよ．
(b) 抵抗の合成の法則 (3.2) を使って答えよ．
(c) 抵抗値が無視できない導線を考える．それが太い場合と細い場合では，どちらが抵抗が大きいか．

理解 3.9 （負荷3つの接続） 下記の6つの回路のうち，いくつかは互いに同等な回路である．どれとどれが同じか．ただし抵抗はすべて同じものであるとして考えよ．
注 導線の部分は抵抗がないので，長さを変えても交点をずらしても，何も変わらないと考える．

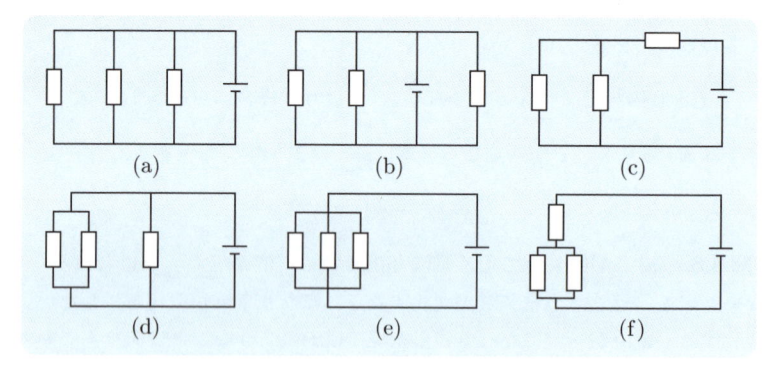

理解 3.10 （コンデンサー） (a) 下図の回路1には電流が流れているか．コンデンサーはどのような状態になっているか．A〜Dにおける電位の大小関係を示せ．
(b) 回路1に抵抗を加えた回路2について，同じ質問に答えよ．
(c) 回路1あるいは回路2の途中にスイッチをはさみ，スイッチを切った状態から，ある時刻にスイッチを入れたとする．スイッチを入れる前はコンデンサーには電荷は存在していないとする．その後，何が起こるか．回路1の場合と回路2の場合とではどのように違うか（導線の抵抗は無視できるとする）．

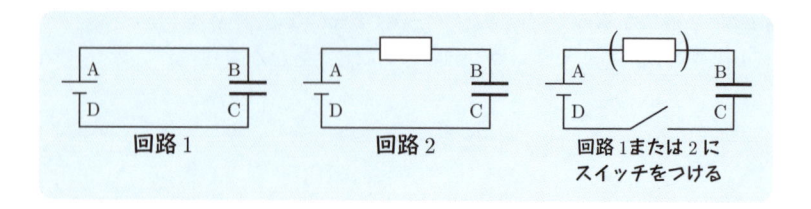

第 3 章　直 流 回 路

答 理解 3.8　(a)　電流がどちらかの抵抗を通ればいいのだから流れやすくなる．したがって電流は増える．
(b)　合成抵抗は元の抵抗の半分になる（$\frac{1}{R} + \frac{1}{R} = \frac{1}{R/2}$）ので電流は倍になる．
(c)　細い導線（太い方が流れる場所が多い）．

答 理解 3.9　(a)，(b)，(d)，(e) はすべて同じ．どれも，正極が 3 つの負荷につながり，負極が 3 つの負荷の反対側につながっている．正極から流れ出る電流は 3 つの負荷に分かれ，負荷を通った後はまた一緒になって負極に流れ込む．<u>3 つの抵抗の並列接続</u>なので，(e) の書き方が最もわかりやすい．
　また (c) と (f) も同じである．どちらも，正極から出た電流は 1 つの負荷を通ったあと，2 つに分かれ，また一緒になって負極に流れ込む．<u>2 つの抵抗の並列接続を，3 番目の抵抗と直列に接続</u>したという意味では，(f) のように描くのがわかりやすい．

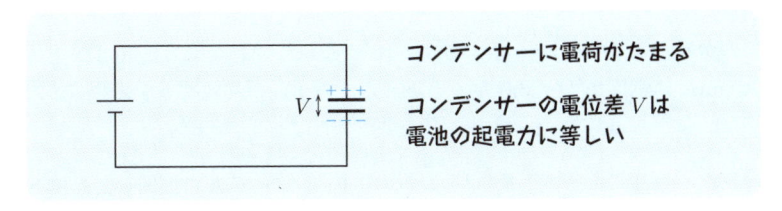

答 理解 3.10　(a)　コンデンサーの部分で回路が途切れているので電流は流れない．したがって導線に抵抗があろうがなかろうが A と B，および C と D は同電位である．ゆえに AD 間の電位差（= 電池の起電力）と，コンデンサーの電位差（BC 間の電位差）は等しい．コンデンサーには，その電位差を発生させるだけの電荷がたまっている．B のほうが高電位なので，そちらに正電荷 Q がたまり，C 側に負電荷 $-Q$ がたまっている．

コンデンサーに電荷がたまる
コンデンサーの電位差 V は電池の起電力に等しい

(b)　電流が流れていないのだから，抵抗の部分で何も起きておらず，したがって回路 1 と何も変わりはない．
(c)　スイッチを入れると電池からコンデンサーに正負の電荷が流れ込み，(a) で説明した状況になる．回路 1 の場合は抵抗がないので，電荷の流れは妨げられず，この変化は一瞬で起こる．回路 2 の場合は，抵抗によって電荷の流れが妨げられ，最終状態に徐々に近付くことになる（過渡現象）．その近付き方は 82 ページ参照．

基本問題 ※類題の解答は巻末

基本 3.1 （電子の動く速さ）(a) 質量密度（比重）ρ，原子量（1モル当たりの質量）M の金属には，単位体積当たりどれだけの自由電子（伝導電子）が含まれているか．ただし自由電子の数は1原子当たり1個であるとし，またアボガドロ定数（1モル当たりの原子数）を N_A と記せ．

(b) この金属から作られた断面積 S の導線に電流が流れている．自由電子の電流方向の平均速度（ドリフト速度という）を v として，導線の各断面を単位時間に通過する自由電子の個数を求めよ．

ヒント 電子は単位時間に長さ v だけ進むと考えればよい．

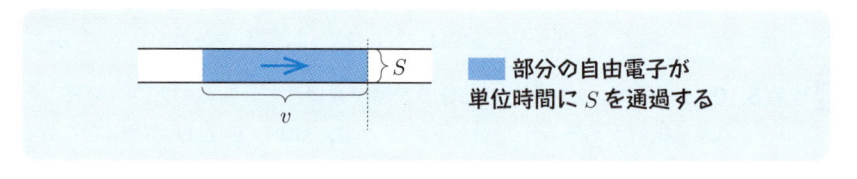

■ 部分の自由電子が単位時間に S を通過する

(c) このときの電流の大きさ I を求めよ．ただし電子の電荷（素電荷）を e とせよ．また逆に，I から v を求める式を記せ．

(d) 上問で求めた v の式の単位をSI系で求め，m/s（メートル毎秒）になっていることを確かめよ．

(e) この金属が銅であるとし（$\rho = 8.9 \times 10^3 \text{ kg/m}^3$，$M = 63.5 \text{ g/mol}$），断面積が $S = 1.0 \text{ mm}^2$，電流が $I = 3.0 \text{ A}$ であるとき，電子の平均速度 v を求めよ．ただし $N_A = 6.0 \times 10^{23} \text{ mol}^{-1}$，$e = 1.6 \times 10^{-19} \text{ C}$ とせよ．

基本 3.2 （導線の大きさと抵抗）導線の抵抗 R は長さ L に比例し断面積 S に反比例する．比例係数（抵抗率という）は，その導線を作っている物質ごとに決まる（抵抗率の詳細は応用問題3.1）．

(a) ある金属で作られた長さ1m，断面積 1 mm^2 の導線に電圧1Vをかけたら1Aの電流が流れた．もし同じ導線で2mだったらどれだけの電流が流れるか．

(b) 同じ金属で作った導線2mに電圧1Vをかけたら，やはり1Aの電流が流れた．この導線の断面積はどれだけであったか．

(c) 導線の抵抗と，長さおよび断面積との関係を，抵抗の直列接続，並列接続いう見方で説明せよ．

第 3 章　直 流 回 路　　　　　　　　　　**69**

答 基本 3.1　(a)　単位体積当たりの質量が ρ なのだから，単位体積のモル数は $\frac{\rho}{M}$．したがって自由電子の数は，それに 1 モル当たりの個数を掛けて，$\frac{N_A \rho}{M}$．
(b)　単位時間当たり，導線の各断面を，体積 vS に含まれている自由電子が通過する．したがって通過する個数は，$\frac{N_A \rho}{M} \times vS$
(c)　各電子が e だけの電荷をもっているのだから，通過する電気量は

$$I = e \times 通過する電子数 = e \times \frac{N_A \rho}{M} \times vS \quad \rightarrow \quad v = \frac{IM}{eN_A \rho S}$$

(d)　SI 単位系での単位はそれぞれ，[電流 I] = A, [原子量 M] = kg/mol, [素電荷 e] = C, [N_A] = mol^{-1}, [質量密度 ρ] = kg/m^3, [面積 S] = m^2．これらを代入すると

$$上式 v の右辺の単位 = \frac{\text{A kg/mol}}{\text{C} \cdot \text{mol}^{-1} \cdot \text{kg/m}^3 \cdot \text{m}^2} = \frac{\text{A}}{\text{C} \cdot \text{m}^{-1}} = \text{m/s}$$

（クーロン C とアンペア A との関係が C = A s であることを使った．）
(e)　SI 単位系では $S = 1.0 \times 10^{-6}$ m^2, $M = 0.0635$ kg/mol．後はそのまま代入すると

$$v = \frac{IM}{eN_A \rho S} = \frac{3.00 \times 0.0635}{1.6 \times 10^{-19} \times 6.0 \times 10^{23} \times 8.9 \times 10^3 \times 1.0 \times 10^{-6}} \text{ m/s}$$
$$= 2.1 \times 10^{-4} \text{ m/s}$$

注　10 秒で 2 mm 程度．非常に遅いがこれはあくまでも平均速度である．個々の電子の速さは非常にばらついており（0 から 10^6 m/s 程度まで），左右を問わずさまざまな方向に動いている．

答 基本 3.2　(a)　長さを 2 倍にすれば抵抗も 2 倍になる．したがって，$I = \frac{V}{R}$ より，電流は半分になる．
(b)　長さが 2 倍になって抵抗が増えた分だけ，断面積を 2 倍にして抵抗を減らせばよい．つまり断面積は 2 mm^2 でなければならない．
(c)　長さを 2 倍にするということは，元の長さの導線を 2 つつなげるということだから，直列接続に相当する（抵抗は増える）．断面積を 2 倍にするということは，元の導線を 2 つ並べることと同じだから，並列接続に相当する（抵抗は減る）．

第3章　直流回路

基本 3.3　（接続の複合）　下の各回路での抵抗の接続を，直列接続，並列接続という用語を組み合わせて表現せよ（例：(a) 3つの抵抗の直列接続）．また，各回路を縦長に図示し，その表現が一見してわかるように書き直せ．

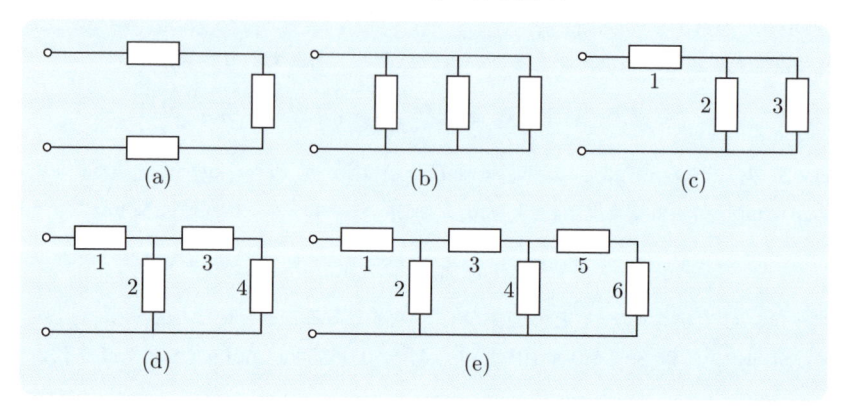

基本 3.4　（回路の計算）　右の回路の流れる電流と各部分の電位を求めたい．次の手順で計算せよ．

(a)　CD 間の合成抵抗を求めよ．
(b)　BD 間の合成抵抗を求めよ．
(c)　電流 I_1 を求めよ．
(d)　電流 I_2 と I_3 を求めよ．
(e)　各位置 A～E での電位を求めよ．ただし E の電位をゼロとする．

ヒント　図は上問 (c) のケースである．

類題 3.1　上問を，$\varepsilon = 100\,\text{V}$, $R_1 = 500\,\text{k}\Omega$, $R_2 = 1\,\text{M}\Omega$, $R_3 = 500\,\text{k}\Omega$ として計算せよ．

類題 3.2　基本問題 3.4 を，具体的な数値を使わずに記号だけで答えよ．特に，CD 間の電位差が，R_2 の電位差，R_3 の電位差，および R_1 の電位差のどれを使って計算しても同じ答えになることを確かめよ．

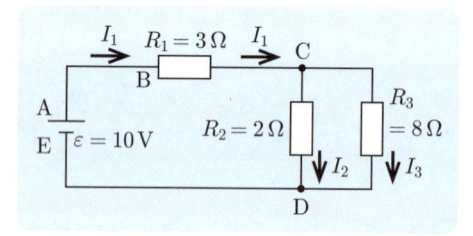

第 3 章　直 流 回 路

答 基本 3.3 (a) 3 つの抵抗の直列接続.
(b) 3 つの抵抗の並列接続.
(c) R_2 と R_3 の並列接続を，R_1 と直列に接続.
(d) R_3 と R_4 の直列接続を R_2 と並列に接続し，それを R_1 と直列に接続.
(e) R_5 と R_6 の直列接続を R_4 と並列に接続し，それを R_3 と直接に接続する．さらにそれを R_2 と並列に接続し，最後に全体を R_1 と直列に接続する．

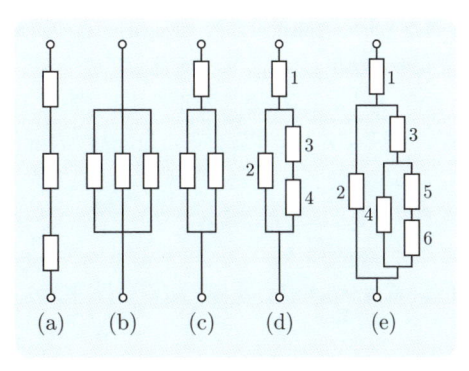

答 基本 3.4 (a) 数値を使って計算する．R_2 と R_3 の並列接続だから，合成抵抗（R_{23} とする）はポイントの式 (3.2) より

$$\frac{1}{R_{23}} = \frac{1}{2} + \frac{1}{8} = \frac{5}{8} \quad \rightarrow \quad R_{23} = \frac{8}{5}\,(\Omega)$$

(b) R_1 と R_{23} の直列接続だから，全体の合成抵抗 R は式 (3.1) より

$$R = 3 + \frac{8}{5} = \frac{23}{5} = 4.6\,(\Omega)$$

(c) A と B，および D と E は同電位なので，BD 間の電位差は AE 間の電位差に等しく 10 V．したがって全体に対してオームの法則（$I = \frac{V}{R}$）を適用すれば

$$I_1 = \frac{10\,\text{V}}{\frac{23}{5}\,\Omega} = \frac{50}{23}\,\text{A} = 2.2\,\text{A}$$

(d) C で電流 I_1 が 2 つに分かれるのだから $I_1 = I_2 + I_3$．分かれ方は，抵抗に反比例する（**理由**：CD 間の電位差はどちらの抵抗で計算しても同じにならなければならいので，$I_2 R_2 = I_3 R_3$ であり，したがって $\frac{I_2}{I_3} = \frac{R_3}{R_2}$）．つまり，8 対 2 の比率で分かれる．

$$I_2 = I_1 \times \frac{8}{10} = 1.74\,(\text{A}), \qquad I_2 = I_1 \times \frac{2}{10} = 0.43\,(\text{A})$$

(b) すべての電流が求まっているので，さまざまな計算法がある．

CD 間の電位差 $= R_2 I_2 = R_3 I_3 = R_{23} I_1 = 3.5\,\text{V}$

BC 間の電位差 $= R_1 I_1 = 6.5\,\text{V}$ ($=$ BD 間の電位差 $-$ CD 間の電位差)

これらより，各位置の電位は

$$A = B = 10\,\text{V}, \qquad C = 3.5\,\text{V}, \qquad D = E = 0\,\text{V}$$

基本 3.5（回路の方程式）(a) 下の回路を ABC〜HA と 1 周したとき，電位の変化の合計がゼロになる（電位が元に戻る）という式を書け．ただし右回りに進んだときに電位が上がる場合を正とせよ．電流 I は右回りに流れている場合を正とする．

(b) 同じ回路で，電源による起電力の合計と，抵抗による電位降下の合計が等しいという式を書け．ただし右回りを正とせよ．これが (a) の答えと同じ式であることを確かめよ．

(c) 電流を求めよ．実際の電流の方向は何で決まるか．

(d) $I > 0$ であるとして，回路を右回りに回ったときに電位がどのように変化するかを，H から始まり H に終わる方向を横軸にしてグラフに描け．ただし H での電位をゼロとする．

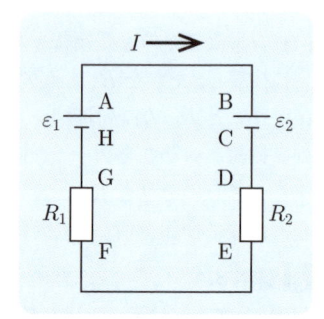

基本 3.6（キルヒホッフの第 2 法則）
右図の回路は，上図の回路の右側にもう 1 つ抵抗をつなげたものである．流れる電流をキルヒホッフの法則を使って求めよう．

(a) 左側のループを 1 周したとき，電位の変化がゼロであるという式を書け．ただし流れる電流 I_1 と I_2 を図のように定義する．

(b) 右側のループを 1 周したとき，電位の変化がゼロであるという式を書け．R_3 を流れる電流は，キルヒホッフの第 1 法則より，下向きに $I_1 + I_2$ である．

(c) I_1 と I_2 を求めよ．これらが負になることはあるか（負になるとは，電源内を通常とは逆向きの方向に電流が流れるということである）．

類題 3.3（上問より）右側に抵抗ばかりでなくコンデンサーが付いていたらどうなるか．

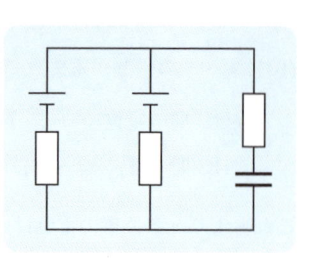

第 3 章　直 流 回 路

答 基本 3.5　(a)　右回りに考えると，電源 ε_1 では電位は上がり，電源 ε_2 では電位は下がる．また $I>0$ ならば抵抗 R_1 では上側の電位が低く，R_2 では下側が電位が低い（どちらも右回りに電位降下）．

$$\varepsilon_1 + (-\varepsilon_2) + (-R_2 I) + (-R_1 I) = 0$$

(b)　右回りに考えるときは R_1 でも R_2 でも電位は降下する（$I>0$ として）．

$$\varepsilon_1 + (-\varepsilon_2) = R_1 I + R_2 I$$

移項すれば上式に一致する．

(c)　式を解けば

$$I = \frac{\varepsilon_1 - \varepsilon_2}{R_1 + R_2}$$

$\varepsilon_1 > \varepsilon_2$ ならば $I>0$，つまり電流は右回り．起電力が大きい方の電源で電流の方向が決まる．

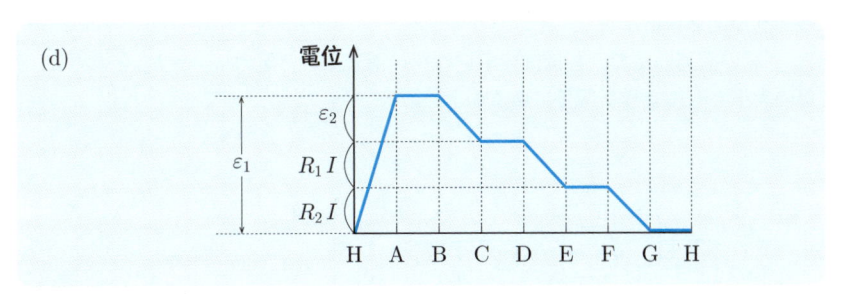

(d)

答 基本 3.6　(a)　右回りに進んだときに電位が上がる場合を正とする．電流の向きに気をつけて書くと

$$\varepsilon_1 + (-\varepsilon_2) + R_2 I_2 + (-R_1 I_1) = 0$$

(b)　$\varepsilon_2 + (-R_3)(I_1 + I_2) + (-R_2 I_2) = 0$

(c)　(a)$\times R_3 -$ (b)$\times R_1$ を計算すると I_1 が消去され

$$I_2 = \frac{R_3(\varepsilon_2 - \varepsilon_1) + R_1 \varepsilon_2}{(R_1 + R_2)R_3 + R_1 R_2}$$

1 と 2 を入れ換えれば

$$I_1 = \frac{R_3(\varepsilon_1 - \varepsilon_2) + R_2 \varepsilon_1}{(R_1 + R_2)R_3 + R_1 R_2}$$

たとえば $\varepsilon_1 < \varepsilon_2$ だと，$I_1 < 0$ となり，左側の電源を電流が逆流することもありうる．ただし $R_2 \varepsilon_1$ という項があるので，R_2 が十分に大きければそこでの電位降下が大きくなるので ε_2 の影響が抑制され，逆流しない．

基本 3.7 （コンデンサーの直列接続）
下図の回路では，電気容量 C_1 と C_2 のコンデンサーが電源に直列に接続されている．C の部分の全電荷はゼロであるとし（外部から孤立しているので），C の上部の電荷を $-Q$ としたとき下部の電荷は $+Q$ であるとする（つまり各コンデンサーには $\pm Q$ の電荷がたまる）．

(a) 回路を 1 周したときの電位の変化がゼロであるという式を書き，それから Q を求めよ．

(b) E の電位をゼロとしたとき，A と D の電位を求めよ．

(c) 直列接続の合成則 (3.3) から合成電気容量を計算し，それから Q を求め，それが (a) の結果と一致していることを確かめよ．

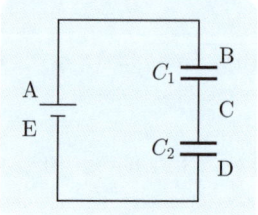

基本 3.8 （消費電力）
(a) 下記の並列回路で，各抵抗で消費される電力（= 単位時間に発生する熱 … ジュール熱）P_1 と P_2 を求めよ（9 ページ）．抵抗値の大小とどのような関係にあるか．

(b) 下記の直列回路で，各抵抗で単位時間に消費される電力 P_1 と P_2 を求めよ．抵抗値の大小とどのような関係にあるか．

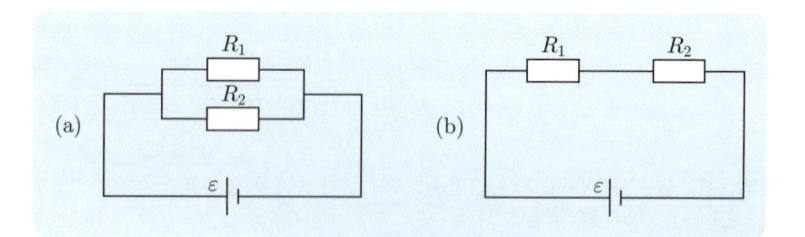

基本 3.9 （コンデンサーのエネルギー）
(a) 電源 (ε)，スイッチ，コンデンサー (C) および抵抗 (R) からなる回路がある（右図）．スイッチが A 側に入っているときは，回路はどのような状態になっているか．

(b) 時刻 $t = 0$ でスイッチを B 側に切り換えた．何が起こるか．

(c) そのときのエネルギーはどのように移動するか（言葉で説明すればよい．計算は応用問題 3.8）．

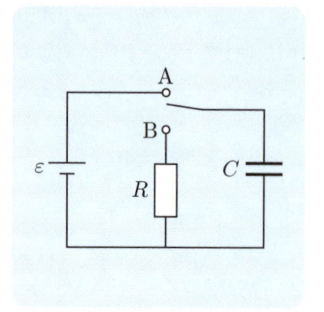

第 3 章　直 流 回 路

答 基本 3.7 (a) 右回りに進んだときに電位が上がる場合を正とする．コンデンサーでは回路図の上から下に進むと電位は下がるので（公式 $V = \frac{Q}{C}$ より）

$$\varepsilon - \frac{Q}{C_1} - \frac{Q}{C_2} = 0 \quad \rightarrow \quad Q = \frac{\varepsilon}{\frac{1}{C_1} + \frac{1}{C_2}} = \frac{\varepsilon C_1 C_2}{C_1 + C_2}$$

(b) 　　Bの電位 $= \frac{Q}{C_2} = \frac{C_1}{C_1 + C_2} \times \varepsilon$

　　　Aの電位 $= \varepsilon$　（電源上部の電位と同じだが $\frac{Q}{C_1} + \frac{Q}{C_2}$ に等しい）

(c) 全体の電気容量を C とすれば，合成則（式 (3.3)）より

$$\frac{1}{C} = \frac{1}{C_1} + \frac{1}{C_2} \quad \rightarrow \quad C = \frac{C_1 C_2}{C_1 + C_2}$$

公式 $Q = CV$ に，$V = \varepsilon$ と上式を代入すれば

$$Q = \frac{C_1 C_2}{C_1 + C_2} \times \varepsilon$$

となり，(a) と一致する．

答 基本 3.8 (a) 電圧を使った公式 $P = \frac{V^2}{R}$ を使えば，V は共通（ε に等しい）なので P は抵抗に反比例することがわかる．つまり抵抗が小さいほうが消費電力が大きい．あるいは，電力は $P = VI$ とも書けるので，V が同じならば電流（$I = \frac{\varepsilon}{R}$）が多く流れる場合に P が大きい．
(b) 電流を使った公式 $P = I^2 R$ を使えば，電流は共通（$I = \frac{\varepsilon}{R_1 + R_2}$）なので P は抵抗に比例することがわかる．抵抗が大きいほうが消費電力が大きい．あるいは，電力は $P = VI$ とも書けるので，I が同じならば電位差（$V = IR$）が大きい場合に P が大きい．

答 基本 3.9 (a) 抵抗には電流は流れないので，電源とコンデンサーによる回路だと考えればよい．コンデンサーに電荷 Q がたまり，それによる電位差と電源の電位差 ε の合計がゼロとなる（$\varepsilon - \frac{Q}{C} = 0$）．
(b) 電源側には電流が流れなくなり，コンデンサーと抵抗の回路だと考えればよい．抵抗を通じてコンデンサーの負の側から正の側に電子が流れ，コンデンサーの電荷がなくなる．
(c) コンデンサーの電気エネルギーがなくなるが，その過程で抵抗に電流が流れるので発熱する．つまり電気エネルギーが熱になる．

第3章 直流回路

応用問題 ※類題の解答は巻末

応用 3.1 (抵抗率) 導線の抵抗はその長さ L に比例し，断面積 S に反比例する（基本問題3.2を参照）．比例係数を ρ と書けば

$$R = \rho \frac{L}{S}$$

ρ は**抵抗率**と呼ばれ，物質ごとに決まる量である（ただし温度には依存する）．

(a) ρ が大きい物質は電気を通しやすいのか，通しにくいのか．

(b) 銅の抵抗率は $1.7 \times 10^{-8}\,\Omega\,\mathrm{m}$ であることを使って，断面積 $1\,\mathrm{mm}^2$，長さ $1\,\mathrm{m}$ の銅の導線の抵抗を求めよ．

注 SI単位系では $\frac{L}{S}$ の単位は m^{-1} なので，抵抗率の単位は $\Omega\,\mathrm{m}$ である（そうすれば上式より，R の単位が Ω になる）．

(c) 電熱器でしばしば使われる，ニッケルとクロムの合金であるニクロムの抵抗率は $1.0 \times 10^{-6}\,\Omega\,\mathrm{m}$ 程度である（銅とは2桁違う）．断面積 $1\,\mathrm{mm}^2$ のニクロム線の抵抗を $1\,\Omega$ とするには，どれだけの長さが必要か．

(d) 通常，絶縁体と呼ばれる物質は抵抗率が非常に大きい．たとえばガラスだと $10^{10}\,\Omega\,\mathrm{m}$ 程度（材質によってはそれ以上）になる．厚さ $5\,\mathrm{mm}$，面積 $100\,\mathrm{cm}^2$ の両面に電圧 $100\,\mathrm{V}$ をかけると，どれだけの電流が流れるか（ガラス全体に $100\,\mathrm{V}$ がかかるように，両面に薄い金属箔を付ける）．

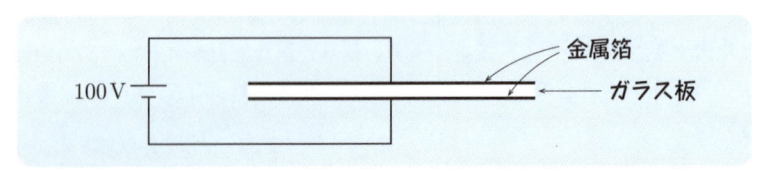

応用 3.2 (消費電力) (a) $100\,\mathrm{W}$ の電球と $60\,\mathrm{W}$ の電球の抵抗値はそれぞれどれだけか．電球の抵抗値は温度によって，したがって電圧によって変わるが，ここでは通常の使用状況（つまり 電圧 $= 100\,\mathrm{V}$）で考える．電球の電力（ワット数）はこの状況で消費される電力のことである．

(b) $100\,\mathrm{W}$ の電球と $60\,\mathrm{W}$ の電球を直列につないだ場合，どちらが明るく光るか．

(c) (a)で求めた抵抗値を使ってよいとすると，この2つの電球を $100\,\mathrm{V}$ の電源に直列につないだ場合，それぞれの電球は何 W の電力を消費するか．合計では何 W になるか．

(d) 実際には単独で使う場合と比べて低温になるので，抵抗値は減る．だとすると問 (c) の答えよりも消費電力は増えるか減るか．

第3章 直流回路

答 応用 3.1 (a) ρ が大きければ抵抗も大きい．つまり電気を通しにくい（ρ の逆数を**導電率**といい，これが大きければ電気を通しやすい）．
(b) $\frac{L}{S} = \frac{1\,\mathrm{m}}{1 \times 10^{-6}\,\mathrm{m}^2} = 1 \times 10^6\,\mathrm{m}^{-1}$ なので，これに $1.7 \times 10^{-8}\,\Omega\,\mathrm{m}$ を掛ければ $R = 1.7 \times 10^{-2}\,\Omega$. 銅線の抵抗は非常に小さいことがわかる．つまり回路の接続に銅線を使えば，通常の状況ではその抵抗が無視できることを意味する．
(c) $L = \frac{RS}{\rho} = \frac{1\,\Omega \times 10^{-6}\,\mathrm{m}^2}{1.0 \times 10^{-6}\,\Omega\,\mathrm{m}} = 1\,\mathrm{m}$. 手頃な長さである．
(d) SI 単位系では $L = 0.005\,\mathrm{m}$, $S = 0.01\,\mathrm{m}^2$ なので，

$$R = 10^{10} \times 0.005 \div 0.01\,\Omega = 5 \times 10^9\,\Omega$$

したがって電流は

$$I = 100 \div (5 \times 10^9)\,\mathrm{A} = 2 \times 10^{-8}\,\mathrm{A}$$

極めて小さい．

答 応用 3.2 (a) 電力とは $P = VI$ だから，100 W の場合は $V = 100$ V ならば $I = 1$ A. したがって抵抗は $R = \frac{V}{I} = 100\,\Omega$. 同様に 60 W の場合は $I = 0.6$ A だから $R = \frac{V}{I} = \frac{1000}{6}\,\Omega = 166.7\,\Omega$ （$P = \frac{V^2}{R}$ から直接求めてもよい）．
(b) 直列接続の場合，抵抗が大きいほうが発熱量が大きいことは基本問題 3.8 で示した（電力 $= I^2 R$ と書けるからである）．60 W のほうが抵抗が大きいのだから，上問 (b) の答えより，60 W のほうが明るく光ることがわかる．
(c) 電流は

$$I = \frac{100\,\mathrm{V}}{100\,\Omega + 166.7\,\Omega} = 0.375\,\mathrm{A}$$

したがって

$$60\,\mathrm{W}\,\text{の電球}: \quad P = (0.375\,\mathrm{A})^2 \times 166.7\,\Omega = 23.4\,\mathrm{W}$$

$$100\,\mathrm{W}\,\text{の電球}: \quad P = (0.375\,\mathrm{A})^2 \times 100\,\Omega = 14.1\,\mathrm{W}$$

合計しても 40 W 程度（並列につないでいれば合計は 160 W）．明るい電球を 2 つ使えば暗い電球が作れることになる．
(d) 抵抗値が変わっても全体の電圧は一定．したがって公式 $P = \frac{V^2}{R}$ より，R が減れば消費電力は増える．つまり，やや明るくなる．

応用 3.3 （キルヒホッフの第2法則） 下左図の回路で電流 $I_1 \sim I_3$ を求めよ．

ヒント まず下右図のように考え，中央の2つの抵抗を1つの抵抗とみなせば，これは基本問題 3.6 と同じになる．

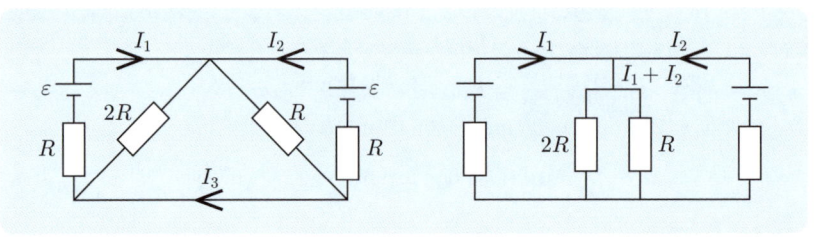

応用 3.4 （ホイートストン・ブリッジ） (a) 下図左の回路で，中央のコンデンサーにたまる電荷を求めよ．どちら側が正電荷になるか．ただしコンデンサーの電気容量を $10\,\mu\mathrm{F}$ とする．

(b) 下図左の回路の右下の抵抗値（$1\,\Omega$）を変えて，コンデンサーの電荷をゼロにしたい．どのように変えればよいか．

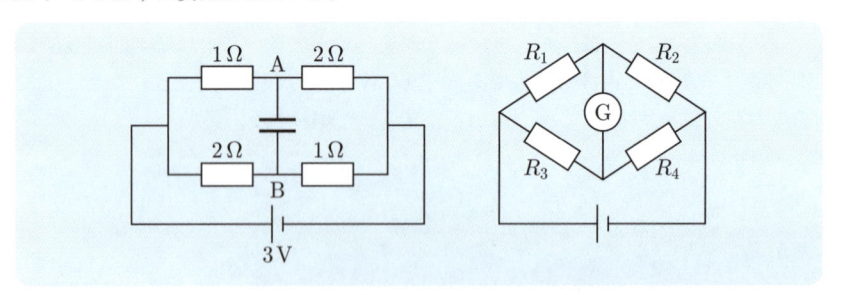

(c) 図右側の回路は，左側のコンデンサーを検流計 G に置き換えたものである．左図の長方形は右図ではひし形に描かれている．検流計とは，そこに電流が流れているか否かを敏感に感じる計器であり，電流が流れるとメーターの針が振れる．G に電流が流れない条件を求めよ．

(d) 問 (c) の回路は抵抗値の測定に使える．たとえば R_1 と R_2 は固定しておき，R_3 の抵抗値を調節して検流計に電流が流れないようにすれば，R_4 の抵抗値がわかる．R_4 を求める式を記せ．

(e) R_1 と R_2 は，$1\,\Omega$, $10\,\Omega$, $100\,\Omega$ というように，10倍ずつ変えられるとする．また R_3 は $1\,\Omega$ から $100\,\Omega$ まで連続的に変えられるとする．測りたい R_4 の値が $1000\,\Omega \sim 2000\,\Omega$ の間であることがわかっているとき，R_1 と R_2 はどのように選べばよいか．

答 応用 3.3 図中央の 2 つの抵抗を並列接続とみなせば，合成抵抗 R' は

$$\frac{1}{R'} = \frac{1}{R} + \frac{1}{2R} \quad \rightarrow \quad R' = \frac{2}{3}R$$

するとこの回路は，基本問題 3.6 で，$R_1 = R_2 = R$, $R_3 = \frac{2}{3}R$, $\varepsilon_1 = \varepsilon_2 = \varepsilon$ としたものと同じになるので，解答の式を使えば

$$I_1 = I_2 = \frac{3\varepsilon}{R}$$

中央の部分を流れる電流は合計で $I_1 + I_2 = \frac{6\varepsilon}{R}$ だが，これが 1:2 の割合で 2 つの抵抗に分かれるので，たとえば右（R 側）は $\frac{4\varepsilon}{R}$. したがって

$$I_3 = \frac{4\varepsilon}{R} - I_2 = \frac{\varepsilon}{R}$$

結局，$\frac{\varepsilon}{R} = I$ とすれば右図のようになる．

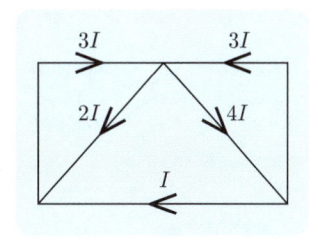

答 応用 3.4 (a) コンデンサーの両側での電位差（V とする）を求めればよい．コンデンサーの部分に電流は流れないので，電流は上側の回路と下側の回路を別個に流れる．そのとき電位は，それぞれの抵抗値に比例して変化するので（理解度のチェック 3.5），電源右側の電位をゼロとすれば，A の電位は（3 V を 2:1 に分けて）2 V, 同様に B の電位は 1 V. したがって AB 間の電位差は 1 V. したがってコンデンサーにたまる電荷は（$10\,\mu\text{F} = 1 \times 10^{-5}\,\text{F}$）

$$Q = CV = 10\,\mu\text{F} \times 1\,\text{V} = 1 \times 10^{-5}\,\text{C} = 10\,\mu\text{C}$$

A 側のほうが電位が高いので，そちらに正電荷がたまる．
(b) 抵抗値の比率が上下で同じならばよい．上側では 1:2 なので，右下の抵抗を 4Ω にすればやはり 1:2 になり，AB 間に電位差がなくなる．
(c) 検流計をはずした回路を考え，その上下で電位が等しければ，検流計をつないでも電流は流れない．上下で電位が等しいという条件は，問 (b) のように考えれば，$R_1 : R_2 = R_3 : R_4$. すなわち $\frac{R_1}{R_2} = \frac{R_3}{R_4}$.
(d) 上問より，$R_4 = \frac{R_2}{R_1} R_3$.
(e) R_4 は R_3 の 100 倍程度である．したがって $\frac{R_2}{R_1} = 100$ になるようにする．たとえば $R_1 = 1\,\Omega$, $R_2 = 100\,\Omega$.

類題 3.4（ブリッジ） 下記のような回路を一般にブリッジという．それぞれ AB 間の合成抵抗を求めよ．

ヒント (a) は簡単だが，(b) は直列と並列の組合せでは計算できない．キルヒホッフの法則を使って電圧と電流の関係を求めなければならない．

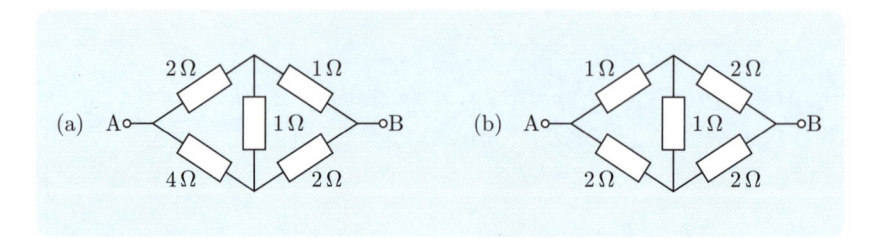

(a) 上 2Ω，1Ω；中 1Ω；下 4Ω，2Ω

(b) 上 1Ω，2Ω；中 1Ω；下 2Ω，2Ω

応用 3.5（内部抵抗） 電圧 15 V で動かすと 30 W の出力を出す電気機器がある．これを，起電力 15 V の電源につなげて動かしたところ，25 W の出力しか出なかった．原因は，電源の内部抵抗による電圧降下であるとして，この電源の内部抵抗を求めよ（理解度のチェック 3.4 も参照）．この電気機器は，オームの法則が成り立つ負荷とみなしてよいものとする．

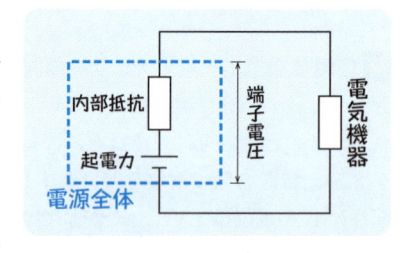

ヒント 電源の電圧降下とは，端子電圧（動作時の電源の正極と負極の電位差）が，内部抵抗による電位降下によって起電力よりも減ることを指す．まずこの機器の抵抗値を求め，次にそれを使って実際の動作時の端子電圧を求め，電圧がどれだけ減少しているか（電圧降下）を計算する．その減少が，電源の内部抵抗による電位降下である．

応用 3.6（内部抵抗） $P = \frac{V^2}{R}$ という公式から，負荷の抵抗値 R を下げると，出力（発熱量など）が増えるように思える．しかし R を下げると電流が増加し，電源の内部抵抗による電圧降下が増えて端子電圧 V が減るので，必ずしも P が増えるとは限らない．電源の内部抵抗を r として，出力を最大にする R の値を求めよ．また，電源の消費電力は R とともにどのように変化するか．

第 3 章　直 流 回 路

答 応用 3.5　機器の抵抗を R とし，電力の公式 $P = \frac{V^2}{R}$ を使う．$V = 15\,\mathrm{V}$ で $P = 30\,\mathrm{W}$ ということから，

$$R = \frac{V^2}{P} = \frac{15^2}{30}\,\Omega = 7.5\,\Omega$$

次に，この機器が $P = 25\,\mathrm{W}$ の出力で動作しているときの電圧は

$$V = \sqrt{RP} = 13.7\,\mathrm{V}$$

また電流は

$$I = \frac{V}{R} = 13.7\,\mathrm{V} \div 7.5\,\Omega = 1.83\,\mathrm{A}$$

これだけの電流が流れることで，$15\,\mathrm{V} - 13.7\,\mathrm{V} = 1.3\,\mathrm{V}$ の電圧降下が起きている．したがって，

$$電源の内部抵抗 = 1.3\,\mathrm{V} \div 1.83\,\mathrm{A} = 0.71\,\Omega$$

答 応用 3.6　電源の起電力を ε とする．それに，内部抵抗 r と外部の負荷 R が直列につながった回路とみなされるので，合成抵抗は $R + r$．したがって流れる電流 I は

$$I = \frac{\varepsilon}{R+r}$$

したがって負荷で発生する出力は

$$P = I^2 R = \frac{\varepsilon^2 R}{(R+r)^2}$$

これを最大にする R を求めるには，P を R で微分してゼロとすればよい．

$$\frac{dP}{dR} = \varepsilon^2 \left(\frac{1}{(R+r)^2} - \frac{2R}{(R+r)^3} \right) = \varepsilon^2 \frac{r-R}{(R+r)^3} = 0$$

つまり $R = r$ のとき出力が最大になる．

電池の消費電力は，内部抵抗と外部の負荷の両方での出力の合計なので

$$電池の消費電力 = \frac{\varepsilon^2}{R+r}$$

これは R が小さいほど大きくなる．つまり R を r よりも小さくすると，負荷での出力は減るが内部での発熱が増えて電源は消耗する（おそらく発熱して壊れる）ことになる．

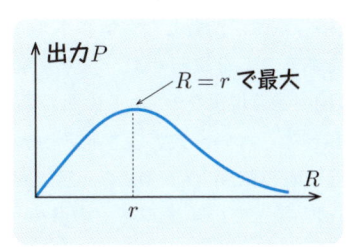

応用 3.7 (コンデンサーを含む回路) 下左図の回路を考える．(a) スイッチを閉じた状態，および，(b) スイッチを開けた状態で，それぞれのコンデンサーにたまる電荷を求めよ．どちらも十分に時間が経過した後（つまり過渡現象が終わった後）の状態で考えよ．

ヒント (a) では右図のように考えよ．

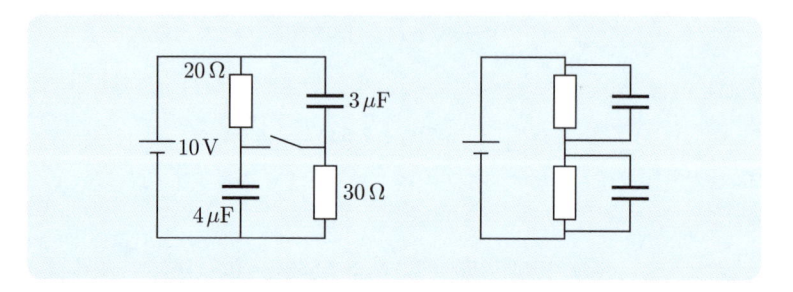

応用 3.8 (過渡現象：放電と発熱) 基本問題 3.9 のプロセスを式を使って分析する．

(a) $t=0$ でスイッチを切り換えた直後に抵抗を流れる電流 I_0 を求めよ．

(b) その後の各時刻 t での電流は，コンデンサーの電荷の減少とともに，$I = I_0 e^{-t/\tau}$ という形で減っていく（詳細は第5章参照）．ただし $\tau = RC$ である．たとえば $R = 10\,\text{k}\Omega$, $C = 10\,\mu\text{F}$ とすると，電流が半分になるまでにどれだけの時間がかかるか．

(c) 抵抗での発熱量を求め，それが，コンデンサーに最初に存在した電気エネルギーに等しいことを確かめよ．

ヒント $\int_0^\infty e^{-t/a} dt = (-a)e^{-t/a}\big|_0^\infty = a$

応用 3.9 (過渡現象：コンデンサーへの充電) 下図の回路のスイッチを入れたら電流が流れ始め，コンデンサーに電荷がたまって電流が徐々に止まった．

(a) 電源が消費した電気エネルギーは，コンデンサーにたまった電気エネルギーの倍であることを説明せよ．

(b) 過渡現象なので，その間の電流の変化の式は $I = I_0 e^{-t/\tau}$ という式で表される（$\tau = RC$）．スイッチを入れた瞬間（$t=0$）の電流 I_0 を求めよ．

(c) 電源でのエネルギーの減少（消費電力）とコンデンサーでのエネルギーの増加の差は，抵抗での発熱量に等しいことを計算で示せ（上問の式を使う）．

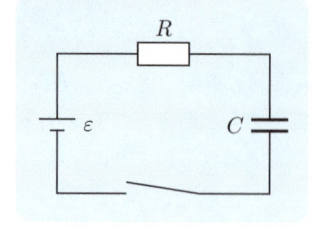

第 3 章　直 流 回 路

答 応用 3.7　(a)　左ページの右図のように考えると，電流は直列につながった 2 つの抵抗を流れ，コンデンサーは各抵抗での電位降下に等しい電圧を受ける．直列での電位降下は抵抗値に比例するので 4 V と 6 V である．したがって電荷 $Q = CV$ は

上：$3\,\mu\text{F} \times 4\,\text{V} = 12\,\mu\text{C}$,　　下：$4\,\mu\text{F} \times 6\,\text{V} = 24\,\mu\text{C}$

(b)　スイッチのある横線がないものとすれば，コンデンサーと抵抗が直列につながった縦 2 本の回路が残るが，コンデンサーがあるので電流は流れない．つまり抵抗での電位降下がないので，コンデンサーに電源 10 V の電圧がそのままかかる．したがって電荷は

左：$4\,\mu\text{F} \times 10\,\text{V} = 40\,\mu\text{C}$,　　右：$3\,\mu\text{F} \times 10\,\text{V} = 30\,\mu\text{C}$

答 応用 3.8　(a)　$t = 0$ でのコンデンサーの電位差は電源での電位差に等しいので，抵抗にも同じ電位差がかかる．したがって $I_0 = \frac{\varepsilon}{R}$．
(b)　半分になる時間 t は，$e^{-t/\tau} = \frac{1}{2}$ より，

$$t = \tau \log 2 = 10^4\,\Omega \times 10^{-5}\,\text{F} \times 0.693 \fallingdotseq 0.07\,\text{s}$$

約 0.1 秒である．
(c)　ジュール熱を $t = 0$ から $t = \infty$ まで積分する．

$$\text{発熱量} = \int RI^2\,dt = RI_0^2 \int e^{-2t/\tau}\,dt = RI_0^2 \times \frac{\tau}{2} = \frac{1}{2}C\varepsilon^2$$

これはコンデンサーの最初の電気エネルギーの式 $\left(\frac{1}{2}CV^2\right)$ に等しい．抵抗 R が大きいほど放電にかかる時間は長くなるが，発熱の総量は変わらないことに注意．

答 応用 3.9　(a)　コンデンサーにたまった電荷を Q とすれば，それによる電気エネルギーは $\frac{1}{2}\frac{Q^2}{C}$．一方，電源では電荷 Q が電位差 ε のところを，電位が小さい方から大きい方に移動している．つまり電源がした仕事は $Q\varepsilon$ である．$\varepsilon = \frac{Q}{C}$ であることを使えば，これは $\frac{1}{2}\frac{Q^2}{C}$ の 2 倍であることがわかる．
(b)　スイッチを入れた瞬間にはコンデンサーには電荷がたまっていないので電位差はゼロ．したがって抵抗での電位差は電源の電位差に等しく，オームの法則より $I_0 = \frac{\varepsilon}{R}$．
(c)　コンデンサーに電荷がたまるにつれてコンデンサーの電位が増え，その分，抵抗での電位差が減って電流が減る．その電流が $I = I_0 e^{-t/\tau}$ と表されれば，それによる発熱量は応用問題 3.8(c) の式と同じになり，発熱量 $= \frac{1}{2}C\varepsilon^2 = \frac{1}{2}Q\varepsilon$．これは電荷がした仕事 $(Q\varepsilon)$ と，コンデンサーにたまった電気エネルギー $\frac{1}{2}Q\varepsilon$ の差に等しい．

第4章 磁気現象の基本

ポイント

　第2章の電気力の説明は，電荷間に働く力の法則（クーロンの法則）から始まったが，ここでの磁気力の説明は，電流間での力の法則から始まる．これが現在の電磁気学である．歴史的には磁気力は磁石の発見から始まったが，磁石の話は後回しにする．

● **平行に無限に延びた直線状の導線に電流が同方向に流れていると，導線間には引力が働く**　その力の大きさはそれぞれの電流の大きさ（I_1, I_2 と記す）の積に比例し，電流間の距離 r に反比例する．各導線の長さ Δl 当たりに働く力の大きさは次のように書ける．

$$F = \frac{\mu_0}{2\pi} \frac{I_1 I_2}{r} \Delta l \tag{4.1}$$

ただし $\frac{\mu_0}{2\pi}$ は比例係数として導入した量であり，具体的な値は後で説明する．

　上の式は導線が平行な場合だが，片方を傾けていくと力は次第に弱まり，直交するとき（90°回したとき），$F = 0$ となる．さらに回すと力はまた強くなるが，今度は引力ではなく反発力（斥力）になり，180°回転したとき（電流が反平行のとき）に反発力は最大，その大きさは上式と同じになる．

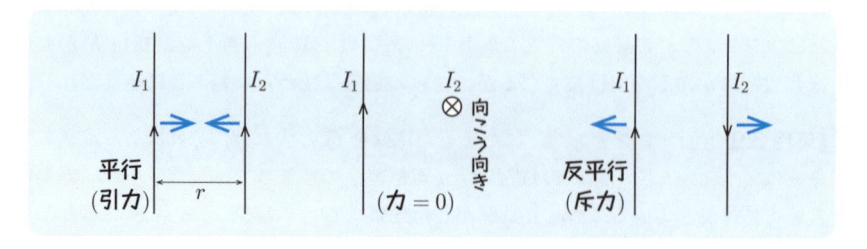

● **電流の単位アンペアを定義する**　SI単位系では力 F は N（ニュートン），長さ r と Δl は m で表すが，電流の単位 **A**（アンペア）は，上式の比例係数が

$$\mu_0 = 4\pi \times 10^{-7} \quad \text{すなわち} \quad \frac{\mu_0}{2\pi} = 2 \times 10^{-7}$$

となるように定義される．つまり，$r = \Delta l = 1$ m のときに $F = 2 \times 10^{-7}$ N になるような電流の大きさ（$I_1 = I_2$ とする）を 1 A と呼ぶのである．

　また，電流を A 単位で表すことにすれば μ_0 の単位が決まる．その単位も含めて書けば（μ_0 を**真空の透磁率**という … 第6章参照）

第 4 章　磁気現象の基本　　　　　　　　　　　　　　　　　　85

真空の透磁率： $\mu_0 = 4\pi \times 10^{-7}\,\text{N/A}^2 = 4\pi \times 10^{-7}\,\text{kg m/s}^2\,\text{A}^2$
$ = 4\pi \times 10^{-7}\,\text{kg m/C}^2$

注　μ_0 をこのような値にしたのは，そうすると 1 A という電流が手ごろな大きさになるからである．4π が付いているのは，クーロンの法則の比例係数を $\frac{1}{4\pi\varepsilon_0}$ と書いたのと同じで，別の法則（ここではアンペールの法則）を簡単な形にするためである．

●**磁場**　クーロンの法則を，電荷から電場が生じる法則と，電荷が電場から力を受ける法則に分けたように，ここでは**磁場**という概念を導入し，式 (4.1) を，電流から磁場が生じる法則と，電流が磁場から力を受ける法則に分ける（ここでは直線電流に限定して説明する）．

●**電流から磁場が生じる法則 1**　直線電流 I_1 があると，その周囲の空間の各点に磁場 $\boldsymbol{B}$ が発生する．磁場はベクトルだが，それをつないだものが**磁力線**である．磁力線は電流を軸とする渦になる．電流から距離 r だけ離れた点での磁場の大きさは

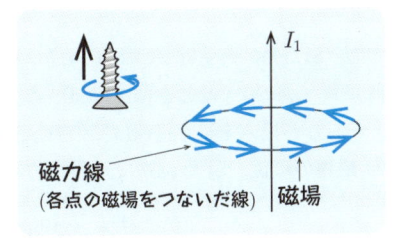

$$B = \frac{\mu_0}{2\pi}\frac{I}{r} \qquad (4.2)$$

右ねじの法則 1：渦巻く方向を知るには右ねじ（溝の切り方が普通のねじ）を考えるとよい．渦巻く方向に右ねじを回したときに進む方向が電流の方向と一致する．

注　磁場が，発生源である電流の方向を向いていないという不思議な法則だが，直線電流を水平な紙に直角に通し，紙に砂鉄を撒くと，このような渦模様ができることはよく知られている．

●**電流が磁場から力を受ける法則**　磁場 $\boldsymbol{B}$ が存在するところに電流 I_2 が流れると，電流には力 $\boldsymbol{F}$ が働く（**磁気力**）．その方向は，電流と磁場が作る面に垂直な方向（磁場にも電流にも垂直な方向と言ってもよい）である．力の大きさは

$$F = I_2 B\,\Delta l \sin\theta \qquad (\theta\,\text{は電流と磁場がなす角度}) \qquad (4.3)$$

（左ページの例では，電流が直交している場合は $\theta = 0°$ なので $F = 0$ となる．）

右ねじの法則 2：「垂直な方向」といっても，前後，2 方向ある．力の方向を正しく知るのにも，右ねじで考えることを勧める．電流から磁場の方向に右ねじを回したときに，そのねじが進む方向が力の方向になる．

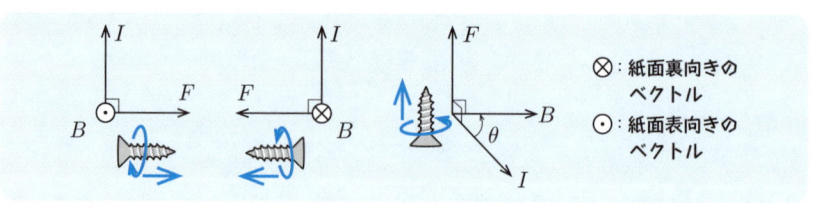

● **動く電荷が磁場から力を受ける法則**　電流とは無数の電荷が動いている状態である．電流が磁場から力を受けるならば，電荷が1つしかなくても，動いていれば磁場から力を受けるだろう．実際，磁場が存在する空間を電荷 q が速さ v で動いていると，その電荷は，その速度と磁場が作る面に垂直な方向に

$$F = qvB\sin\theta \tag{4.4}$$

の力（**磁気力**）を受ける．力の方向は電流と同様に右ねじの法則で考えればよいが，電荷が負（$q<0$）のときは $F<0$，つまり逆方向になる．

一様な磁場内を動く電荷はこの力を受けて円運動をする（理解度のチェック 4.4 参照）．

● **磁場の単位**　SI 単位系では磁場の単位を **T**（テスラ）と書く．式 (4.3), (4.4) より

$$1\,\text{T} = 1\,\text{kg}/(\text{s}\,\text{C}) = 1\,\text{kg}/(\text{s}^2\,\text{A})$$

T を使うと，μ_0（真空の透磁率）は，$4\pi \times 10^{-7}\,\text{m}\,\text{T}/\text{A}$．

● **アンペールの法則**　任意の閉曲線に対して，

　　磁場の渦の大きさ ＝ <u>その閉曲線に沿った磁場の大きさの合計</u>

という量を定義すると，

$$\boxed{\text{磁場の渦の大きさ} = \mu_0 \times \text{その閉曲線をつらぬく電流の合計}} \tag{4.5}$$

という法則がなりたつ．**アンペールの回路定理**ともいう（電場のガウスの法則に対応する非常に重要な定理である）．

● **ビオ-サバールの法則**　（直線電流とは限らない）一般的な定常電流が作る磁場を表す公式．電流 I の微小部分 Δx が P 点に作る磁場は，Δx を延長した直線を軸として渦巻き，その大きさ ΔB は

$$\Delta B = \frac{\mu_0}{4\pi}\frac{I\Delta x\sin\theta}{l^2} \tag{4.6}$$

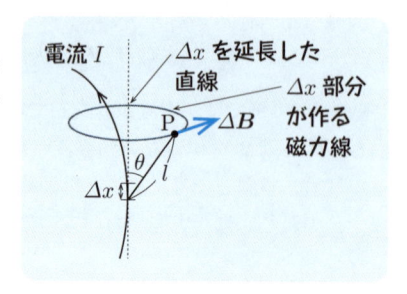

第4章 磁気現象の基本

● **重要な磁場の例**
直線電流：直線からの距離に反比例した磁場が渦巻き状にできる（式 (4.2)）．
平面電流：(基本問題 4.6) 右図のように，無限に広がる平面に，一方向に一様な電流が流れている場合．平面に平行で，電流とは直交する方向に，平面からの距離に依存しない大きさの磁場ができる．単位幅当たりの電流（電流密度）を j とすると

$$B = \frac{\mu_0 j}{2} \quad (4.7)$$

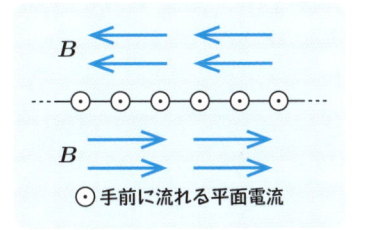

輪電流：(理解度のチェック 4.3) 円形の回路（1回巻いただけのコイル）．磁力線は下図参照．一般の位置での磁場の大きさは複雑だが，軸上の磁場は応用問題 4.4 参照．
ソレノイド：(基本問題 4.7) 右図のように，導線を筒状に何回も巻いたコイルをソレノイドという．銅線はつながっているので，同じ大きさの電流が流れる．筒の単位長さ当たりの巻き数を n，流れている電流を I とすると，ソレノイド内にできる磁場は（ソレノイドの長さが無限ならば）

$$B = \mu_0 n I \quad (4.8)$$

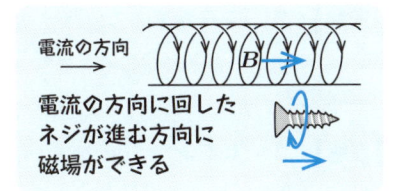

注　ソレノイドの長さが有限のときは応用問題 4.5 を参照．
● **磁石とコイル**　薄い板磁石と輪電流の作る磁力線は形が同じである．また，棒磁石とソレノイドの作る磁力線の形も（類題 4.5 で議論される効果を除き）同じである．

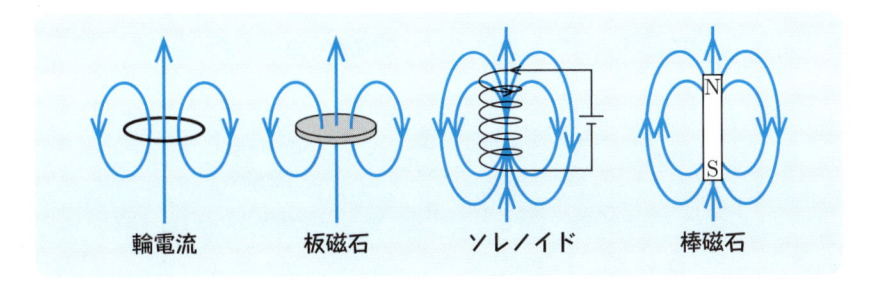

輪電流　　板磁石　　ソレノイド　　棒磁石

● **磁気力の働き1**　磁場内にある導体（回路）に電流を流すと，磁気力が働いて導体が動く（基本問題 4.10）．**モーターの原理**として利用される．
● **磁気力の働き2**　磁場内で導体（回路）を動かすと，導体内の電子に磁気力が働いて電流が流れ出す（応用問題 4.8，類題 4.14）．**発電の原理**として利用される．

理解度のチェック ※類題の解答は巻末

理解 4.1 （磁場の方向）　2本の直線電流が直交している．電流の大きさは等しいとして，図の点 A, B, C, D それぞれにおける磁場の方向を述べよ．

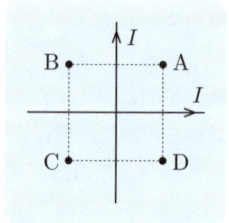

類題 4.1　右図では，2本の同じ大きさの直線電流が平行に流れている．磁場がゼロになる位置はあるか．反平行だったらどうなるか．

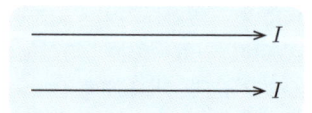

理解 4.2 （平行電流間の力）　2本の平行な直線電流間の力は引力になる（84ページ）ことを，ポイントに書いた，磁場を使った法則から導け．電流が反平行の場合はどこが変わるか．

理解 4.3 （輪電流）　(a)　1本の輪に電流が流れている．磁力線はポイント（87ページ）に描かれているようになるが，こうなる理由を説明せよ．磁場は電流の周りに渦巻くことから考えよ．中心軸上ではどうなるか．
(b)　同じ大きさの輪電流が平行に並んでいる．電流の向きが同じならば，直線電流の場合からの類推で引力が働くと想像される．そのことを，磁場と電流の向きから証明せよ．
(c)　(a) と (b) の結果を，輪電流と板磁石との類推から説明せよ．

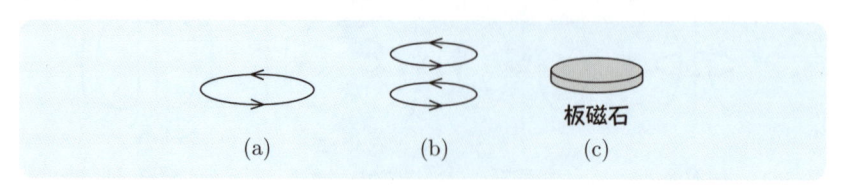

類題 4.2 （棒磁石と輪電流）　垂直にぶら下げた棒磁石のすぐ下に輪電流を置いたら，その輪電流にはどのような力が働くか．電流の向きとの関係も調べよ．

第 4 章　磁気現象の基本　　　　　　　　　　　　　　　　　　**89**

答 理解 4.1　磁場の渦巻く方向は，その方向に右ねじを回すとねじが電流方向に進むようになるという条件から決める．したがって，横方向の電流による磁場は，AとBで紙面表向き，CとDで紙面裏向きである．また縦方向の電流による磁場は，AとDで紙面裏向き，BとCで紙面表向きである．すべての大きさが同じとすれば，合計すればAとCでは磁場はゼロ．Bでは表向き，Dでは裏向きとなる．

答 理解 4.2　左側の電流が右側の電流の位置に作る磁場は，紙面裏向きである．右側の電流の方向から，その磁場の方向に右ねじを回すと，ねじは左に進む．つまり磁気力は左向きになり，電流は引き付け合うことになる．

　もし右側の電流が下向きだったら，ねじを回す方向は逆向きになるので，電流は反発することになる．

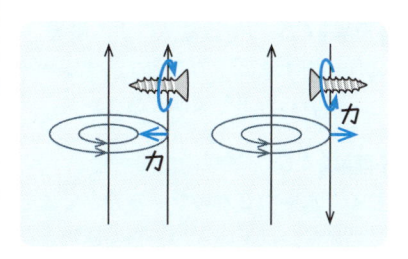

答 理解 4.3　(a)　輪に近い部分では輪の周りに渦巻く．中央では，両側からの寄与（破線）がバランスして磁力線は中心軸方向を向く．
(b)　上側の輪電流の位置で，下側の輪電流による磁場がどの方向を向いているかを考える．輪の各位置での力は斜め下向きになる．したがって輪全体での合力は下向き．同様に，下側の輪電流には上向きの合力が働く．つまり2つの輪電流は引き付け合う．
(c)　輪電流による磁場は板磁石による磁場と同じ形である．同じ向きを向いた磁石は引き付け合うので，2つの輪電流が引き付け合うこととつじつまがあっている．

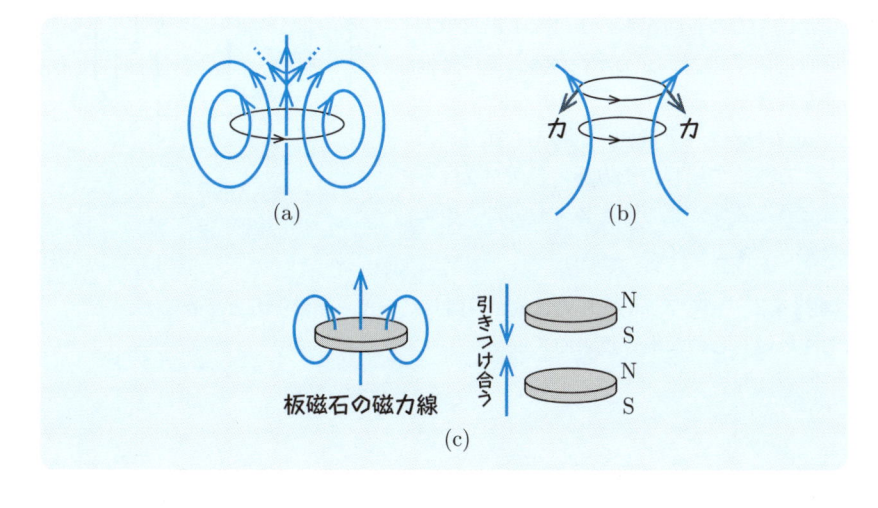

第 4 章　磁気現象の基本

理解 4.4　（電荷の運動）　$x > 0$ の領域に，紙面の表側を向く一様な磁場がある．$x < 0$ には磁場はない．正電荷をもつ粒子が $x > 0$ の領域に垂直に入る．入った後，この粒子はどのように動くか．大雑把に説明せよ（詳しい計算は応用問題 4.2）．

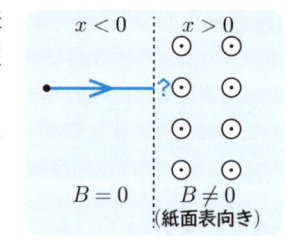

理解 4.5　（直線電流による磁場）　直線電流による磁場の大きさは電流からの距離に反比例する．そのことを，アンペールの法則から示せ（磁場が直線の周りを渦巻くことは認めた上で説明すること）．

理解 4.6　（磁場内で棒を動かす）　平行に並んだ水平な 2 本のレールの上で棒を転がす．この領域には上向きの一様な磁場が存在する．棒は導体でできているが，レールは絶縁体であり電気を通さないとする．そのとき棒の両端に正負の電荷が生じた．なぜか．図の P に生じた電荷は正か負か（応用問題 4.8 に続く）．

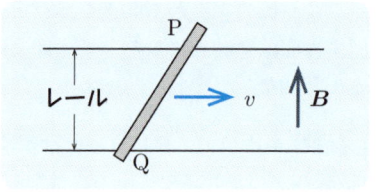

理解 4.7　（直線電流と閉電流）　(a)　同一平面上に直線電流と，正方形の電流がある（電流を流すための電源は明示していない）．直線電流によって生じる磁場が，正方形の各辺に及ぼす力の方向を求めよ（上下左右の方向を答えればよい）．正方形全体としてはどのような動きをするか．
(b)　正方形が (a) とは 90° 回転した状態にあるとする．この場合，正方形の各辺が受ける力はどうなるか．正方形全体としてはどのような動きをするか．

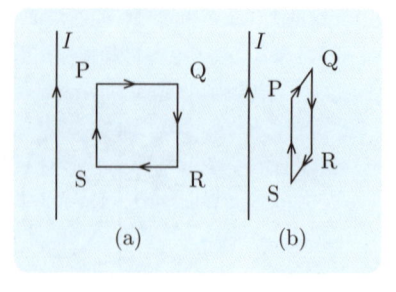

類題 4.3　上問で，正方形の電流が逆回りだったらそれぞれどうなるか．また，これらを板磁石との類推で説明できるか．

第 4 章 磁気現象の基本

答 理解 4.4 正電荷なので，磁気力は進行方向右向きに働く．力は常に進行方向に対して垂直かつ一定なので円運動の向心力となり，電荷は円運動をし，半周してから，$x<0$ の領域に戻っていく．

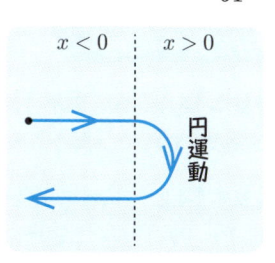

答 理解 4.5 電流を中心とする半径 r の円に対してアンペールの法則を適用しよう．磁場はこの円の方向を向いているので，円方向の磁場とは磁場そのものであり，式 (4.5) の左辺は「磁場 × 円周」である．右辺は円をつらぬく電流の大きさで決まり r によらないので，磁場 × 円周 という量が r に依存しないことになる．円周は r に比例するので $(2\pi r)$，磁場は r に反比例していなければならない（磁場 $\propto \frac{1}{r}$）．

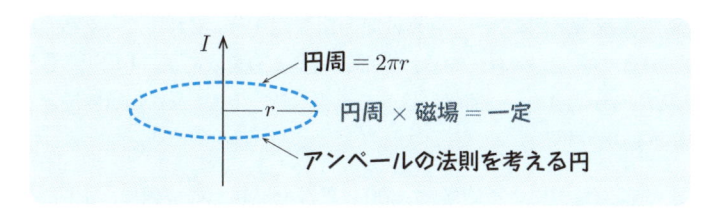

答 理解 4.6 棒とともに棒内の自由電子が一緒に動き磁気力を受ける．電子の電荷は負なので力は図の P 方向である．つまり P 側に負電荷がたまり，Q 側は（電子不足になるので）正に帯電する（この電荷によって磁気力と反対向きの電気力が発生するので，電子の棒方向の移動は止まる）．

答 理解 4.7 (a) PQ と RS には上下方向に逆向きの力が働くので打ち消し合う．側辺には図のような力が働く．反対向きだが，PS のほうが電流に近いので力が大きく，全体としては，正方形電流は直線電流に引き付けられる．
(b) PQ と RS では磁場と電流が（ほぼ）平行なので，力は働かない（直線全体では完全に平行ではないが，それによる力はつり合う）．PS と QR では図のような力が働くので，正方形は縦方向を軸に回転する．

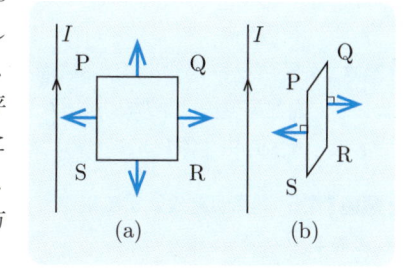

基本問題 ※類題の解答は巻末

基本 4.1 (μ_0 の単位) μ_0（真空の透磁率）の単位が N/A^2 であることを，その定義式 (4.1) から求めよ．SI 系の基本単位で表すとどうなるか．

基本 4.2 (磁場の単位) 磁場に対する基本法則（磁場の発生の法則と磁気力の法則それぞれ）から，磁場の単位 T（テスラ）を，SI 単位系の基本単位（m, s, kg および A または C）で表せ．

類題 4.4 電場の単位と磁場の単位の比は，速度の単位になることを，力の公式を使って示せ．

注　磁場を，その単位が電場と同じになるように定義する流儀もあるが，SI 単位系ではそうはしていない．

基本 4.3 (直線電流間の力) 中心軸間の距離が 1 cm 離れた 2 本の直線電流 3 m にそれぞれ 10 A の電流が流れている．各導線に働く力を求めよ．1 円玉（質量 1 g）に働く重力とどちらが大きいか（間隔に比べて導線が長いので，長さ無限の場合の式 (4.1) を使ってよいものとする）．

基本 4.4 (直線電流による磁場) 鉛直に延びた直線上の導線に，上向きに大きさ 10 A の電流が流れている．そこから北方向に 10 cm 離れた位置に方位磁石を置くと，方位磁石はどちらの方向を向くか．ただし地磁気の方向は北方向とし，その水平成分は約 3×10^{-5} T であるとせよ．

注　正確に言えば日本付近での地磁気の大きさは約 4.5×10^{-5} T で下方向に傾いており，また真北から西に約 7° ずれた方向を向いている．

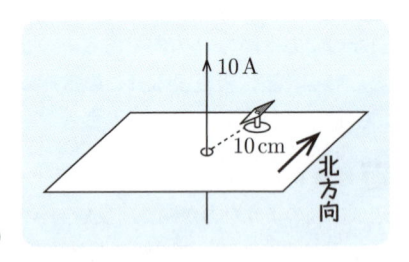

基本 4.5 (ソレノイドによる磁場) 単位長さ当たりの巻き数が n の，無限長のソレノイド内部の磁場は，$B = \mu_0 n I$（式 (4.8)）と表される．たとえば $n = 20$ 巻/cm であるとき，$B = 1$ T にするためにはどれだけの電流が必要か．

類題 4.5 (平面電流による磁場) 平面電流で 1 T を生じる電流密度を，式 (4.7) から求めよ．

第4章 磁気現象の基本

答 基本 4.1 式 (4.1) で, 左辺の力の単位は N (ニュートン). 右辺は Δl と r の単位が打ち消し合うので, μ_0 を除けば単位は A^2. したがって,

$$\mu_0 \text{ の単位} = N/A^2$$

また, 力は 質量×加速度 に等しいことを考えれば $N = kg\, m/s^2$ であり, また $A = C/s$ なので,

$$\mu_0 \text{ の単位} = kg\, m/(s^2\, A^2) = kg\, m/C^2$$

答 基本 4.2 磁場による力の式 (4.4) から求めると, $B = \frac{F}{qv}$ なので,

$$[B] = T = N/(C(m/s)) = kg\, m/s^2 \times s/(m\, C) = kg/(s\, C)$$

式 (4.3) のほうを使うと, $B = \frac{F}{I\Delta l}$ なので

$$T = N/m\, A = kg/(s^2\, A)$$

$A = C/s$ なので, これは上式と同じである. また, 磁場を作る側の式 (4.2) から考えると

$$T = \mu_0 \text{ の単位} \times A/m = (kg\, m/C^2) \times (C/(s\, m)) = kg/(s\, C)$$

答 基本 4.3 公式に代入する.

$$F = 2 \times 10^{-7}\, N/A^2 \times 10\, A \times 10\, A \div 0.01\, m \times 3\, m = 6 \times 10^{-3}\, N$$

1円玉に働く重力は, 1 g に重力加速度 g を掛けて

$$F = 10^{-3}\, kg \times g \fallingdotseq 10^{-3}\, kg \times 10\, m/s^2 = 10^{-2}\, N$$

だから, ほぼ同じ程度である.

答 基本 4.4 まず直線電流による磁場の大きさを求めると.

$$B = \frac{\mu_0}{2\pi} \times \frac{I}{r} = 2 \times 10^{-7} \times \frac{10}{0.1}\, T$$
$$= 2 \times 10^{-5}\, T$$

電流の北側の位置では西方向を向く. これを北方向である地磁気と合成すれば, 方向は北から西に θ だけ傾くとすると

$$\tan\theta = \frac{2 \times 10^{-5}\, T}{3 \times 10^{-5}\, T} = \frac{2}{3} \quad \to \quad \theta \fallingdotseq 33°$$

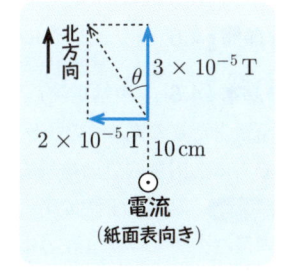

答 基本 4.5 $I = \frac{B}{\mu_0 n} = 1\, T \div (4\pi \times 10^{-7}) \div 2000\, m^{-1} = 4 \times 10^2\, A$

基本 4.6 (平面電流とアンペールの法則)　(a)　電流が紙面表向きの，電流密度 j の平面電流がある．下図左のような，面の上部と下部にまたがる長方形のループに対して，磁場の式 (4.7) $B = \dfrac{\mu_0 j}{2}$ がアンペールの法則 (4.5) を満たしていることを証明せよ（平面電流では磁場は面に平行，電流に垂直の方向にできる．磁場の大きさは場所によらない）．

(b)　下図右の三角形のループに対して，アンペールの法則が満たされていることを示せ．

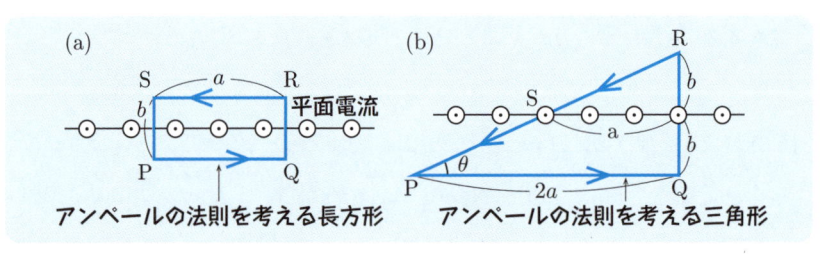

アンペールの法則を考える長方形

アンペールの法則を考える三角形

基本 4.7 (ソレノイド内部の磁場)　下図のような，ソレノイドの内部と外部にまたがる長方形のループに対して，ソレノイド内部の磁場（軸方向）の式 (4.8) $B = \mu_0 n I$ が，アンペールの法則 (4.5) を満たしていることを証明せよ．

注　ソレノイドの外部には，それを軸として渦巻く弱い磁場ができる（類題 4.6 参照）．その磁場は，このアンペールの法則には無関係であることも示せ．

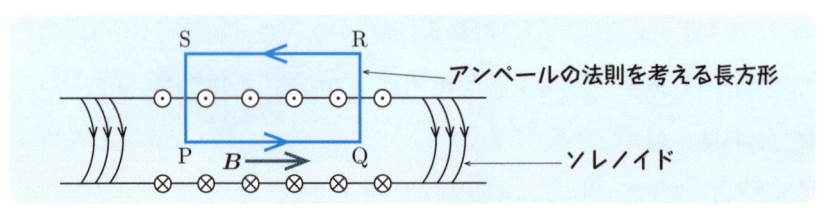

アンペールの法則を考える長方形

ソレノイド

類題 4.6 (ソレノイド外部の磁場)　上問で言及した外部の磁場を求めよ．

基本 4.8 (円柱電流)　半径 a の無限に延びる円柱の内部に，電流密度 j（単位断面積当たりの電流）の一様な電流が流れている．全電流 I は断面積を掛けて $I = \pi a^2 j$ である．円柱内外の磁場を求めよ．

ヒント　磁場は円柱の中心軸の周りを渦巻くと考えて，アンペールの法則を用いよ．理解度のチェック 4.5 のように，半径 r の円周で考える．

類題 4.7 (円筒電流)　内部が中空の円筒に一様な電流が流れている．全電流を I としたとき，円筒内外での磁場を求めよ．

第4章 磁気現象の基本

答 基本 4.6 (a) 線PQと線RSは磁場と同じ方向を向く．また線QRと線SPは磁場に垂直の方向を向く（つまり線方向の磁場の大きさはゼロ）．

$$PQ に沿った方向の磁場の合計 = PQ の長さ \times B = aB$$
$$RS に沿っての磁場の合計 = RS の長さ \times B = aB$$
$$QR（あるいは PQ）に沿った方向の磁場の合計 = 0$$
$$したがって，アンペールの法則の左辺 = 2aB$$

長方形内の全電流は aj だから法則の右辺は $\mu_0 aj$．したがって $B = \frac{\mu_0 j}{2}$．

(b) 線RSに沿った磁場は $B\cos\theta$，線SPに沿った磁場は $-B\cos\theta$．したがって線RSPに沿った磁場の合計は打ち消し合ってゼロ．QRもゼロ．そしてPQだけが残り，法則の左辺は $2aB$ となる．右辺は $\mu_0 aj$ だから，$B = \frac{\mu_0 j}{2}$ であればよい．

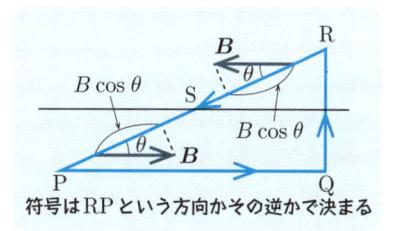

符号はRPという方向かその逆かで決まる

答 基本 4.7 内部の磁場は軸方向，外部の磁場は渦巻く方向だとして考える．PQに沿った方向の磁場の合計 $= aB$．QRとSPは，内部でも外部でも磁場に垂直なので，「その方向の磁場」はない．外部であるRSでは磁場は垂直なので，やはり「その方向の磁場」はない．したがって 法則の左辺 $= aB$．

また，長方形をつらぬく線は na 本なので，全電流は naI．したがって 法則の右辺 $= \mu_0 naI$．したがって $B = \mu_0 nI$ ならばこの法則は成り立つ．

答 基本 4.8 円柱外部 ($r > a$)：磁場は軸対称に渦巻くので，円周の方向を向く．また円周上では大きさは一定なので $B(r)$ と書ける．半径 r の円周をつらぬく電流は全電流 I そのものなので，アンペールの法則は

$$B(r) \times 2\pi r = \mu_0 I \quad \rightarrow \quad B(r) = \frac{\mu_0 I}{2\pi r}$$

円柱外部ならば直線電流の場合と変わりない．
円柱内部 ($r < a$)：半径 r の円周をつらぬく電流は $j \times$ 円の面積 なので

$$B(r) \times 2\pi r = \mu_0 (j \times \pi r^2) \quad \rightarrow \quad B(r) = \frac{\mu_0}{2} jr$$

r に比例するのが特徴．$r = a$ では外部の式と一致する．

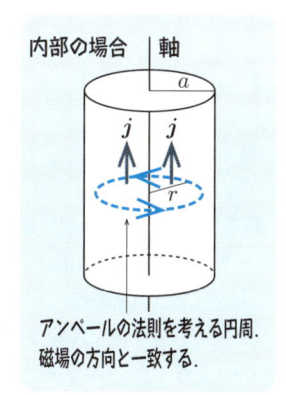

アンペールの法則を考える円周．磁場の方向と一致する．

第4章 磁気現象の基本

基本 4.9 （磁気力対重力） (a) xy 平面を水平面とする．鉛直方向が z 方向である（右図参照）．電荷 q, 質量 m の荷電粒子が $+y$ 方向に速さ v で動いている．この荷電粒子が $+z$ 方向（上方向）の磁気力を受けるには，磁場は $\pm x$ 方向のどちらを向いていればよいか．

(b) 磁場が上問 (a) のように決まった場合，この粒子が直進する（磁気力と重力がつり合う）という条件から，q, m, v および B の関係を求めよ（重力加速度は g とせよ）．

(c) 電子の場合，$B = 1 \times 10^{-5}$ T とすると，v の大きさはどうなるか（電子については，$q = 1.6 \times 10^{-19}$ C, $m = 9.1 \times 10^{-31}$ kg である）．

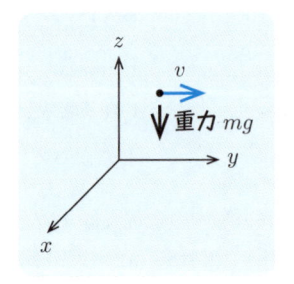

類題 4.8 （磁気力対電気力） 10 cm で 1 V の電位差に相当する大きさの電場から受ける電気力と同じ磁気力を 1 T の磁場から受けるには，最低，どれだけの速さが必要か．

基本 4.10 （回路の回転） 鉛直方向を向く一様な磁場 B がある空間に，長方形の回路が鉛直に置かれ，一定の電流 I が図示された方向に流れている．
(a) 合力がゼロであることを示せ．
(b) 合力はゼロであっても，回路を回転させようとする力は働く．中央の回転軸（図参照）の周りのトルクを求めよ．

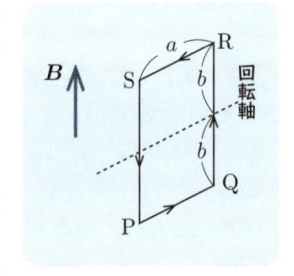

注 トルクとは物体を回転させようとする働きの強さであり，回転軸からの距離と，力の回転方向の成分の積で表される（てこのつり合いでも，力と支点からの距離の積を考えることからわかるだろう）．

(c) 回路が右に 90° 回転した状態では，力とトルクはどうなるか．
(d) 回路がさらに 90° 回転した状態（つまり最初とは電流の方向が逆転した状態）では，力とトルクはどうなるか．

基本 4.11 （トルクの計算） 平面上にある面積 S の閉回路に電流 I が流れているとき，積 SI を，この回路の**磁気モーメント**という．そしてこのような回路を一様な磁場 B に平行に置くと，BSI という大きさのトルクが生じる．上問 (b) は長方形の例だったが，右図のような半径 a の輪電流で確かめてみよ．

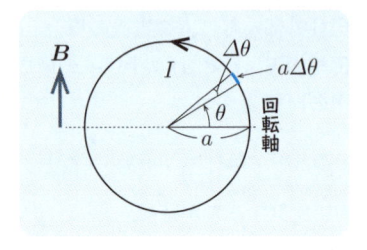

第4章 磁気現象の基本

答 基本 4.9 (a) q の正負による．$q>0$ の場合，磁場は $-x$ 方向に向いていればよい（y 方向から $-x$ 方向に右ねじを回すとねじは $+z$ 方向に進む）．$q<0$ ならば磁場は $+x$ 方向．
(b) 磁気力 = 重力 という式より，$qvB = mg$ となる．
(c) $v = \frac{mg}{qB} = 5.6 \times 10^{-6}$ m/s

答 基本 4.10 (a) 各辺に働く力は，QR と SP ではゼロであり（磁場と電流が平行なので），PQ では右向きで大きさは BIa，RS では左向きで大きさは同じ．したがって打ち消し合って合力はゼロになる． 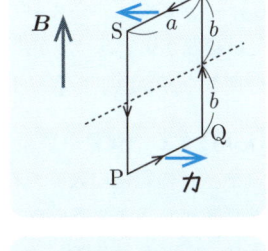
(b) トルクは，力に回転軸からの距離を掛けて，PQ でも RS でも $BIab$ になる．どちらも回路を左回転させようとする力なので，トルクは全体としては 2 倍になる．
(c) 力はすべて外向きに働くのでつり合う．つまり合力はゼロ．どの力も，右図の回転軸の周りに回転させようとする働きはないので，トルクもゼロ． 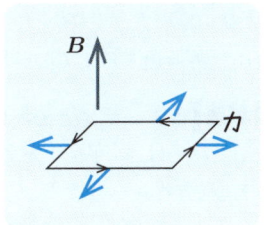
(d) (a) とすべて逆向きになる．つまり合力はゼロであり，回路を左回転させようとするトルク $2BIab$ が働く．

注 1 一様な磁場内に閉回路を置くと，回路の向きにも，回路の形にも関係なく合力はゼロになる．しかしトルクは一般にゼロではないので回路は一般に回転する．特別の向きに置かれた場合にのみ，トルクもゼロになり静止状態にとどまる．

注 2 回路に電流を流して回転力を生み出しているのだから，モーターの原理になる．しかし半回転するごとにトルクの向きが逆になるので，半回転するごとに電流の向きを変える工夫をしなければならない．このための仕組みが**整流子**というものである．

答 基本 4.11 角度 θ，長さ $a\,\Delta\theta$ の部分に働く力（$0<\theta<\pi$ では紙面裏向き）は，式 (4.3) より $IB \times a\,\Delta\theta \times \sin\theta = IBa\sin\theta\,\Delta\theta$ である．トルクを求めるには，これに，回転軸からの距離 $a\sin\theta$ を掛ける．これを 1 周，積分すれば全トルクになる．

$$\text{全トルク} = IBa^2 \int_0^{2\pi} \sin^2\theta\,d\theta = IB \times \pi a^2$$

これは BSI に他ならない．

注 面に対する垂線と磁場の角度が ϕ のときはトルク $= BSI\sin\phi$ となる．

応用問題

※類題の解答は巻末

応用 4.1 (速度選別装置) z 成分だけをもつ一様な磁場 B と，x 成分だけをもつ一様な電場 E があり，y 方向に荷電粒子が等速で直線運動している．$B>0$ とした場合，E は正か負か．またこの粒子の速さ $v\,(>0)$ を E と B で表せ．

注 v がこの大きさではないときの一般的な運動については類題 4.9 で調べるが，いずれにしろこの方法で，特定の速さをもつ粒子を取り出すことができる．

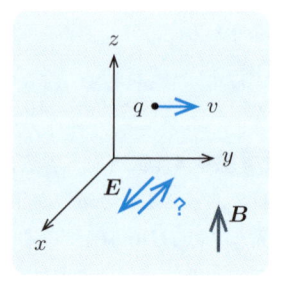

応用 4.2 (質量選別装置) (a) 理解度のチェック 4.4 の問題を考える．磁場のある $x>0$ の領域に入った粒子は半円周を描いて戻っていくが，$x=0$ を再通過するとき，最初の通過位置からどれだけずれているか．粒子の質量 m，電荷 q，速さ v，および磁場の大きさ B を使って表せ．
(b) 再通過するまでの時間 T，およびこの円運動の角振動数 ω を求めよ．

類題 4.9 (電場と磁場による運動) 応用問題 4.1 の状況の一般的な運動を考える．
(a) 粒子は xy 平面上を動いているとして，速度 (v_x, v_y) が満たす，x 方向と y 方向の運動方程式を書け．
(b) この現象を，y 方向に $v=-\frac{E}{B}$ で動いている基準で見よう（$E<0$ であったので $v>0$）．この基準では，この粒子の速度 (v'_x, v'_y) は $v'_x=v_x$，$v'_y=v_y+\frac{E}{B}$ となる．この変数で運動方程式を書き直し，この基準では粒子は円運動していることを示せ．
(c) 元の基準での運動の概略図を描け．

応用 4.3 (電場と磁場による運動) 導体でできた板の両端に電圧をかけて電流を流す．また，板に垂直に一様な磁場 B が存在する．すると，電流の方向とは垂直方向にも電位差が生じる．その理由を説明せよ．また，どちら側が電位が高くなるか述べよ．

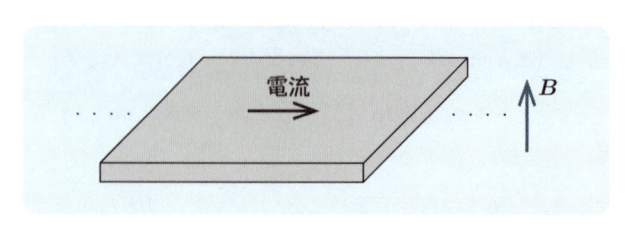

第4章 磁気現象の基本

答 応用 4.1 電荷を $q > 0$ とした場合，y 方向に動いているこの荷電粒子には $+x$ 方向に磁力 qvB が働く．また，やはり $+x$ 方向に電気力 qE が働く．これらが打ち消し合うためには，$E < 0$ でなければならない．つり合いの条件は

$$qvB + qE = 0 \quad \to \quad v = -\frac{E}{B}$$

答 応用 4.2 (a) 磁気力は粒子の動きに垂直方向なので，動きの向きを変えるが速さは変えない（力学参照）．したがって磁気力も変わらない．一定の力が常に垂直方向に働く場合は円運動となり，その半径を r，速さを v とすれば，運動方程式（質量 × 加速度 = 向心力）は，

$$\frac{mv^2}{r} = 向心力 = qvB \quad \to \quad r = \frac{mv}{qB}$$

たとえば上問の速度選別装置に粒子を通して v が決まっていれば，r は質量で決まるので，質量の異なる粒子を分別するためにこのメカニズムを利用することができる．

(b) 半円周の長さが πr，速さが v だから

$$T = \frac{\pi r}{v} = \frac{\pi m}{qB}$$

半円では回転角は π ($= 180°$) だから

$$\omega = \frac{\pi}{T} = \frac{qB}{m}$$

注 T や ω は速さに依存しないのが特徴である．この ω は磁場内を電荷が円運動するときの角振動数であり，**サイクロトロン振動数**と呼ばれる．●

答 応用 4.3 電流は左から右に流れているが，実際には電子が右から左に動いている．磁場があるので，動いている電子は手前向きの磁気力を受けて曲がり手前側にたまる．したがって手前側が負に帯電し，逆に向こう側は正に帯電する．そうなると向こう側から手前側に向かう電場ができ，磁気力と反対向きの電気力が生じてつり合い，電子がまっすぐ右から左に動くようになる．これが平衡状態であり，この状態では向こう側の電位が高い．

注 もし電子ではなく正電荷の粒子が左から右に動いているとすれば，同じ原理で手前側の電位が高くなる．実際，ある種の半導体ではこのようになり，電流を担う粒子の電荷の正負が判定できる．このように磁場に垂直に電位差が生じる現象を**ホール効果**という．●

応用 4.4（輪電流による磁場） 半径 a の導線の輪に電流 I が流れている（図では，電流を流す電源は明示していない）．
(a) 中心点 O での磁場を求めよ．
(b) 輪の中心軸上の，O から距離 r の位置での磁場を求めよ．

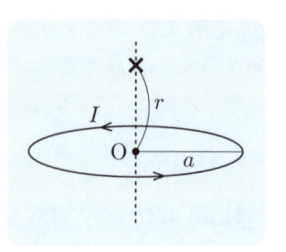

類題 4.10（輪電流） 応用問題 4.4 (b) の答えが，c を何らかの定数だとして $B = \frac{c}{L^3}$ であるとして（$L = \sqrt{a^2 + r^2}$），定数 c をアンペールの法則を使って求めよ（下の応用問題 4.5 の積分公式を使う）．

類題 4.11（地磁気） 地磁気の原因は，地球の外核（鉄が主成分の液状の部分）を流れる電流だと考えられている（外核の外側が岩石のマントル，外核の内側が固体の鉄の内核）．この電流を 1 つの輪と近似して，その大きさを見積もってみよう．輪の半径 r を 3500 km，中心から極までの距離 R を 6400 km，極での磁場 B を 6×10^{-5} T として，電流 I の大きさを求めよ．

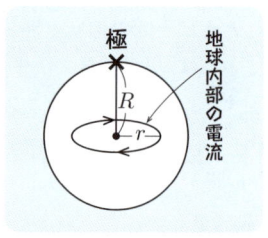

応用 4.5（有限のソレノイド） (a) 応用問題 4.4 の輪電流の結果を使って，長さが有限のソレノイドの軸上での磁場を求めよ．下の図を参考にして，点 O における磁場を求めよ．ただし次の不定積分の公式を使う．

$$\int \frac{1}{(x^2+a^2)^{3/2}} dx = \frac{1}{a^2} \frac{x}{(x^2+a^2)^{1/2}}$$

（下の図ではソレノイドの全長は $X_1 + X_2$ である．）

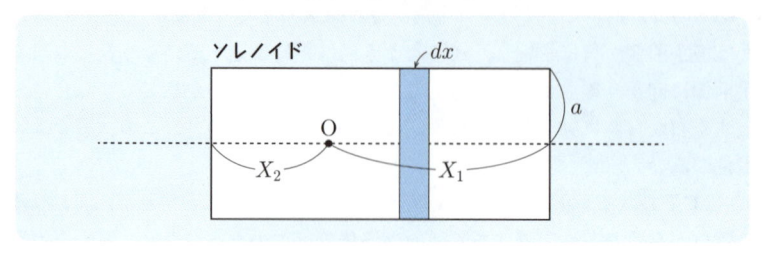

(b) X_1 も X_2 も無限大にすれば，$B = \mu_0 n I$ という，当然の結果が出ることを示せ．
(c) $X_1 \to \infty$，$X_2 = 0$ とすると磁場は半分になる（$B = \frac{\mu_0 n I}{2}$）が，そうなる理由を，(a) の答えを使わずに言えるか．

第 4 章 磁気現象の基本

答 応用 4.4 (a) 図の Δl の部分が O に作る磁場は，上向きであり，その大きさ ΔB はビオ-サバールの法則より

$$\Delta B = \frac{\mu_0}{4\pi}\frac{I\Delta l}{a^2} = \left(\frac{\mu_0}{4\pi}\frac{I}{a^2}\right)\Delta l$$

これを輪全体で合計するのだが，括弧の中は定数であり Δl の合計は円周 $2\pi a$ なので，

$$B = \frac{\mu_0}{2}\frac{I}{a}$$

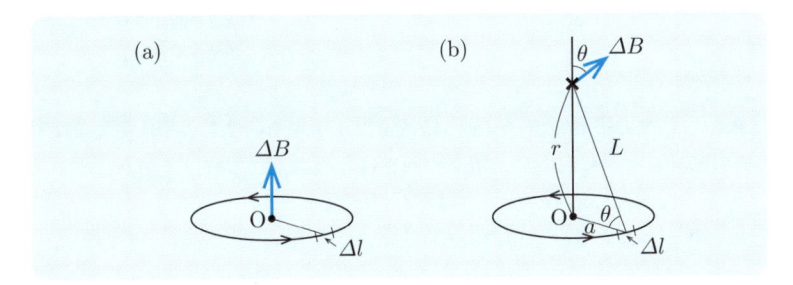

(b) 同様に，輪の微小部分 Δl を考える．それによる磁場は図のように斜め方向を向くが，全体の和を取れば垂直方向だけが残るので，最初から垂直成分 $\Delta B_\perp$ だけを考える．するとビオ-サバールの法則より（$L = \sqrt{a^2 + r^2}$），

$$\Delta B_\perp = \frac{\mu_0}{4\pi}\frac{I\Delta l}{L^2}\times\cos\theta = \left(\frac{\mu_0}{4\pi}\frac{aI}{L^3}\right)\Delta l$$

(a) と同様に輪全体で合計すれば（$\Delta l \to 2\pi a$）

$$B = \frac{\mu_0}{2}a^2\frac{I}{L^3}$$

答 応用 4.5 左ページの図の dx の部分を 1 つの輪電流と考える．その部分の電流は $In\,dx$ である．これに応用問題 4.4 の結果を使う．まず右側，つまり $0 < x < X_1$ の部分を考えると

$$B\,(\text{右側の寄与}) = \frac{\mu_0}{2}a^2 In\int_0^{X_1}\frac{1}{(x^2+a^2)^{3/2}}\,dx$$

$$= \frac{\mu_0}{2}a^2 In\times\left(\frac{1}{a^2}\frac{X_1}{(X_1^2+a^2)^{1/2}}\right)$$

左側の寄与も同様に計算して合計すれば

$$B\,(\text{点 O}) = \frac{\mu_0}{2}In\left(\frac{X_1}{(X_1^2+a^2)^{1/2}} + \frac{X_2}{(X_2^2+a^2)^{1/2}}\right)$$

(b) $X\to\infty$ で $\frac{X}{(X^2+a^2)^{1/2}} = \frac{1}{\left(1+(\frac{a}{X})^2\right)^{1/2}} \to 1$ なので明らか．

(c) 左右に無限のソレノイドは，O の左側と右側の半無限のソレノイドを合わせたものとみなせるので，半分だけだったら O での磁場も半分になる．

第4章 磁気現象の基本

類題 4.12（直線電流の磁場） 右の図を参照して，直線電流の磁場の公式 (4.2) を，ビオ-サバールの法則 (4.6) から求めよ．

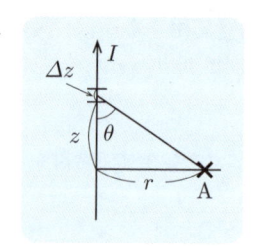

類題 4.13（直線電流から平面電流） 平面電流を直線電流が無数に並んだものとみなして，式 (4.2) から式 (4.7) を導け．

ヒント 図の Δx の部分が点 A につくる磁場の x 成分を考える．

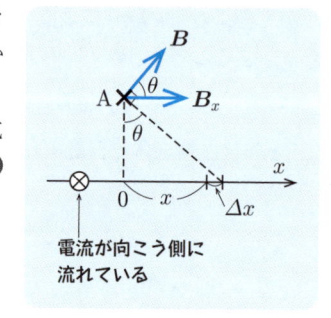

応用 4.6（2枚の平面電流） (a) 電流密度 j が等しい2枚の平面電流を平行に並べ，外側の磁場をゼロにしたい．電流の向きはどのようにすればよいか．
(b) そのときの内部の磁場の大きさはどれだけか．
(c) そのとき，各面が受ける圧力の方向と大きさを求めよ．

応用 4.7（ソレノイドの圧力） 一般に，面を流れる電流は，面の両側の磁場を平均した磁場から磁気力を受ける（上問もそうだった）．1枚の平面電流の場合は上下の磁場は逆方向なので平均してゼロになり，（自分が作った）磁場からは力を受けない．しかしソレノイドの場合には（外部の磁場の効果は小さい（類題4.6）ので無視すると）内部の磁場の半分による磁気力を受ける（ソレノイドの他の部分の電流からの力を合計するとそうなるということである）．
(a) この力はどちら向きか．
(b) 電流を $I = 1\,\mathrm{A}$，1 cm 当たりの巻き数を 20回としたとき（$n = 20\,\mathrm{cm}^{-1}$），単位面積当たりの力の大きさ（すなわち圧力）を求めよ．

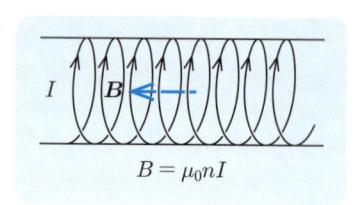

答 応用 4.6 (a) 電流の向きが逆向きになるように並べれば，外側では磁場が打ち消し合ってゼロになる．
(b) はさまれた領域では磁場は 2 倍になり，$B = \mu_0 j$ となる．

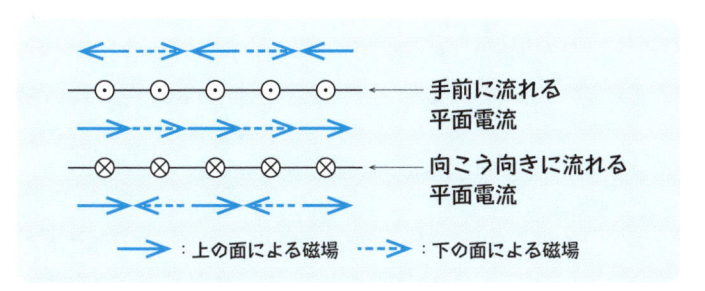

(c) 面の幅 a，長さ b の長方形の部分が受ける力を考えよう．その部分の電流は $I = aj$ であり，他方の面がその面の位置に作る磁場は $B = \frac{\mu_0 j}{2}$ なのだから，

$$\text{長方形が受ける力} = BIb = \frac{\mu_0 j}{2} \times aj \times b = \frac{1}{2} \mu_0 j^2 ab$$

圧力とは単位面積当たりの力だから

$$\text{圧力} = \text{力} \div \text{面積} = \frac{1}{2} \mu_0 j^2$$

電流密度 j の単位は A/m なので，右辺全体の単位が圧力の単位 N/m^2 ($=$ Pa) になっていることを確認しよう．

答 応用 4.7 (a) たとえば図のように，右から見て右回りに電流が流れている場合には，磁場は右から左に向く．したがって，それによる磁気力は外向きになる．つまりソレノイドの側面は常に，膨張するような圧力を内部から受けている（筒の反対側には反対方向の電流が流れているのだから，反発力を受けることを考えれば当然だろう）．
(b) 幅 Δs，長さ ΔL の部分に働く力は，巻き数が $n\Delta s$ だから，

$$F = \tfrac{1}{2} B(In\Delta s)\Delta L = \tfrac{1}{2} BIn\Delta s\Delta L$$

したがって，単位面積当たりに働く力，すなわち圧力 P は

$$P = \frac{F}{(\Delta s \Delta L)} = \tfrac{1}{2} BIn = \tfrac{1}{2}(\mu_0 nI)In = \tfrac{1}{2}\mu_0 I^2 n^2$$
$$= 2\pi \times 10^{-7}\,\text{N/A}^2 \times (1\,\text{A})^2 \times (2000\,\text{m}^{-1})^2 \fallingdotseq 2.5\,\text{N/m}^2$$

正しい圧力の単位になっていることを示すために，単位を付けた式を書いた．2.5 Pa （パスカル）ということだから，それほど大きい値ではないが，たとえば電流を 10 倍，巻き数も 10 倍にすれば 2.5 万 Pa になる（ちなみに 1 気圧は約 10 万 Pa）．

応用 4.8 （磁気力による起電力）　理解度のチェック 4.6 では，磁場内で棒を動かすと両端に正負の電荷が発生するという話をした．電荷が分布すれば電位差が生じるので，磁場内で動いている導体棒は起電力をもつ．つまり電源の役割をする．この棒の，電源としてのメカニズムについてさらに詳しく考えてみよう．

(a)　棒とレールの間には摩擦は働かないとする．棒は転がり続けるか．

(b)　レールを絶縁体から導体に変えて回路を作り，電流が流れるようにすると，何が変わるか．

(c)　棒が減速しないように押し続け，棒は常に速さ v で動いているとする．そのときの棒の起電力を求めよ．

(d)　この電源が生み出すエネルギーの源は，棒を押す力による仕事である．仕事率が，（棒内部での熱の発生も外部での消費電力も含む）消費される全電気エネルギー＝起電力 × 電流（$=VI$）に等しいことを示せ．

(e)　上記の関係が成り立つということは，磁気力はエネルギーの増減には関係していないということである．つまり磁気力は仕事をしていない．磁気力によって電流が流れているのに，本当に仕事をしていないのか，説明せよ．

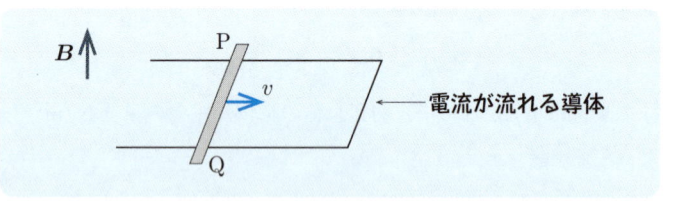

類題 4.14 （発電機）　上問の装置は起電力を生じるが，棒がレールの端まで到達したら終わりである．連続的に発電をするには，1 カ所で棒を回転させればよい．右の図のような長方形の回路を，鉛直で一様な磁場 B が存在する空間で回転させるとする．図のように回路が鉛直になった状況で，回路が角速度 ω で動いているとき，PQ 間に生じる電位差を求めよ（上問 (c) の結果を使ってよい）．

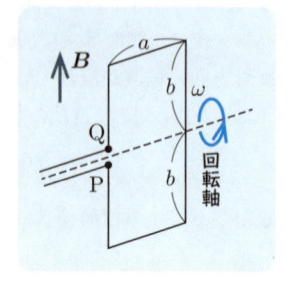

⚫︎　この問題の回路は基本問題 4.10 の回路に似ているが，前者では回路が回ると電流が流れるという話であり，後者では電流が流れると回路が回るという話だった．回路が動くことによる磁気力と，回路に電流が流れることによる磁気力があることに注意しよう．

第 4 章　磁気現象の基本

答 応用 4.8　(a)　棒が動くと，磁気力によって P 方向に電流が流れ，それにより後ろ向きの磁気力が働いて棒にはブレーキがかかる．しかし，いったん P 側が正に帯電すれば（Q 側は負に帯電），P から Q に向けて電場ができて，電気力と磁気力がつり合って電流は止まる．そうなった後は棒は減速しない．
(b)　レールが回路になると，棒の両端にたまった電荷が流れ出す．電荷が減れば棒内の電場が減るので，磁気力による電流が流れて，減った分の電荷を補充する．この電流により，棒に磁気力によるブレーキがかかる（磁気力は，棒方向と，それに垂直方向（後ろ向き）と，2重にかかっていることに注意．合力が本来の磁気力なのだが，2つの成分に分けて考えるとわかりやすい）．
(c)　電源の起電力の大きさとは，電流が流れていない状況で電源が作り出す電位差のことである（電流が流れると内部抵抗により電圧降下が起きる）．電位差は 電場×長さ であり，電場は磁気力とのつり合いで決まる．つまり

$$起電力 = (電気力 \div 電荷) \times 長さ = (磁気力 \div 電荷) \times 長さ = Bvd$$

(d)　棒に電流 I が流れているとすれば，ブレーキとして働く磁気力は BId．これを打ち消すだけの力で棒を押す．単位時間当たり v だけ動くのだから，

$$押す力の仕事率 = BIdv$$

これは (c) で求めた起電力に I を掛けたものに等しい．
(e)　棒方向に電流を流すときに磁気力がする仕事と，棒にブレーキをかける磁気力がする仕事（力と動きの方向が逆なので負）が打ち消し合ってゼロになる．実際，前者の仕事率は，電位差が生じている棒に，電位差と逆向きに電流 I を流すための仕事だから，起電力×電流 $= BvdI$．これは後ろ向きの磁気力 BId に，単位時間に棒が動く距離 v を掛けたものに等しい．

注　磁気力は電荷が動く方向に垂直なので，どんな場合でも仕事をしない．ここでは磁気力を 2 つの成分に分けたため，個別に考えると仕事をしているように見えている．

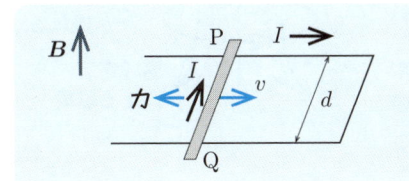

棒が動くと
Q→P 方向の磁気力（起電力になる）で
電流が流れる．
また，電流が流れると
後ろ向きの磁気力が生じる．

第5章 電磁誘導と交流回路

ポイント　1. 電磁誘導

● 磁石を動かしたり電流の大きさや方向を変えたりすると，磁場が変化し，同時に渦巻く電場が生じる．これを電磁誘導という．このようにして生じた電場を，誘導されて生じた電場という意味で誘導電場という．ファラデーが1840年頃に発見した，電場と磁場を関係づける新しい法則である．

注1　電荷起源の電場のことをクーロン電場と呼ぶこともある．誘導電場もクーロン電場も起源が違うだけで，電場としての性質には変わりはない．　●

注2　「磁場が変化すると誘導電場が生じる」と表現されることがあるが，磁場の変化と誘導電場の発生に，原因と結果という関係があるわけではない．　●

● 誘導電場が渦巻く方向を知るには，まず磁場の変化（変化率）の方向がどちらかを考える（たとえば磁場の z 成分 B_z が増えれば，変化率は正なので変化の方向は $+z$ 方向である）．そして誘導電場は，磁場の変化の方向を軸として，その逆方向に右ねじを進める向きに渦巻く．

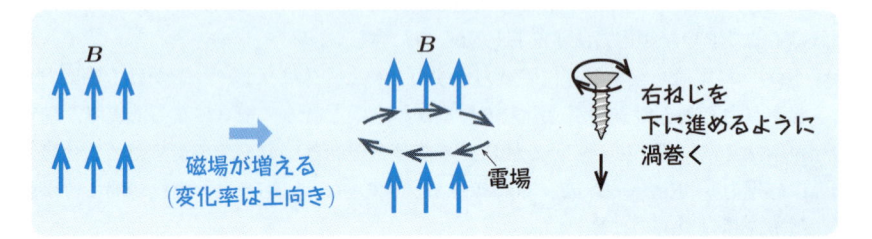

● レンツの法則　誘導電場の渦巻く方向の別の覚え方として，レンツの法則というものがある．それによれば，「誘導電場の渦に沿って輪電流（誘導電流という）が流れると，それによって発生する磁場は元の磁場の変化を弱める」．一般に自然界では，何かの変化が起きるとその変化を抑制するような現象が生じることが多いが，その一例である．

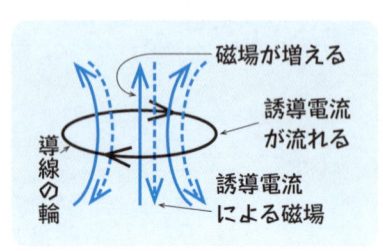

第5章 電磁誘導と交流回路

● **起電力** 誘導電場の渦に沿って円状の導線を置けば，その電場によって電子が動くので電流が渦巻く（誘導電流）．もし導線の円のどこかが途切れていればそこに電荷がたまり，逆方向のクーロン電場が生じて誘導電場とつり合って電流は止まる．導線が途切れた部分には電位差が生じる．つまり誘導電場は**起電力**として働き，磁場が変化し続ければ，この装置は電源となる．この起電力を**誘導起電力**という．誘導起電力の大きさは誘導電場とのつり合いで決まるので，この閉曲線に沿った誘導電場の合計に等しい．

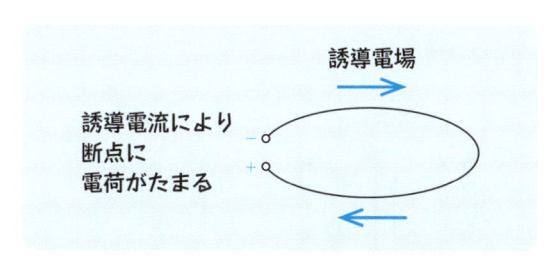

● **磁束** 誘導電場そして誘導起電力の大きさを知るには，磁束という量が必要となる．空間内の任意の閉曲線（円でもその他の形でもよい）に対して，それをつらぬく磁場の総量が**磁束**である（つらぬく磁場とは，面に垂直方向の成分を指す）．

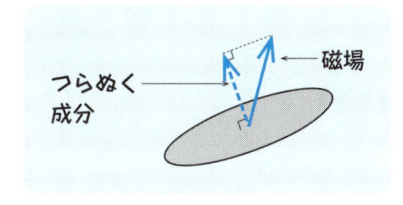

● **電磁誘導の法則** 任意の閉曲線に対して，次の法則が成り立つ．

$$\text{誘導起電力（誘導電場の合計）} = -\text{磁束の変化率} \tag{5.1}$$

注 右辺に負号が付くのは，左回りの渦を正とするという習慣による．誘導起電力の向き（つまり誘導電場の向き）は，左ページの規則に戻って考えるのがよい．

● SI単位系での磁束の単位を **Wb**（ウェーバー）という．理解度のチェック 5.6 も参照．

● **自己誘導** 電源を使って導線の輪に電流を流す．その電流の大きさを変化させると磁束が変化するので，その輪に誘導電場が生じる（**自己誘導**）．これは，電流の変化を弱める働きをする（レンツの法則）．この誘導起電力を**逆起電力**ともいう．

注 これに対して，近くにある別の輪電流の変化によって生じる電磁誘導を，互いに誘導し合うので**相互誘導**という．

理解度のチェック　1. 電磁誘導　※類題の解答は巻末

理解 5.1（誘導電場の向き）　次の例で，点 A での磁場の変化の方向とはどちら向きか．矢印で示せ．また，誘導電場が渦巻く方向はどちらか．誘導電場による電気力線を表す円を描き，電場の方向を示す矢印を付けよ．
(a)　棒磁石を，N 極を上側にして下から近付けた場合．
(b)　逆に，下に遠ざけた場合．
(c)　S 極を上側にして下から近付けた場合．
(d)　逆に，下に遠ざけた場合．

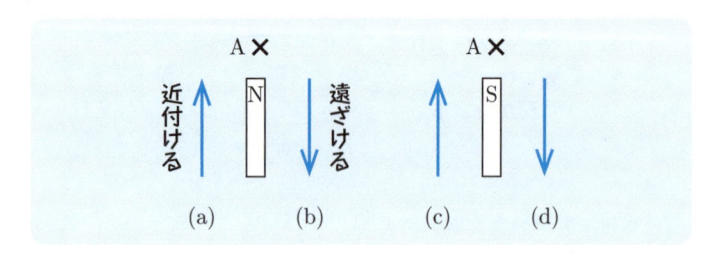

理解 5.2（レンツの法則）　上問の状況で，誘導電場の電気力線に沿って 1 本の導線の輪があるとする．誘導電場によってその輪に電流（誘導電流）が流れたとき，それによって発生する磁場の向きは，元の磁場の変化の向きの逆になることを確かめよ（誘導電流は磁場の変化を妨げる方向に流れるということである）．

理解 5.3（起電力の向き）　上問の状況で，導線の輪の 1 カ所が途切れているとする．誘導電場が生じれば，それによって電荷が流れるので，途切れた箇所の両端が正負のいずれかに帯電する．上問の (a) から (d) のケースそれぞれで，正に帯電するのは P か Q か．

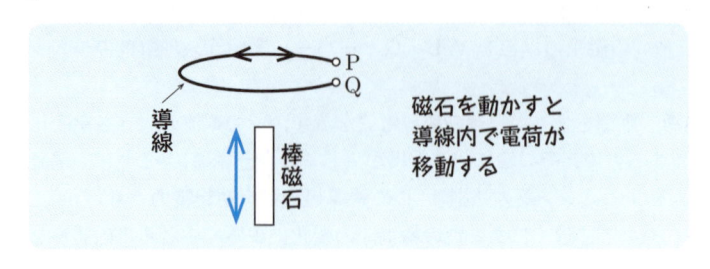

第5章 電磁誘導と交流回路

答 理解 5.1 (a) 上向きの磁場の強さが増える．したがって変化の方向は上向き（上方向を $+z$ 方向とすると B_z の変化率が正，つまり $\frac{dB_z}{dt} > 0$）．誘導電場の渦は，上から見て右巻き（時計回り）．
(b) 上向きの磁場の強さが減る．したがって変化の方向は下向き（$B_z > 0$ だが $\frac{dB_z}{dt} < 0$）．誘導電場の渦は下から見て右巻き．つまり上から見れば左巻き（反時計回り）．
(c) 下向きの磁場が強まるのだから，変化の方向は下向き（$B_z < 0$ で $\frac{dB_z}{dt} < 0$）．したがって誘導電場の渦は下から見て右巻き．上から見れば左巻き．
(d) 下向きの磁場が弱まるのだから，変化の方向は上向き（$B_z < 0$ だが $\frac{dB_z}{dt} > 0$）．したがって誘導電場の渦は上から見て右巻き．

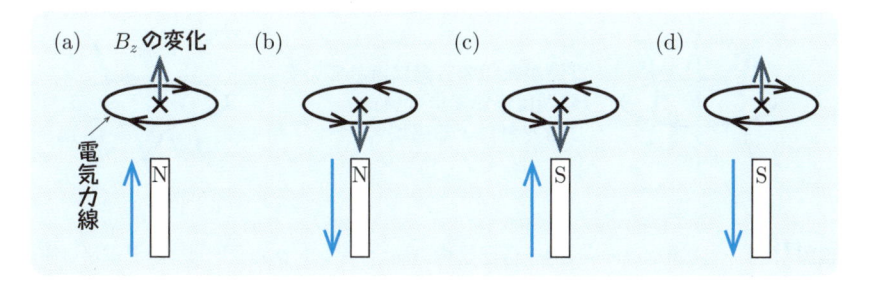

答 理解 5.2 磁石による磁場を B，誘導電流による磁場を B' と記す．
(a) 上から見て右回りに輪電流が流れるので，それによる磁場 B'_z は（輪の中では）$B'_z < 0$．これは $\frac{dB_z}{dt}$ の符号とは逆．
(b) 上から見て左回りに輪電流が流れれば，$B'_z > 0$．これは $\frac{dB_z}{dt}$ の符号とは逆．
((c) と (d) は省略)

答 理解 5.3 誘導電場の方向に電流が流れ，その行きつく先が正に帯電する（電子の動きはその逆）．
(a) P が正極， (b) Q が正極， (c) Q が正極， (d) P が正極
注 P と Q が正負に帯電すれば，正から負に向かうクーロン電場が生じ，PQ 間に電位差が生じる（電位差はクーロン電場だけで考える）．電磁誘導は起電力を生み出すということである．したがってこの輪は電源とみなすことができ，正に帯電した方が，電極の正極になり，ここに回路をつなげれば電流が流れ出す．回路がなければ，クーロン電場と誘導電場がつり合ったときに電荷の移動は停止する．回路がつながっており電荷が外部に流れ出せば，それを補うために誘導電場による電流が流れ続ける．●

理解 5.4 （誘導電場の向き … 自己誘導の場合）
今度は，回路に流れる電流を変えたときに，その回路自体にどのような誘導電場が生じるかを考える．上方向を $+z$ 方向とせよ．

(a) 左図の導線の輪には，上から見て左回りの電流が流れている．その電流を増やしたとき，磁場の変化の方向はどちら向きか．誘導電場が渦巻く方向はどちらか．レンツの法則は満たされているか．

(b) 電流を減らした場合はどうなるか．

(c) 右図は，左図とは電流の向きを逆にしたケースである．電流を増やした場合に同じ質問に答えよ．

(d) 電流を減らした場合はどうなるか．

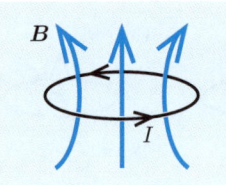

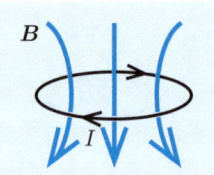

類題 5.1 （誘導電流の向き … 自己誘導の場合）
レンツの法則は，誘導電場は磁場の変化を妨げるというものだったが，「電流の変化を妨げる」と考えても同じであることを，上問の具体例で確認せよ．

理解 5.5 （磁束）
(a) 大きさ 3 T の一様な磁場 B がある．磁場に垂直な，一辺 10 cm の正方形をつらぬく磁束を求めよ．

(b) この正方形と磁場のなす角度が 30° の場合はどうなるか．

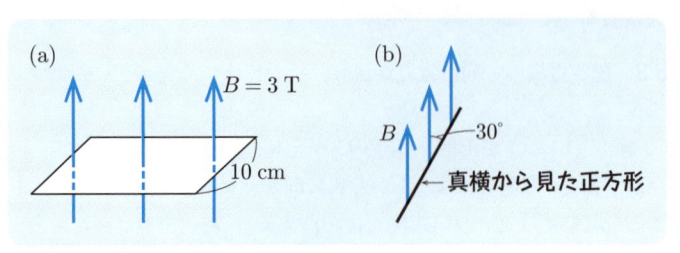

理解 5.6 （単位 Wb）
(a) SI 単位系では磁束の単位は Wb（ウェーバー）と書く．磁束の定義と磁場の単位 T（テスラ）の単位を参考にして（基本問題 4.2），Wb を SI 単位系での基本単位で表せ．

(b) 電磁誘導の法則 (5.1) から考えるとどうなるか．

第5章　電磁誘導と交流回路　　111

答 理解 5.4　理解度のチェック 5.2 と同様，最初から流れている電流による磁場を B，誘導電流によって生じる磁場を B' とする．
(a)　輪の内部には元々，上向きの磁場がある（$B_z > 0$）．それが増えるのだから磁場の変化は上向き（$\frac{dB_z}{dt} > 0$）．誘導電場は上から見て右巻き．右回りに電流が流れれば輪の内部には下向きの磁場が発生する．つまり $B'_z < 0$ であり $\frac{dB_z}{dt}$ とは逆符号（レンツの法則が成立）．

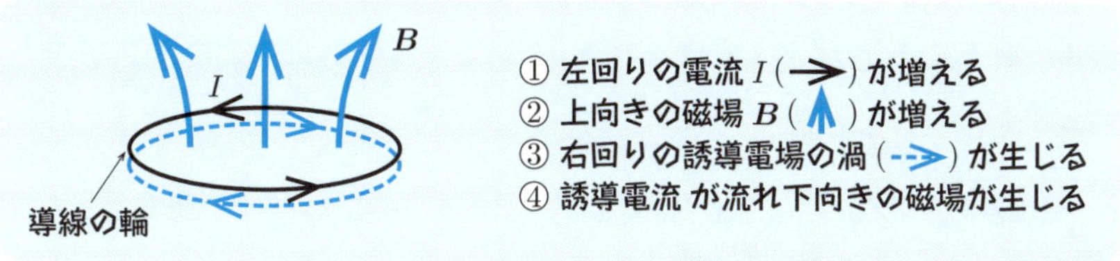

① 左回りの電流 I（→）が増える
② 上向きの磁場 B（↑）が増える
③ 右回りの誘導電場の渦（--→）が生じる
④ 誘導電流 が流れ下向きの磁場が生じる

(b)　$\frac{dB_z}{dt} < 0$ であり誘導電場，誘導電流，磁場 B' はすべて逆向き．
(c)　輪の内部には，元々，下向きの磁場がある（$B_z < 0$）．その大きさが増えるのだから，磁場の変化は下向き（$\frac{dB_z}{dt} < 0$）．誘導電場は下から見て右巻き．上から見て左巻き．左回りに電流が流れれば輪の内部には上向きの磁場が発生する．つまり $B'_z > 0$ であり $\frac{dB_z}{dt}$ とは逆符号（レンツの法則）．(d) は省略

答 理解 5.5　(a)　面積は $(0.1\,\mathrm{m})^2 = 0.01\,\mathrm{m}^2$．したがって 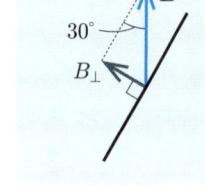
$$\text{磁束} = \text{磁場} \times \text{面積} = 3\,\mathrm{T} \times 0.01\,\mathrm{m}^2$$
$$= 0.03\,\mathrm{T\,m}^2 = 0.03\,\mathrm{Wb}$$
（Wb（ウェーバー）は SI 単位系での磁束の単位である．）
(b)　正方形をつらぬく磁場の大きさ $B_\perp$（正方形に垂直な磁場の成分）は，$3\,\mathrm{T} \times \sin 30° = 1.5\,\mathrm{T}$．したがって
$$\text{磁束} = 1.5\,\mathrm{T} \times 0.01\,\mathrm{m}^2 = 0.015\,\mathrm{Wb}$$

答 理解 5.6　(a)　磁束は 磁場×面積 である．また基本問題 4.2 より，$\mathrm{T} = \mathrm{kg}/(\mathrm{s\,C})$ なので，それに m^2 を掛けて
$$\mathrm{Wb} = \mathrm{T\,m}^2 = \mathrm{m}^2\,\mathrm{kg}/(\mathrm{s\,C})$$
(b)　電磁誘導の法則 (5.1) を使えば
$$\mathrm{Wb} \div \text{時間の単位} = \text{起電力の単位} = \mathrm{V} = \mathrm{J/C}$$
$$\rightarrow \quad \mathrm{Wb} = \mathrm{s\,J/C} = (\mathrm{s} \times \mathrm{kg\,m}^2/\mathrm{s}^2)/\mathrm{C} = \mathrm{m}^2\,\mathrm{kg}/(\mathrm{s\,C})$$

基本問題　1. 電磁誘導

基本 5.1　(磁束の変化率と起電力)　(a) 長方形の導線が水平に置かれている．長方形の大きさは x 方向が a，y 方向が b であり，長方形全体の抵抗を R とする．右の図はこの長方形を真上から見た図だが，点線の右側には紙面表向き（$+z$ 方向とする）に一様で一定の磁場 B があり，点線の左側は $B=0$ であるとする．

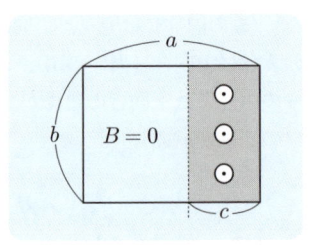

(a) この長方形をつらぬく磁束を求めよ．
(b) 磁場のある領域が左に，速さ v で広がっているとする（点線の位置が速さ v で左に動いている）．磁束の変化率を求めよ．
(c) このとき，長方形にそって 1 周したときの誘導電場の合計を求めよ．
(d) このとき，この長方形の導線に流れる電流の向きを求めよ．
(e) (d) の電流の大きさを求めよ．
(f) 右の図のように，長方形の左側の 1 カ所が切れているとする．切れた位置の両端間に発生する電位差を求めよ．

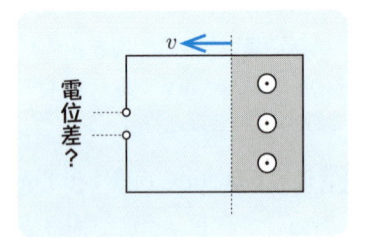

基本 5.2　(回路が動く場合の磁束の変化)　(a) $x>0$ の領域に，鉛直方向（z 方向）を向く一様な磁場 B がある．水平に置かれた（上問と同じ）長方形の導線が，この領域に一定の速度 v で入っていく．この長方形を流れる電流の大きさを求めよ．
(b) この設定では上問とは異なり，磁場は変化せず回路が動いているが，公式 (5.1) は成り立っていることを示せ．

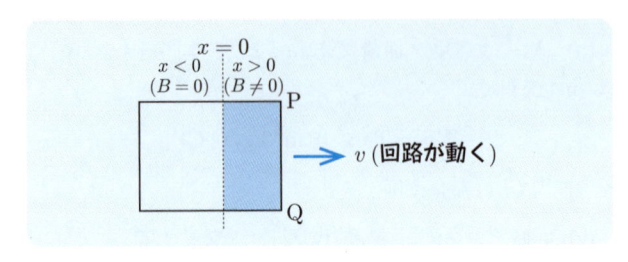

第5章　電磁誘導と交流回路　　　　113

答 基本 5.1　(a)　磁場はこの長方形に垂直だから，磁場そのものが長方形をつらぬいていることになる．したがって

$$長方形をつらぬく磁束 \Phi = 磁場 \times 面積 = Bbc$$

(b)　磁場の存在する面積の変化により磁束が変化する．長方形内の磁場が存在する面積は単位時間あたりに bv だけ広がっているので

$$磁束の変化率 = 磁場 \times 面積の変化率$$
$$= Bbv$$

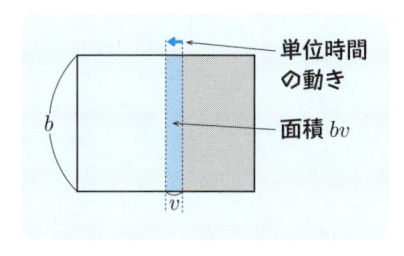

(c)　電磁誘導の公式 (5.1) より，誘導電場の合計も Bbv.

(d)　磁束は手前方向（紙面表向き）に増えている．誘導電場は磁束の増える方向から見て右回りだから，図を紙面表側から見て右回りに電流が流れる．

(e)　クーロン電場で考えると，抵抗 R の導線の両端間の電場の合計（つまり電位差）が V のとき，流れる電流は $I = \frac{V}{R}$．クーロン電場でも誘導電場でも電荷に及ぼす電気力は変わらないので，ここでは $V = Bbv$ として $I = \frac{Bbv}{R}$．

(f)　切れた位置の両端に発生する正負の電荷によるクーロン電場が誘導電場とつり合う．したがって，どちらの電場の長方形に沿った合計も同じ（向きは逆）でなければならず，したがって発生する電位差は Bbv．

注　つまり切れた状態では，これは起電力 Bbv の電源とみなすことができる．切れた部分を（長さがほぼゼロの）導線でつなげば元の回路になるが，これは，起電力 Bbv，内部抵抗 R の電池の両極を抵抗 0 の導線でつないだことになる．●

答 基本 5.2　(a)　PQ の部分にある電荷 q は速さ v で右に動いているので，Q 方向に qBv の磁気力を受ける（$q > 0$ としたが電子の動きは逆）．回路の他の辺には導線方向の力は働かない．qBv は $E = Bv$ という大きさの電場による力 qE と同じ大きさなので，長さ b を掛け，Bvb の起電力をもたらす．したがって流れる電流は $I = \frac{V}{R} = \frac{Bvb}{R}$．

(b)　この長方形は単位時間に面積 vd の割合で $x > 0$ の領域に入っているので，磁束の変化率 $= Bvd$．これは (a) で求めた起電力に等しい．

ポイント 2. コイルと回路

● **コイルでの逆起電力と電位降下**　コイルを回路の中に入れたらどのような働きをするだろうか．もっとも簡単なコイルとして，図のように，1巻のループを考えてみよう．PとQは少し離れており，それぞれ左右の導線につながっている．

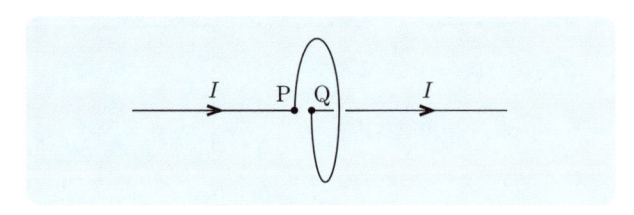

電流 I が流れている．この電流が増えたとしよう．コイルをつらぬく磁場が変化するので誘導電場が生じる（自己誘導）．誘導電場は電流の増加を抑える方向を向く（レンツの法則）のだから，QからPに向かう．これを起電力（誘導起電力）とみなせば（ポイント1），コイルはP側が正極，Q側が負極の電源とみなせる．したがって電位はPからQに向けて降下する．この起電力は電流が増える方向と逆方向なので，しばしば逆起電力と呼ばれる．

注　この電位降下の起源を説明するには，ポイント1で説明したPとQでの帯電を考えなければならないが，むしろ直観的に，コイルを，P側が正極の電池に置き換えて理解することを勧める．

● **起電力の大きさと自己インダクタンス**　一般に電位降下がどのように表されるかを考えよう．コイルの内部抵抗（巻かれている導線の抵抗）を無視すれば，電位降下の大きさは，誘導起電力の大きさに等しい（向きは反対 … 電池内部のことを思い出そう）．そして起電力の大きさは，コイルをつらぬく全磁束の変化率に等しい（電磁誘導の法則 (5.1)）．そして，磁束は流れている電流 I に比例するので，磁束の変化率は電流の変化率 $\frac{dI}{dt}$ に比例する．

この比例関係の比例係数は，コイルの形状によって異なる．一般にこの比例係数を L と書き，**自己インダクタンス**と呼ぶ（inductance の動詞形 induce は「誘導する」という意味）．つまり，

$$\text{磁束} = \text{自己インダクタンス}\,(L) \times \text{電流}$$

たとえば全巻き数 N，断面積 S，長さ l のソレノイドの場合（基本問題 5.3）

$$L = \frac{\mu_0 N^2 S}{l} \tag{5.2}$$

これより（以下は大きさについての等式 … 正負は考えていない），

第 5 章　電磁誘導と交流回路

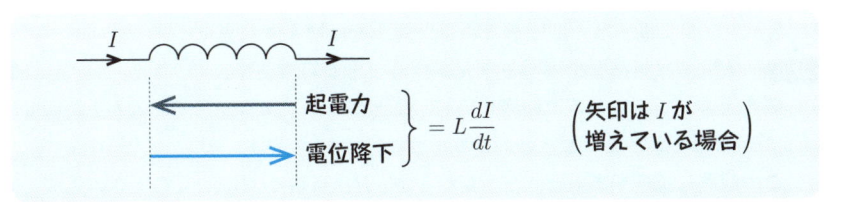

$$\text{コイルでの電位降下} = \text{誘導起電力} = \text{磁束の変化率}$$
$$= L \times \text{電流の変化率} = L\frac{dI}{dt} \quad (5.3)$$

$$\left.\begin{array}{l}\text{起電力}\\ \text{電位降下}\end{array}\right\} = L\frac{dI}{dt} \quad \left(\text{矢印は } I \text{ が}\atop\text{増えている場合}\right)$$

● **回路の式**　コイルを回路の式に加える場合は，電流 I の方向に見たとき，$L\frac{dI}{dt}$ の電位降下になるようにすればよい．たとえば図の回路の場合，右回り（I の方向）に 1 周して電位が元に戻るという式は次のようになる．

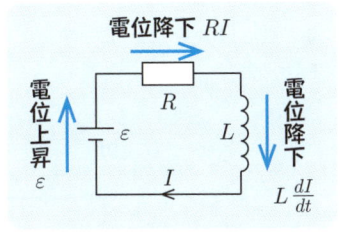

$$\varepsilon - RI - L\frac{dI}{dt} = 0 \quad (5.4)$$

● **コイルは電流に慣性を与える**　式 (5.3) からもわかるように，一般的な傾向として，L が大きくなると $\frac{dI}{dt}$ は小さくなる．つまりインダクタンスが大きいと電流は変化しにくくなる．力学では，質量が大きいと速度が変化しにくくなり，質量は物体の慣性の大きさを表すと言われるが，インダクタンスが大きくなると電流の慣性が大きくなる（基本問題 5.10 参照）．

● **磁気エネルギー**　コイルに電流が流れている状態（コイル内には磁場が発生している）にはエネルギーがあり，**磁気エネルギー**という．その大きさは，

$$\text{コイルの磁気エネルギー} = \frac{1}{2}LI^2$$

コンデンサーの電気エネルギー $\frac{1}{2C}Q^2 = \frac{1}{2}CV^2$ とセットで覚えておこう．

● **コイルを含む回路の代表例**

　　LC 回路（基本問題 5.10）：コイルとコンデンサーでできた回路．電流は振動する．バネの運動との類推で考えられる．

　　RL 回路（基本問題 5.5）：上図の回路．過渡現象というものの典型例．

　　RC 回路（基本問題 5.17）：抵抗とコンデンサーの回路．やはり過渡現象が起こる．

　　RLC 回路（基本問題 5.12）：抵抗，コイル，コンデンサーの回路．減衰振動．

理解度のチェック　2. コイルと回路

理解 5.7　（L 回路と RL 回路）　(a)　電源，コイル，そしてスイッチからなる回路を考える．電源にもコイルにも内部抵抗はないものとする．スイッチを入れると何が起こるか．電源の電圧は一定であることから，式は解かずに考えよ．

ヒント　電位差は回路を 1 周すると元に戻ることから考えよ．

(b)　このとき，コイルは電流の変化に対してどのような働きをしているかを説明せよ（コイルがあるときとないときとの比較をする）．

(c)　この回路に抵抗があると，どう変わるか（RL 回路）．また，このときの電流の時間的変化の概略をグラフに描け．

注　以上は式を解かずに考えてもらう問題だが，具体的に式を解くことは，基本問題 5.5 で行う．

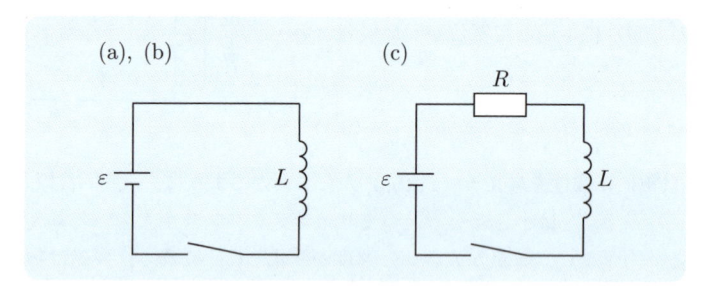

理解 5.8　（インダクタンス）　十分に長いソレノイド内部の磁場は，単位長さ当たりの巻き数を n とすると $B = \mu_0 n I$ と表される．またインダクタンス L は，ソレノイドをつらぬく全磁束を Φ として，$\Phi = LI$ という式で定義される．次の問いに答えよ．
(a)　全磁束 Φ と磁場 B との関係を，ソレノイドの断面積と全巻き数を使って表せ．
(b)　n および断面積を変えずに，ソレノイドの長さを 2 倍にすると，このソレノイドのインダクタンス L はどうなるか．
(c)　全巻き数と断面積を変えずに，長さを 2 倍にすると L はどうなるか．
(d)　n および長さを変えずに，断面積を 2 倍にすると L はどうなるか．

理解 5.9　（単位 H）　(a)　インダクタンス L の単位は SI 単位系では **H**（ヘンリー）と書く．定義式 $L = \frac{\Phi}{I}$ より，H を SI 単位系での基本単位で表せ．（Φ の単位は理解度のチェック 5.6 を参照）．
(b)　コイルがもつ磁気エネルギーの式 $\frac{1}{2}LI^2$ が，エネルギーの単位（J）をもつことを示せ（ΦI の単位も同じ）．

第 5 章　電磁誘導と交流回路

答 理解 5.7　(a)　コイルでの電位差は，常に電源での電位差に等しくなければならないので，一定である．コイルの電位差は $L\frac{dI}{dt}$ で表されるので，$\frac{dI}{dt}$ が一定，つまり電流は一定の割合で増え続ける．
(b)　回路に抵抗がないのだから，コイルがなければ瞬間的に無限の電流が流れる．コイルがあっても最終的には電流は無限大になるが（電池が壊れなければ），瞬間的にそうならないのは，コイルの逆起電力のため変化にブレーキがかかるからである（レンツの法則として考えてもよい）．コイルがあると電流に慣性が生じるので，電流は瞬間的に変化することはできない．
(c)　電源の起電力を ε，抵抗を R とすれば，コイルがなければスイッチを入れた瞬間に $I=\frac{\varepsilon}{R}$ の電流が流れる．しかしコイルがあると急激な変化が妨げられるので，時間をかけて $\frac{\varepsilon}{R}$ に近付くことになる（過渡現象，下図参照）．

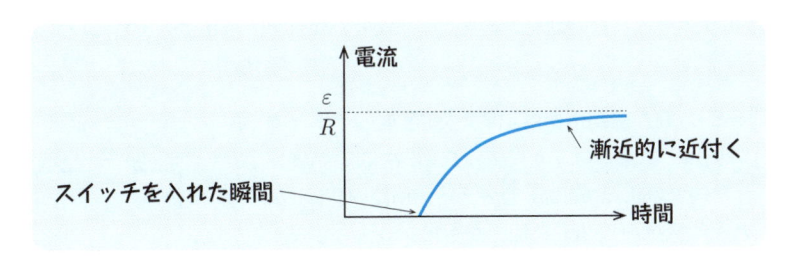

答 理解 5.8　(a)　全磁束は，各ループごとの磁束に巻き数を掛けたものである．磁場はループをほぼ垂直につらぬいているので，各ループの磁束は磁場に断面積を掛けたものである．したがって

$$\text{全磁束 } \Phi = \text{磁場 } B \times \text{断面積} \times \text{全巻き数}$$

(b)　n は単位長さ当たりの巻き数だから，n が変わらずに長さが 2 倍になれば全巻き数は 2 倍になる．したがって（I が一定ならば）Φ も 2 倍になり，L も 2 倍になる．
(c)　n が半分になるので B も半分になり，Φ も半分になる．したがって L も半分になる．
(d)　B は変わらないが面積が増えるので磁束は 2 倍．したがって L も 2 倍になる．

答 理解 5.9　(a)　磁束の単位 Wb は $m^2\,kg/s\,C$ だった．これを使えば，$L=\frac{\Phi}{I}$ より，$H = Wb/A = m^2\,kg/(s\,C\,A) = m^2\,kg/C^2$.
(b)　LI^2 の単位 $= m^2\,kg/C^2 \times A^2 = kg\,m^2 \times (A/C)^2 = kg\,m^2/s^2$．これは J に等しい（J は力 $\times$ 距離 $=$ 質量 $\times$ 加速度 $\times$ 距離の単位）．

2. コイルと回路 ※類題の解答は巻末

基本 5.3 (ソレノイドのインダクタンス) (a) 全長 l, 全巻き数 N, 断面積 S のソレノイドの自己インダクタンス L (式 (4.2)) を導け．ただし，断面積に比べて全長が大きいので，内部の磁場は一様であるとしてよいとする．
(b) $l = 20\,\mathrm{cm}$, $N = 500$, $S = 5\,\mathrm{cm}^2$ の場合の L を計算せよ．
(c) このソレノイドに電流 2 A を流したときの全磁束を求めよ．
(d) このソレノイドの電流を毎分 100 A の割合で増やしたとき，ソレノイドに発生する起電力を求めよ．

基本 5.4 (L 回路) (a) 理解度のチェック 5.7 (a) の回路で，スイッチを入れた後での回路の式を書け．ただし電源の起電力を ε, インダクタンスを L とせよ．
(b) スイッチを入れた時刻を $t = 0$ とし，この方程式を $t = 0$ で $I = 0$ という条件で解け．

基本 5.5 (RL 回路・過渡現象) 理解度のチェック 5.7 (b) の回路（抵抗とコイルが入った回路）で，スイッチを入れた後での状況（右図）を考える．回路の式は，上問 (a) の式に抵抗の項 RI を加えたもの，つまりポイント 2 の式 (5.4)

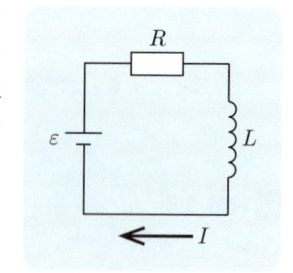

$$\varepsilon - RI - L\frac{dI}{dt} = 0$$

になる．この式を $t = 0$ で電流はゼロという条件で解くと，解は指数関数を使って

$$I(t) = A(1 - e^{-t/\tau})$$

という形に書ける（この式は応用問題 5.3 で確かめる）．ただし A と τ は，ε, R と L で決まる定数である．
(a) $t = 0$ で $I = 0$ になっていることを確かめよ．
(b) 時間が十分に経過すると ($t \to \infty$ の極限)，I は一定になることを確かめよ．
(c) $t \to \infty$ での I の値は上式からはどうなるかを考え，A の値を求めよ．
(d) τ の値の大小と電流の変化とはどのような関係があるか (τ をこの回路の**時定数**というが，その具体的な形は応用問題 5.3 で議論する)．

答 基本 5.3 (a) 単位長さ当たりの巻き数は $n = \frac{N}{l}$. したがって，電流 I を流したときの内部の磁場は，$B = \mu_0 n I = \frac{\mu_0 N I}{l}$. 理解度のチェック 5.8 より全磁束 Φ は

$$\Phi = B \times S \times N = \left(\frac{\mu_0 N^2 S}{l}\right) I$$

自己インダクタンス L とは，全磁束と電流の比例関係の係数（$\Phi = LI$）だから，

$$L = \frac{\mu_0 N^2 S}{l}$$

(b) すべて SI 単位系の数値に直した上で代入すれば

$$L = 4\pi \times 10^{-7} \times (500)^2 \times 0.0005 \div 0.2 = 7.85 \times 10^{-4} \text{ (H)}$$

約 1 mH（ミリヘンリー）である．

(c) $\Phi = LI = 7.85 \times 10^{-4}$ H $\times$ 2 A $= 1.57 \times 10^{-3}$ Wb $= 1.57$ mWb

(d) 電流の変化率は $\frac{dI}{dt} = 100$ A $\div 60$ s $= \frac{5}{3}$ A/s なので

$$\text{起電力の大きさ} = L \frac{dI}{dt} = 7.85 \times 10^{-4} \text{ H} \times \frac{5}{3} \text{ A/s} = 1.31 \times 10^{-3} \text{ V}$$

約 1 mV となる．

答 基本 5.4 (a) 電位は電源で ε だけ上昇し，コイルでの逆起電力により $L\frac{dI}{dt}$ だけ減少する．すなわち，$\varepsilon - L\frac{dI}{dt} = 0$.

(b) $\frac{dI}{dt} = \frac{\varepsilon}{L}$（一定）．この式の解 $I(t)$ は，$I(t) = \frac{\varepsilon}{L}t +$ 定数．特に $I(0) = 0$ ならば 定数 $= 0$ となる．時間とともに電流は増加し，最終的には無限大になる（現実には回路の抵抗はゼロではありえないので，電流は無限大にはならない）．

答 基本 5.5 (a) $e^0 = 1$ なので，$I(0) = 0$ となる．

(b) 指数関数の性質として，$x \to \infty$ で $e^{-x} \to 0$ なので，時間が経過すると I は A（定数）に近付く．

(c) A は電流の極限値．極限では電流は一定（$\frac{dI}{dt} = 0$）になり，$I = \frac{\varepsilon}{R}$ になるはずなので，$A = \frac{\varepsilon}{R}$.

(d) τ は極限値に近付く速さを表す．τ が大きいほど，ゆっくり近付く（t が τ 程度まで増えると $e^{-t/\tau}$ が小さくなる）．右図参照．

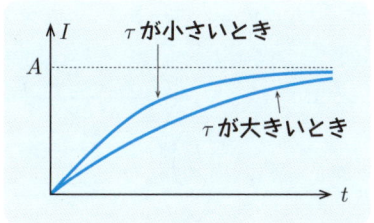

第5章　電磁誘導と交流回路

基本 5.6　（コイルのエネルギー）　再度，前問の回路を考える．回路の式は

$$\varepsilon = RI + L\frac{dI}{dt}$$

これに I を掛けると

$$\varepsilon I = RI^2 + LI\frac{dI}{dt} = RI^2 + \frac{d}{dt}\left(\frac{1}{2}LI^2\right)$$

となる．この式を，単位時間当たりのエネルギーの出入りによって解釈せよ（このことから，コイルがもつエネルギーが $\frac{1}{2}LI^2$ であることがわかる）．

基本 5.7　（磁気エネルギー）　ソレノイドの場合に，$\frac{1}{2}LI^2$ という式を，内部の磁場と，ソレノイドの大きさ（長さ l と断面積 S）を使って表せ（L は式 (5.2)，磁場は式 (4.8) を利用せよ）．答えはどのように解釈できるか．

基本 5.8　（磁気エネルギー）　(a)　インダクタンス $1.5\,\mathrm{mH}$ のコイルに電流 $2.5\,\mathrm{A}$ が流れている．このときのコイルのエネルギーを求めよ．
(b)　電気容量 $1.5\,\mu\mathrm{F}$ の平行板コンデンサーがあり，$\pm Q$ の電荷が存在する．(a) のコイルと同じエネルギーであるとしたときの Q の値を求めよ．

基本 5.9　（RL 回路でのエネルギーの収支）　基本問題 5.5 や 5.6 で扱った，電源，抵抗，コイルの回路を考える．$\varepsilon = 15\,\mathrm{V}$，$R = 3.0\,\Omega$ だとする．電流が $3.0\,\mathrm{A}$ になった時点を考えよう．
(a)　抵抗の両端，コイルの両端の電位差を求めよ．
(b)　電源の仕事率（単位時間当たりの放出エネルギー），抵抗でのジュール熱，コイルのエネルギーの増加率を求めよ．

類題 5.2　（同軸ケーブルのインダクタンス）　コイルのように輪になっていなくても，回路に電流が流れればその周囲に磁場が発生するので，多少なりとも電磁誘導という現象は起こり，したがって自己インダクタンスという量が存在する．下記の同軸ケーブルの場合の自己インダクタンスを求めよ．

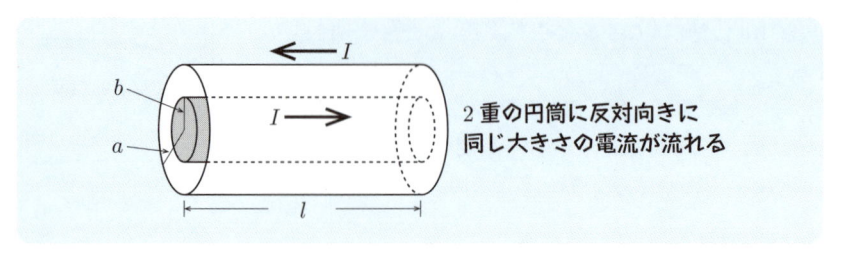

第 5 章　電磁誘導と交流回路　　　121

答 基本 5.6　エネルギー保存則より，

電源がした仕事 − 抵抗で発生した熱 = コイルがもつエネルギーの変化

となることが予想される．この観点から問題の式を見ると，左辺の εI は，電源が単位時間にする仕事とみなせる（単位時間に I だけの電荷が，この電源の起電力によって，電位差 ε がある部分を（負極から正極へ）運ばれるから）．また右辺の RI^2 は，単位時間に抵抗で発生する熱である（ジュール熱）．

したがって，$\frac{d}{dt}(\frac{1}{2}LI^2)$ が，コイルがもつエネルギーの変化率（単位時間当たりの変化量）になるはずであり，したがって，$\frac{1}{2}LI^2$ が，電流 I が流れている状態のコイルがもつエネルギーとみなせる（これは，コイルに発生している磁場がもつエネルギーと考えてもよい … 下問参照）．

答 基本 5.7　式 (5.2) より $L = \frac{\mu_0 N^2 S}{l} = \mu_0 n^2 Sl$（全巻き数 N を，単位長さ当たりの巻き数 n で書き換えた）．また内部の磁場は $B = \mu_0 n I$ なので（つまり $I = \frac{B}{\mu_0 n}$），

$$\tfrac{1}{2}LI^2 = \tfrac{1}{2}(\mu_0 n^2 Sl) \times (\tfrac{B}{\mu_0 n})^2 = \tfrac{1}{2\mu_0} B^2 Sl$$

最後の Sl はソレノイドの体積だから，単位体積当たりのエネルギー（エネルギー密度）が $\frac{1}{2\mu_0}B^2$ であることを示すと解釈できる．磁場 B が存在する空間にはこれだけのエネルギーが存在しているという意味で，**磁気エネルギー**と呼ばれる（電気エネルギー密度が $\frac{1}{2}\varepsilon_0 E^2$ であることに対応する）．

答 基本 5.8　(a) $\frac{1}{2}LI^2$ という式に（SI 単位系の数値にして）代入すれば

$$\tfrac{1}{2}LI^2 = \tfrac{1}{2} \times 1.5 \times 10^{-3} \times 2.5^2 = 4.7 \times 10^{-3} \text{ (J)}$$

(b)　コンデンサーのエネルギーの式 $\frac{1}{2C}Q^2$ より

$$Q^2 = 4.7 \times 10^{-3} \times 2 \times 1.5 \times 10^{-6} = 1.41 \times 10^{-8} \quad \rightarrow \quad Q \fallingdotseq 1.2 \times 10^{-4} \text{ (C)}$$

答 基本 5.9　(a)

抵抗の両端：　$RI = 3.0\,\Omega \times 3.0\,\text{A} = 9.0\,\text{V}$

コイルの両端：　$15\,\text{V} - 9\,\text{V} = 6\,\text{V}$

(b)　電源の仕事率 $= \varepsilon I = 15\,\text{V} \times 3.0\,\text{A} = 45\,\text{W}$，ジュール熱 $= RI^2 = 27\,\text{W}$ とエネルギー保存則を使えば，コイルのエネルギー増加率：$45\,\text{W} - 27\,\text{W} = 18\,\text{W}$．あるいは，(a) の結果より $6\,\text{V} \times 3.0\,\text{A} = 18\,\text{W}$．この電力が磁気エネルギーに転換している．

基本 **5.10** (*LC* 回路)　図のような, コンデンサー (電気容量 C) とコイル (インダクタンス L) をつないだ回路を考える. コンデンサーにたまっている電荷を $\pm Q$, また電流を (図の向きに) I とする. Q と I は時間とともに変化する量である.

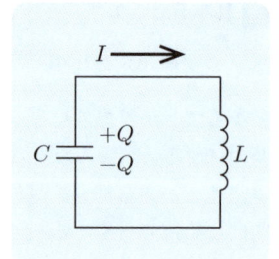

(a)　回路の式を書け.
(b)　I と Q の関係式を書け (微分を使う).
(c)　(b) の結果を (a) に代入し, Q のみの式を書け.
(d)　I のみの式を書け.
(e)　(c), (d) のどちらも, バネの振動の運動方程式 (位置 x に対する式) と同じ形をしていることを示せ. C や L は, バネの振動ではどのような量に対応しているか.

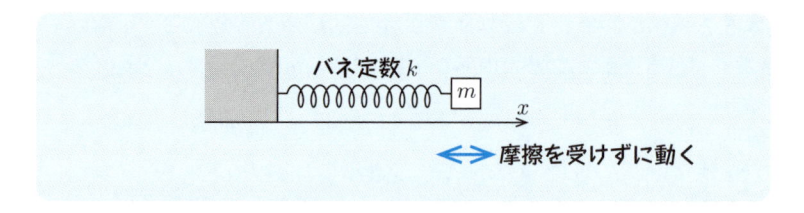

(f)　(c) と (e) の式を比較し, コンデンサーのエネルギー (電気エネルギー) と, コイルのエネルギー (磁気エネルギー) の式が, バネの振動のどのエネルギーに対応しているか, 説明せよ.
(g)　Q, I, x を一般に変数 X で表すと, どれに対する式も

$$\frac{d^2 X}{dt^2} = -\omega^2 X$$

と表される. Q と I の場合の ω を求めよ (ω はこの単振動の角振動数といわれる量である. 振動数 f は $f = \frac{\omega}{2\pi}$ となる).
(h)　単振動の解は一般に, $\sin\omega t$ と $\cos\omega t$ の線形結合で表される. これらの解のうち, $t = 0$ で $\frac{dQ}{dt} = I = 0$ となる解を示せ. Q と I の両方を求めること.
(i)　(h) の解の概形を Q と I について図示せよ. 特に Q と I の形の間の関係に注意して描け.
(j)　(電気と磁気の) エネルギーも同様に図示せよ. 電気エネルギーと磁気エネルギーの振幅が同じであることを確認せよ.

第 5 章　電磁誘導と交流回路

答 基本 5.10　(a)　コンデンサーの下側から出発して右回りに考えると，コンデンサーでは $\frac{Q}{C}$ だけの電位上昇，コイルでは $L\frac{dI}{dt}$ の電位降下だから

$$\frac{Q}{C} - L\frac{dI}{dt} = 0$$

(b)　コンデンサー上側の電荷 Q が減る割合が，そこから流れ出る電流 I である．つまり $\frac{dQ}{dt} = -I$．

(c)　(a) の式の第 2 項に代入し変形すれば

$$L\frac{d^2Q}{dt^2} = -\frac{1}{C}Q$$

(d)　上式を t で微分してから $\frac{dQ}{dt} = I$ を代入すれば

$$L\frac{d^2I}{dt^2} = -\frac{1}{C}I$$

(e)　左ページの図の物体の運動方程式は

$$m\frac{d^2x}{dt^2} = -kx$$

インダクタンス L は質量 m，電気容量 C はばね定数の逆数 $\frac{1}{k}$ に対応している．つまり L は電流の慣性の強さを表す．

(f)　(c) の式を考え，Q と x，$\frac{dQ}{dt} = I$ と $\frac{dx}{dt} = v$（速度）を対応させれば

電気エネルギー：$\frac{1}{2C}Q^2$　$\Leftrightarrow$　位置エネルギー：$\frac{1}{2}kx^2$

磁気エネルギー：$\frac{1}{2}LI^2$　$\Leftrightarrow$　運動エネルギー：$\frac{1}{2}mv^2$

(g)　$\omega^2 = \frac{1}{LC}$　$\to$　$\omega = \frac{1}{\sqrt{LC}}$

(h)　$I(t=0) = 0$ という条件から，Q は $\cos\omega t$ に比例していなければならない（そうすれば $I \propto \sin\omega t$ となるので）．結局，Q_0 を $t=0$ での Q の値とすれば

$$Q = Q_0 \cos\omega t, \qquad I = -\frac{dI}{dt} = \omega Q_0 \sin\omega t$$

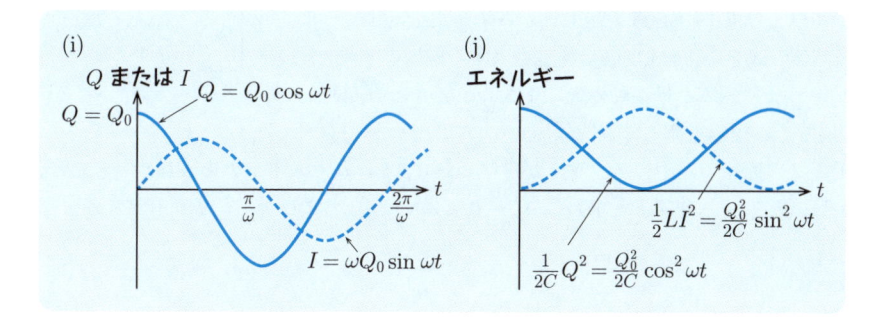

(i)　Q または I
$Q = Q_0$
$Q = Q_0 \cos\omega t$
$I = \omega Q_0 \sin\omega t$

(j)　エネルギー
$\frac{1}{2}LI^2 = \frac{Q_0^2}{2C}\sin^2\omega t$
$\frac{1}{2C}Q^2 = \frac{Q_0^2}{2C}\cos^2\omega t$

基本 5.11 （LC 回路）　基本問題 5.10 では，LC 回路の，$t=0$ で $I=0$ になる解を求めた．答えを再掲すれば

$$Q = Q_0 \cos\omega t, \qquad I = \omega Q_0 \sin\omega t$$

この解を実現するために，下図のような回路を考え，$t=0$ の瞬間にスイッチを a から b に切り替えた．切り替える前，および切り替えた後にはどのような現象が起こっているかを，文章で説明せよ．回路にはどこにも，内部抵抗も含めて抵抗はないものとする．

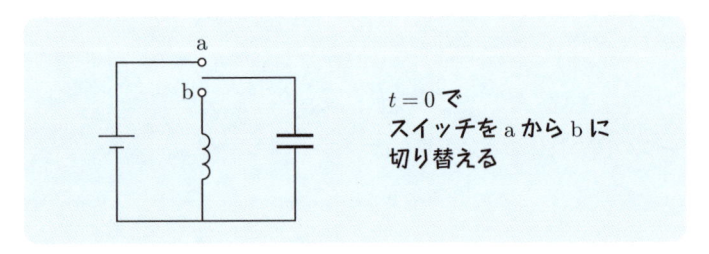

基本 5.12 （RLC 回路）　上問の回路で，コイルの下に抵抗があったとする．すると $t=0$ でスイッチを切り替えた後は，コイル，コンデンサーそして抵抗が直列につながった回路になる（RLC 回路という）．この場合，スイッチを切り替えた後に何が起こるか，文章で説明せよ．

類題 5.3 （電池付き LC 回路）　(a)　LC 回路に電池を入れた回路を考える．図に記した記号を使って回路の式を書くと

$$\varepsilon - \frac{Q}{C} - L\frac{dI}{dt} = 0$$

となることを説明せよ．

(b)　Q と I の関係を考え，上式から I を消去せよ．

(c)　この式を，$\tilde{Q} = Q - Q_0$ を変数とする式に書き換え，Q_0 をうまく選ぶと単振動の式になることを示せ（$\tilde{Q}$ は後で出てくる複素電荷とは無関係）．

(d)　この回路の途中にスイッチが付いており，$t=0$ でスイッチを入れたとしたときのその後の Q および I を求めよ（$t=0$ では $Q=0$ および $\frac{dQ}{dt} = I = 0$ とする）．

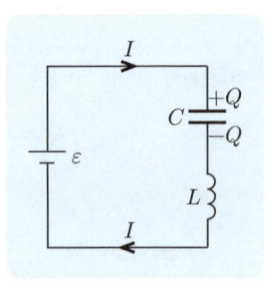

答 基本 5.11
切り替える前：どこにも電流は流れていないが，コンデンサーの両側には電池の電位差 ε がかかっているので，電荷 $\pm Q_0 = \pm \frac{\varepsilon}{C}$ が両側にたまっている．

切り替えた後：電池の起電力がなくなったのでコンデンサーにたまっていた電荷が流れ出し，コンデンサーの反対側に移動しようとする．しかし途中でコイルに電流が流れることになるので電流には慣性が生じ，急には流れ出せない．電流は少しずつ増える（$\sin \omega t$ の形で）．電流は徐々に増え，コンデンサーの電荷がゼロになったときに最大になるが，やはり慣性のため電流は急に止まらない．しばらくは流れ続け，今度はコンデンサーに，最初とは逆符号の電荷がたまる．しかしそうなると逆方向の電場が働きだすので，電流は次第に弱くなりゼロになる．その瞬間にコンデンサーにたまっている電荷は，エネルギー保存則から，最初の電気量と同じ（ただし逆符号）でなければならない．その後，それまでとはまったく逆の現象が起こる（バネに付いた物体の振動との類似で考えればよい）．

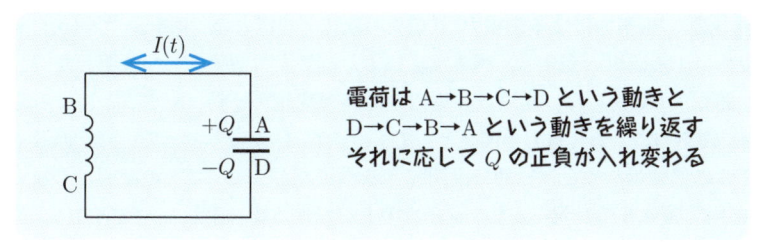

電荷は A→B→C→D という動きと D→C→B→A という動きを繰り返すそれに応じて Q の正負が入れ変わる

答 基本 5.12
まず抵抗が小さい場合を考えよう．抵抗がなければ電流は振動し，エネルギー保存則からこの振動は永久に繰り返すが，抵抗があるとそこでジュール熱が発生し，エネルギーが少しずつ失われる．したがって振動は次第に減衰する（つまりコンデンサーにたまる電気量が減っていく）．抵抗があると回路の式に $RI \left(= R \frac{dQ}{dt}\right)$ という項が加わるが，バネの振動に対応させれば，速度に比例する抵抗力が加わることになり，起きる現象は**減衰振動**と呼ばれる．

また抵抗が非常に大きいと，一度も振動できずに $t \to \infty$ で $I \to 0$ となる（力学では**過減衰**と呼ばれる）．

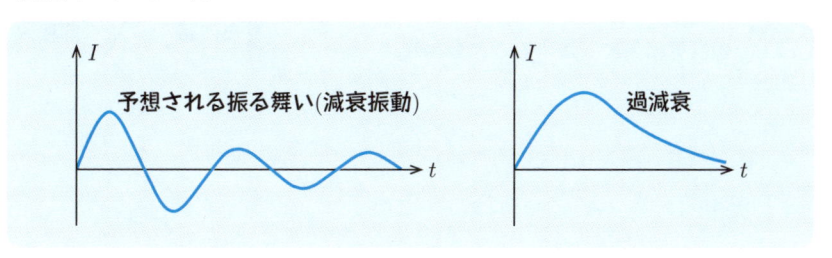

予想される振る舞い（減衰振動）

過減衰

応用問題　電磁誘導とコイル　※類題の解答は巻末

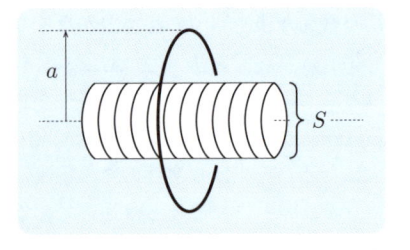

応用 5.1（電磁誘導）　(a)　単位長さ当たりの巻き数が n, 断面積 S の，十分に長いソレノイドに，$I = I_0 \sin \omega t$ という電流が流れている．その外側に，抵抗 R, 半径 a の導線でできたループがある（右図）．このループに流れる電流を求めよ．ただし，このループが作る磁場は，ソレノイドの磁場に比べて小さいので無視できると考えてよい（自己誘導は無視するということ）．

(b)　$R = 5\,\Omega$, $a = 13\,\text{cm}$, $n = 20$ 巻/cm, $S = 30\,\text{cm}^2$, $I_0 = 2\,\text{A}$, $\omega = 360\,\text{s}^{-1}$ であるとき，ループを流れる電流の最大値を求めよ．

応用 5.2（磁気力による起電力）　磁束の変化と起電力の関係を表す式 (5.1) は，磁場の変化による磁束の変化と，誘導電場による起電力の関係として説明した．しかし基本問題 5.2 の状況では，磁場は一定だが回路が変化（運動）することによる磁束の変化と，磁気力による起電力の関係としても，式 (5.1) が成り立っていた．同じことを別の 2 つの例で示そう（一般的に証明できることだがここではその証明はしない）．

(a)　応用問題 4.8 の状況：2 本のレールの上を転がる棒に生じる，磁気力による起電力は Bvd だった．これを，磁束の変化率ということから導け．

注　磁束を定義するには，閉じたループを定めなければならない．

(b)　類題 4.11 の状況：回転する長方形の回路に，磁気力によって起電力が生じるという問題だった．この起電力を磁束の変化率という方法で求めてみよう．

(b-1)　長方形の磁場に対する角度が θ のときの，この回路をつらぬく磁束を求めよ．

(b-2)　回路は一定の角速度で回転しており，時刻 t では $\theta = \omega t$ であったとする．磁束の変化率から，任意の時刻での起電力を求めよ．また，$\theta = 0$ のときは類題 4.11 での計算結果に一致することを示せ．

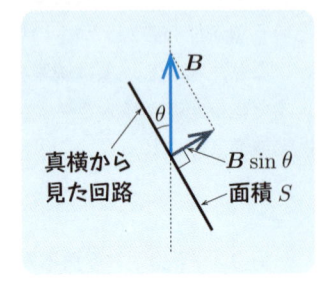

第 5 章 電磁誘導と交流回路

答 応用 5.1 (a) ソレノイド内部の磁場は $B = \mu_0 I n$ であり，磁束 Φ はその S 倍．したがってループ全体の起電力の大きさは

$$\text{起電力} = \frac{d\Phi}{dt} = \mu_0 n S \frac{dI}{dt}$$
$$= \mu_0 I_0 n S \omega \sin\omega t$$

電流はこれを R で割ったものである．

(b) 電流の最大値は，$\sin\omega t = 1$ として計算すればよい．cm は m に換算すると

電流の最大値 $= \mu_0 I_0 n S \omega / R$
$= (4\pi \times 10^{-7}) \times 2 \times (20 \times 100) \times (30 \times 10^{-4}) \times 360 \div 5 = 1.1 \times 10^{-3}$ (A)

約 1 mA である（計算には a の値は無関係だが，間接的に R の値に影響する）．

答 応用 5.2 (a) 真上から見た状況を右に描く．磁場はループ PQRS が作る面に垂直なので，磁場の大きさ B そのものが，この面をつらぬく磁場である．したがって磁束 $\Phi = B \times$ 面積．しかし棒は速度 v で右に動いているので，面積は単位時間当たり vd だけ減少する．つまり

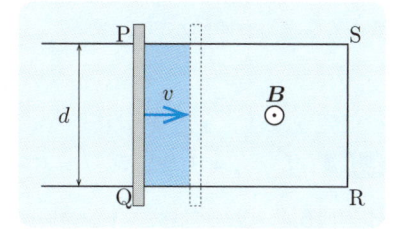

$$\frac{d\Phi}{dt} = -Bvd \ (= -\text{起電力})$$

これは，応用問題 4.8 で求めた起電力に大きさが一致する．起電力は正となるが，これは起電力の方向が P から Q（左回り）であることと一致する．

(b-1) 左ページの図からわかるように，つらぬく磁場（面に垂直な成分）は $B\sin\theta$．したがって，磁束は $\Phi = B\sin\theta \times$ 面積．

(b-2) $\frac{d\sin\omega t}{dt} = \omega\cos\omega t$ だから，起電力 $= \frac{d\Phi}{dt} = BS\omega\cos\omega t$．特に $t = 0$ ならば起電力 $= BS\omega$．

注 誘導電場による起電力と磁気力による起電力が同じ式 (5.1) で書けるということには深い意味がある．たとえば基本問題 5.2 の磁気力の話は，回路と一緒に動いている人（つまり回路が止まって見える基準）から見れば，磁場のほうが変化している基本問題 5.1 の誘導電場の話になる．同じ現象を別の立場から見ているだけである．このことは，電気力と磁気力は別個の力ではなく，電磁気力という 1 つの力の 2 つの側面とみなせるという相対性理論の話に結び付くが，ここではこれ以上は深入りできない． ●

第 5 章　電磁誘導と交流回路

応用 5.3　（*RL* 回路：基本問題 5.5 の続き）　(a)　基本問題 5.5 (a) で示した式が実際に，その上の回路の式の解になっていることを確かめよ．そのためには A と τ はどのような値でなければならないか（この τ を，*RL* 回路の**時定数**という）．
(b)　電流が極限値の 90% に達する時間を τ で表せ．$R = 1\,\Omega$，$L = 100\,\mathrm{mH}$ だったら，どれだけの時間になるか．
(c)　抵抗での電位降下と，コイルでの電位降下それぞれの時間的変化の概略をグラフに描け．
(d)　(a) で求めた τ が時間の次元をもっていることを確かめよ．

類題 5.4　（*RL* 回路）　上問 (a) では，
$$\varepsilon - RI - L\frac{dI}{dt} = 0$$
の 1 つの具体的な解（基本問題 5.5）が実際に解になっていることを確かめたが，この式のもっとも一般的な解は
$$I = \frac{\varepsilon}{R} + A'e^{-t/\tau}$$
（ただし $\tau = \frac{L}{R}$，また A' は任意の定数）であることを示せ．

ヒント　$I - \frac{\varepsilon}{R} = \tilde{I}$ として，$\tilde{I}$ に対する式を書け．

応用 5.4　（*RL* 回路）　下記の回路で，最初はスイッチが a 側に入っているとする．これは上問と同じ回路になるが，回路がつながれてから十分に時間が経過しており，一定の電流 I_0 が流れているとする．そして時刻 $t = 0$ に，スイッチを b 側に切り替えたとする．つまり $t = 0$ ではコイルには電流 I_0 が流れている．
(a)　その後，電流はどうなるか．言葉で大雑把に説明せよ．
(b)　回路の式を書き，電流 $I(t)$ を式で表せ．
(c)　スイッチを切り換えてから抵抗で発生する熱の総量を求め，それが $t = 0$ でのコイルのエネルギー $\frac{1}{2}LI_0^2$ に等しいことを示せ．

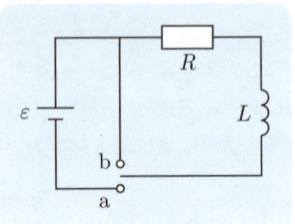

類題 5.5　上問で，スイッチを a 側から切り離すが b 側にはつなげなかったとすると何が起こるか．

第 5 章　電磁誘導と交流回路　　　　　　　　　　　　　　　　　　　　　　　　**129**

答 応用 5.3　(a) $\frac{dI}{dt} = \frac{A}{\tau}e^{-t/\tau}$ なので，これらを回路の式に代入すれば，

$$\varepsilon - RA(1 - e^{-t/\tau}) - L\frac{A}{\tau}e^{-t/\tau} = 0$$

この式がすべての時刻 t で成り立たなければならないので，定数部分も，指数関数の部分もゼロにならなければならない．つまり

$$\varepsilon - RA = 0 \quad かつ \quad RA - L\frac{A}{\tau} = 0$$
$$\to \quad A = \frac{\varepsilon}{R}（電流の極限値），\quad \tau = \frac{L}{R}（時定数）$$

(b) $1 - e^{-t/\tau} = 0.9$ という式を解いて t を求める．

$$e^{-t/\tau} = 0.1 \quad \to \quad t = -\tau \log 0.1 = 2.3\tau$$

与えられた数値の場合は，$\tau = \frac{0.1\,\mathrm{H}}{1\,\Omega} = 0.1\,\mathrm{s}$ なので $t = 0.23\,\mathrm{s}$（かなり短い）．

(c) 抵抗：$RI = \varepsilon(1 - e^{-t/\tau})$，コイル：$L\frac{A}{\tau}e^{-t/\tau} = \varepsilon e^{-t/\tau}$．合計は常に ε である．

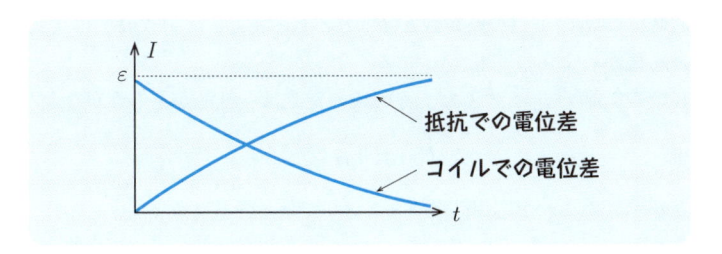

(d) 簡単に求めるため，$\frac{1}{2}LI^2$ がエネルギーなので単位は J，RI^2 は仕事率なので単位は $\mathrm{W} = \frac{\mathrm{J}}{\mathrm{s}}$ であることを使うと

$$\frac{L}{R} の単位 = (\mathrm{J/A^2}) \div (\mathrm{W/A^2}) = \mathrm{J/W} = \mathrm{s}$$

答 応用 5.4　(a) 回路から電源が切り離されるので，電流は抵抗によって弱まる．ただしコイルがあるので突然弱まることはなく，徐々に減少する．

(b) $-L\frac{dI}{dt} - RI = 0 \to \frac{dI}{dt} = -\frac{R}{L}I \to I(t) = I_0 e^{-t/\tau}$．ただし $\tau = \frac{L}{R}$（時定数）であり，また $t = 0$ で $I = I_0$ になるように，右辺の係数を I_0 とした．

(c) $\int_0^\infty I^2 R\,dt = I_0^2 R \int e^{-2t/\tau}\,dt = I_0^2 R \times \frac{\tau}{2} = \frac{1}{2}LI_0^2$

第 5 章　電磁誘導と交流回路

応用 5.5　（*RC* 回路）　以下はコンデンサーの過渡現象の問題でありコイルは関与しない．本来は第 3 章に関する問題だが，手法はコイルの場合と同じなのでここで紹介する．

(a)　まず，右図のような，電池，抵抗そしてコンデンサーが直列につながった回路を考える．右図の記号を使ってこの回路の式を書け．

(b)　(a) の式全体に I を掛け，エネルギー保存則を表す式に書き換えよ．式の物理的意味を解説せよ．

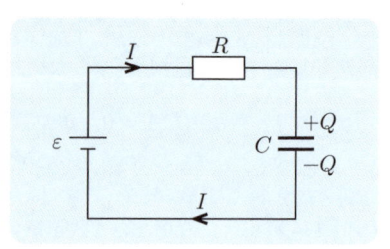

(c)　(a) の回路の式のもっとも一般な解は

$$Q(t) = C\varepsilon + A e^{-t/\tau}$$

と表される．ただし，$\tau = RC$ であり，A は任意の定数である．これが解であることを，回路の式に代入して確かめよ．

(d)　$\tau = RC$ は，RC 回路の**時定数**と呼ばれる量である．これが時間の次元をもつ量であることを確かめよ．

(e)　$t = 0$ での電流を I_0 とすると，その後の電流は（電池があろうがなかろうが）

$$I(t) = I_0 e^{-t/\tau}$$

となることを示せ（これが応用問題 3.8 と 3.9 で使った式である）．

応用 5.6　（*RL* 回路とキルヒホッフの法則）　下図の回路を考える．$t = 0$ でスイッチを入れる．

(a)　入れた瞬間に流れる電流の大きさをキルヒホッフの法則から求めよ．

(b)　十分に時間がたってから（過渡現象が終わってから）流れている電流を求めよ．

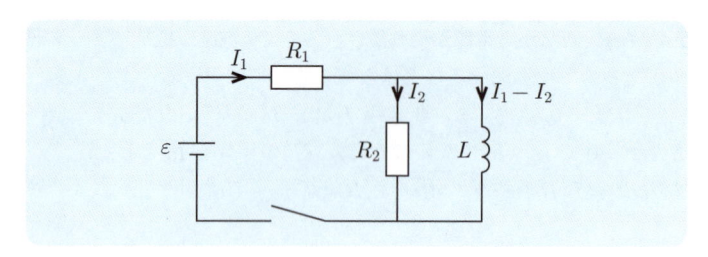

類題 5.6　上問の状況で，一般の時刻 t での電流を求めよ．

第 5 章 電磁誘導と交流回路　　131

答 応用 5.5　(a)　電池の負極から出発して右回りに考えると，電池で ε の電位上昇，抵抗で IR の電位降下，コンデンサーで $\frac{Q}{C}$ の電位降下なので

$$\varepsilon - RI - \frac{Q}{C} = 0$$

(b)　I を掛け，また $I = \frac{dQ}{dt}$ であることを使うと（図の定義によれば $I > 0$ のとき Q は増える）

$$\varepsilon I - RI^2 - \frac{Q}{C}\frac{dQ}{dt} = 0$$

左辺第 3 項を書き換え，移項すると

$$\varepsilon I = RI^2 + \frac{d}{dt}\left(\frac{1}{2}\frac{Q^2}{C}\right) = 0$$

これは，電池が単位時間にする仕事 εI が，抵抗での熱の発生と，コンデンサーのエネルギー $\frac{1}{2}\frac{Q^2}{C}$ の増加率の和に等しいということを意味する．

(c)　$I = \frac{dQ}{dt} = -\frac{c}{\tau}e^{-t/\tau}$ だから，これを代入すれば正しいことがわかる．あるいは類題 5.3 のように，$\tilde{Q} = Q - C\varepsilon$ という変数を導入して，(a) の式を解くこともできる．

(d)　いろいろなやり方があるが，$\frac{Q}{C}$ の単位も RI の単位も電位の単位 V であることを考えれば

$$RC \text{ の単位} = (Q \div V \text{ の単位}) \times (V \div I \text{ の単位}) = \mathrm{C/A} = \mathrm{A\,s/A} = \mathrm{s}$$

(e)　(c) より $I = -\frac{A}{\tau}e^{-t/\tau}$ だが，$t = 0$ を代入すれば $I(0) = -\frac{A}{\tau} = I_0$ となる．時間が経過すればコンデンサーに電荷がたまって電池の電位差とバランスするので，電流は流れなくなる．

答 応用 5.6　(a)　左側のループでのキルヒホッフの第 2 法則（回路の式）は

$$\varepsilon - R_1 I_1 - R_2 I_2 = 0$$

だが，コイルに急激に電流が流れ出すことはできないので，$I_1 - I_2 = 0$ したがって

$$I_1 = I_2 = \frac{\varepsilon}{R_1 + R_2}$$

(b)　右側のループに対する回路の式は

$$R_2 I_2 - L\frac{d(I_1 + I_2)}{dt} = 0$$

だが，十分に時間がたつと電流は一定になり第 2 項はゼロになる．したがって

$$I_2 = 0 \quad \to \quad I_1 = \frac{\varepsilon}{R_1}$$

ポイント 3. 交流と複素インピーダンス

● 流れる方向が周期的に変化する電流を一般に**交流**という．特に，その変化が sin 関数あるいは cos 関数で表される交流を**正弦波交流**という．そうでない交流もいくらでもあり得るが，以下では交流といった場合には，正弦波交流を意味するものとする．

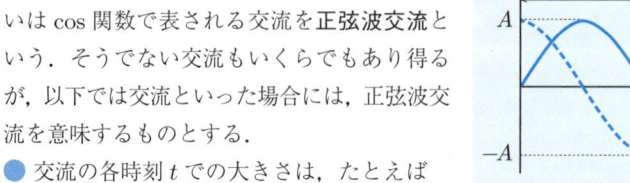

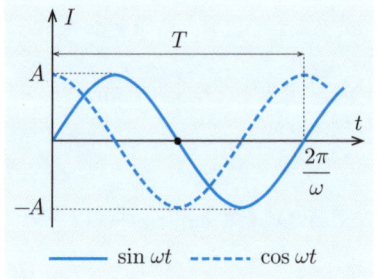

● 交流の各時刻 t での大きさは，たとえば
$$I(t) = A\sin\omega t$$
あるいは $A\cos\omega t$

と書ける（一般には $A\sin(\omega t + \theta_0)$）．$A$ を**振幅**，ω を**角振動数**という．

● **角振動数 ω の意味** 以下，式 (5.5) の三角関数の中（$\omega t \cdots$ 位相という）は，ラジアン単位で表されているとする（たとえば $\sin\frac{\pi}{2} = 1$）．ω は，時刻 t とともに位相がどれだけの速さで変わるかを決める量となる．また三角関数の**周期** T とは位相が 2π だけ変わる時間なので，$\omega T = 2\pi$，すなわち

$$\text{周期 } T: \quad T = \frac{2\pi}{\omega}$$

また**周波数**（単位時間内の振動の回数）f は

$$\text{周波数（振動数）}: \quad f = \frac{1}{T} = \frac{\omega}{2\pi}$$

となる．f は**振動数**ともいう．

● **各回路素子に流れる電流と，そこでの電圧（電位降下）との関係**（電圧が振動していれば，コイルでもコンデンサーでも，電流も一定の振幅で振動し続ける（理解度のチェック 5.10）．電流が $\sin\omega t$ に比例する場合を示す（振幅を I_0 あるいは V_0 と記す）．
(1) 抵抗： $I = I_0\sin\omega t \rightarrow V = RI = RI_0\sin\omega t$
(2) コイル： $I = I_0\sin\omega t \rightarrow V = L\frac{dI}{dt} = \omega LI_0\cos\omega t$
(3) コンデンサー： $V = \frac{Q}{C} = V_0\cos\omega t \rightarrow I = \frac{dQ}{dt} = -\omega CV_0\sin\omega t$

● **虚数変数の指数関数** V と I で $\cos\omega t$ と $\sin\omega t$ が入れ替わり面倒になるので，それを回避するため複素数の波を導入する．次の公式が出発点となる．

$$\text{オイラーの公式}: \quad e^{i\omega t} = \cos\omega t + i\sin\omega t$$

$$\text{指数関数の微分}: \quad \frac{de^{i\omega t}}{dt} = i\omega\, e^{i\omega t}$$

第 5 章　電磁誘導と交流回路

● 交流電圧や交流電流を複素数で表す（それ自体は物理的な量ではなく，2 つのタイプの電圧や電流を，実数部と虚数部として組み合わせたものである）．以下，複素数で表された量を**複素電圧** $\tilde{V}$ あるいは**複素電流** $\tilde{I}$ と呼ぶ．

$$\text{複素電圧：}\quad \tilde{V} = V_0\, e^{i\omega t} = V_0(\cos\omega t + i\sin\omega t)$$
$$\text{複素電流：}\quad \tilde{I} = I_0\, e^{i\omega t} = I_0(\cos\omega t + i\sin\omega t)$$

（振幅 V_0 や I_0 も複素数になる場合もある．）

● $\tilde{V}$ や $\tilde{I}$ を使うと，各回路素子でそれらは互いに比例し，$\tilde{V} = Z\tilde{I}$ という形に書ける（オームの法則の拡張）．比例係数 Z を**（複素）インピーダンス**という．

(1) 　抵抗： $Z = R$ 　　 （$V = RI$ より）

(2) 　コイル： $Z = i\omega L$

　　 （$\tilde{I} = I_0\, e^{i\omega t} \;\to\; \tilde{V} = L\frac{d\tilde{I}}{dt} = i\omega L I_0\, e^{i\omega t} = i\omega L \tilde{I}$ より）

(3) 　コンデンサー： $Z = \frac{1}{i\omega C}$

　　 （$\tilde{V} = \frac{\tilde{Q}}{C} = V_0\, e^{i\omega t} \;\to\; \tilde{I} = \frac{d\tilde{Q}}{dt} = i\omega C V_0\, e^{i\omega t} = i\omega C \tilde{V}$ より）

● **複素インピーダンスの合成則**　合成された Z は一般に複素数になる．

$$\text{直列：}\; Z = Z_1 + Z_2, \qquad \text{並列：}\; \frac{1}{Z} = \frac{1}{Z_1} + \frac{1}{Z_2}$$

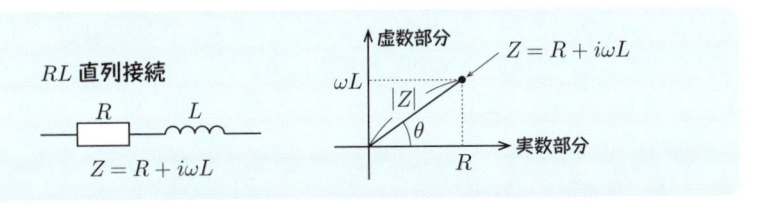

RL 直列接続　　$Z = R + i\omega L$

● **複素インピーダンスによる解法**　電圧から電流を求める場合，合成則を用いて回路の Z（一般に複素数）を求め $Z = |Z|\, e^{i\theta}$ という形に書く．

$$\tilde{I} = Z^{-1}\tilde{V} = |Z|^{-1}\, e^{-i\theta} \times V_0\, e^{i\omega t} = \frac{V_0}{|Z|}\, e^{i(\omega t - \theta)}$$
$$= \frac{V_0}{|Z|}\bigl(\cos(\omega t - \theta) + i\sin(\omega t - \theta)\bigr)$$

これより，電圧が $V_0\cos\omega t$ のときは電流は $\frac{V_0}{|Z|}\cos(\omega t - \theta)$，電圧が $V_0\sin\omega t$ のときは電流は $\frac{V_0}{|Z|}\sin(\omega t - \theta)$ とわかる（実数部どうし，虚数部どうしの対応）．

3. 交流と複素インピーダンス

※類題の解答は巻末

|理解|5.10 （交流と直流の違い）　(a)　電源にコンデンサーとスイッチをつなげた回路がある．スイッチを入れて以降，電源が直流である場合と交流である場合とで，電流の流れ方にどのような違いがあるか．
(b)　コンデンサーの代わりにコイルになった場合はどうか．

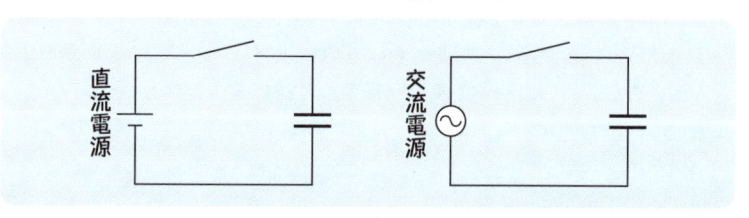

|理解|5.11 （周波数依存性）　(a)　交流電源にコンデンサーをつなげた回路がある．電圧の振幅は変わらないが周波数 f（あるいは角振動数 ω）が大きくなると電流は大きくなるか小さくなるか．その理由は．
(b)　コンデンサーの代わりにコイルになった場合はどうか．

|理解|5.12 （交流の形状）　周波数が 50 Hz の交流電源がある．1 秒間に電圧が最大になるのは何回か．1 秒間に電圧がゼロになるのは何回か．

|理解|5.13 （電圧と電流のずれ）　交流電源にコンデンサーをつなげた回路がある．電圧が最大になる時刻は，電流が最大になる時刻よりも少し遅れる理由を述べよ．またその位相差はどれだけか（1 周期の何分の 1 か）．
注　このずれが，電流と電圧で sin と cos が入れ替わる理由である．

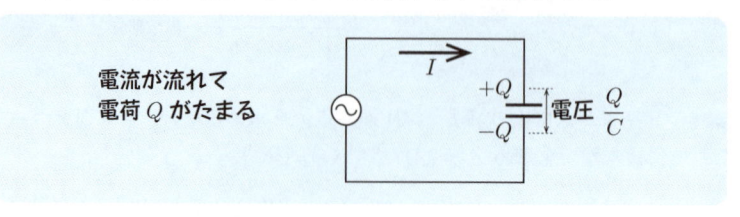

|類題|5.7 （電圧と電流のずれ）　交流電源にコイルをつなげた回路がある．電圧が最大になる時刻は，電流が最大になる時刻よりも早くなる理由を述べよ．またその位相差はどれだけか（1 周期の何分の 1 か）．

第 5 章　電磁誘導と交流回路

答 理解 5.10　(a)　直流の場合，スイッチを入れるとコンデンサーに電荷がたまり，それが電源の電圧とバランスして電流が止まる（止まるまでにかかる時間は回路の内部抵抗の大きさによる）．交流ならば，電圧の向きが絶えず反転するので，電流も向きを反転させながら流れ続ける．
(b)　直流の場合，抵抗がなければ電流は増え続けて最終的には無限大になる．交流ならば，増える途中で電圧の向きが反転するので，電流は向きを反転させながら，一定の大きさの範囲で流れ続ける．

答 理解 5.11　(a)　f あるいは ω が大きいと電圧の変化が速い．したがってコンデンサーにたまる電荷の変化も速くなるので，電流は大きくなる（電流の振幅は ω に比例する）．
(b)　電圧の振幅は同じでも振動が激しいと電圧の変化率は大きくなるので，逆起電力が大きくなり電流は流れにくくなる（電流の振幅は ω に反比例する）．

答 理解 5.12　1 周期のうちで波が最大になるのは 1 回だから，1 秒に 50 回振動するのならば，最大になるのは 50 回．ただし符号は無視して絶対値だけを考えれば，正と負の最大値がそれぞれ 1 回あるので，1 秒に合計 100 回となる．またゼロになるのは 1 周期で 2 回あるから，1 秒間では 100 回．

答 理解 5.13　電圧が最大になるのはコンデンサーの電荷 Q が増加から減少に逆転するときだから，その瞬間の電流はゼロである．つまり電流 I が最大になるときのほうが先である（**電流進み状態**）．電圧の最大が電流 0 に対応しているのだから，1 周期の 4 分の 1 だけずれており，位相差は $\frac{\pi}{2}$ である（2π の 4 分の 1）．

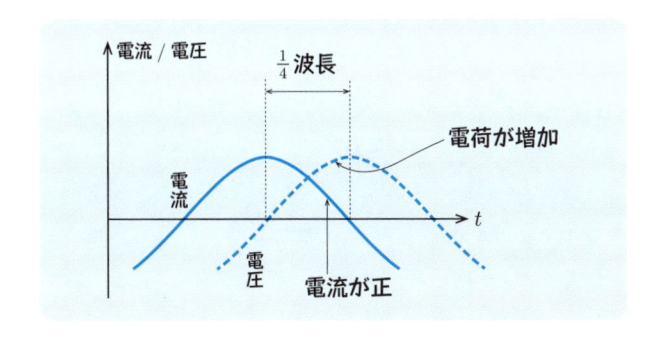

基本問題　3. 交流と複素インピーダンス　※類題の解答は巻末

基本 5.13　(実効電圧)　家庭にくる電気の電圧は 100 V であると言われる．しかしその最大値は約 141 V である．電力で比較すると，振幅 141 V の交流は，大きさ 100 V の直流と同等であることを示せ（抵抗をつなげた回路で考えよ）．

基本 5.14　(コイルの複素インピーダンス)　(a)　コイル（インダクタンス L）の場合，電流が $I = \sin\omega t$ のときは電圧（電位降下）は $V = L\frac{dI}{dt} = \omega L\cos\omega t$ であり，電流が $I = \cos\omega t$ のときは電圧は $V = -\omega L\sin\omega t$ である．複素電流を
$$\tilde{I} = \cos\omega t + i\sin\omega t$$
としたとき，それに対応する複素電圧 $\tilde{V}$ を記せ．
(b)　$Z = i\omega L$ という量を定義すると，$\tilde{V} = Z\tilde{I}$ という（オームの法則に類似した）式が成り立つことを示せ（ポイント3に記したことの別証明である）．
(c)　$Z = |Z|e^{i\theta}$ と書いたとき θ の値を求めよ．
(d)　$\tilde{V}$ と $\tilde{I}$ の複素数としての位相差はどれだけか．

類題 5.8　(コンデンサーの複素インピーダンス)　上問と同様の考察を行い，コンデンサーの複素インピーダンスが $\frac{1}{i\omega C}$ と書けることを示せ．また $\theta = -\frac{\pi}{2}$ であることを示せ．

基本 5.15　(コンデンサーと電源)　(a)　下図の回路で，電源電圧が $V = V_0\sin\omega t$ であるときの電流を，回路の式，および Q と I の関係を使って求めよ．
(b)　$V = V_0\cos\omega t$ のときはどうなるか．
(c)　複素インピーダンスの方法を使って同じ問題を解け．

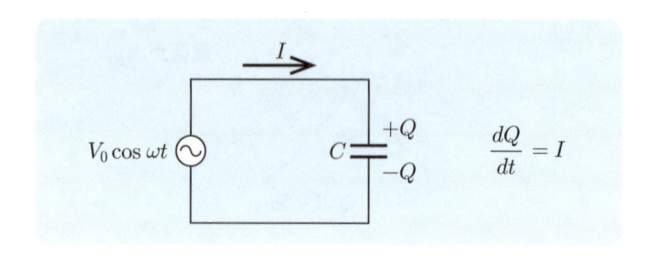

類題 5.9　(コイルと電源)　上問と同様の考察によって，交流電源にコイルをつないだ回路に流れる電流を求めよ．

第 5 章 電磁誘導と交流回路

答 基本 5.13 電圧 $V(t) = V_0 \sin \omega t$ に抵抗 R の負荷をつなげると，各時刻での消費電力 P は

$$P = IR = \frac{V^2}{R} = \frac{V_0^2}{R} \sin^2 \omega t$$

となる．$\sin^2 \omega t$ は 0 と 1 の間を振動する関数だが，その平均値は，三角関数の公式 $\sin^2 \omega t = \frac{1}{2} + \frac{1}{2}\sin^2 \omega t$ より，$\frac{1}{2}$ であることがわかり

$$P \text{ の平均} = \frac{1}{2} \frac{V_0^2}{R}$$

となる．これが直流の場合の公式 $\frac{V^2}{R}$ と一致するためには

$$V^2 = \frac{1}{2} V_0^2 \quad \to \quad V_0 = \sqrt{2}\,\text{V} \fallingdotseq 1.41\,\text{V}$$

$V_0 = 141$ V であれば $V = 100$ V となる（$\frac{V_0}{\sqrt{2}}$ を交流の**実効電圧**という）．

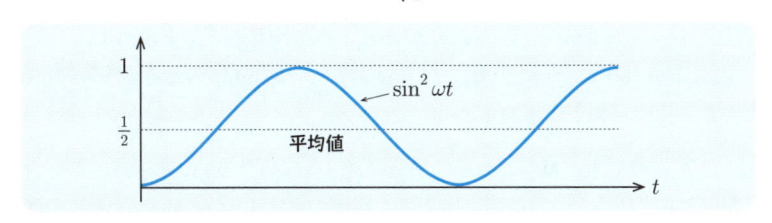

答 基本 5.14 (a) (b) $\tilde{I}$ の各項に対応する組み合わせを作れば

$$\tilde{V} = -\omega L \sin \omega t + i\omega L \cos \omega t = i\omega L(\cos \omega t + i \sin \omega t)$$

最右辺のようにまとめれば，$\tilde{V} = Z\tilde{I}$ という関係が成り立つことがわかる．
(c) $i\omega L = \omega L\, e^{i\pi/2}$ だから，$|Z| = \omega L$，$\theta = \frac{\pi}{2}$ である．
(d) $\tilde{V} = |Z|\,e^{i\theta}\tilde{I}$ なので，$\tilde{I} = e^{i\omega t}$ ならば $\tilde{V} \propto e^{i(\omega t + \pi/2)}$ となる．つまり $\tilde{V}$ のほうが位相が $\frac{\pi}{2}$ だけ進んでいる．これは実数で考えたときの位相の関係と同じである．

答 基本 5.15 (a) 回路の式は $V - \frac{Q}{C} = 0$．したがって

$$I = \frac{dQ}{dt} = C\frac{dV}{dt} = CV_0 \omega \cos \omega t$$

(b) 同様に，$I = -CV_0 \omega \sin \omega t$．
(c) 複素電圧を $\tilde{V} = V_0(\cos \omega t + i \sin \omega t) = V_0\, e^{i\omega t}$ とすると，複素電流は（$Z^{-1} = \omega C\, e^{i\pi/2}$ なので）

$$\tilde{I} = Z^{-1}\tilde{V} = \omega C V_0\, e^{i(\omega t + \pi/2)} = \omega C V_0 \big(\cos(\omega t + \tfrac{\pi}{2}) + i\sin(\omega t + \tfrac{\pi}{2})\big)$$
$$= \omega C V_0 (-\sin \omega t + i \cos \omega t)$$

$\tilde{V}$ と $\tilde{I}$ の実部どうし，虚部どうしを組み合わせれば，それぞれ (b) と (a) の解になる．

基本 5.16 (RL 直列回路)　(a)　交流電源（角振動数 ω）とコイル（L）と抵抗（R）を直列につないだ回路を考える．この回路の複素インピーダンス Z を求めよ．また $Z = |Z|e^{i\theta}$ という形に表したときの $|Z|$ と θ を求めよ．
(b)　電源電圧が $V = V_0 \cos\omega t$ であるときに流れる電流を求めよ．
(c)　実効電圧（基本問題 5.13）が 100 V，$f = 50$ Hz，$L = 10$ mH，$R = 4\,\Omega$ のときの電流の振幅，および電圧と電流の位相差を求めよ．

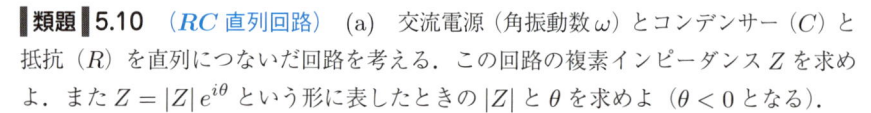

類題 5.10 (RC 直列回路)　(a)　交流電源（角振動数 ω）とコンデンサー（C）と抵抗（R）を直列につないだ回路を考える．この回路の複素インピーダンス Z を求めよ．また $Z = |Z|e^{i\theta}$ という形に表したときの $|Z|$ と θ を求めよ（$\theta < 0$ となる）．
(b)　電源の端子電圧が $V = V_0 \cos\omega t$ であるときに流れる電流を求めよ．
(c)　実効電圧が 100 V，$f = 50$ Hz，$C = 200\,\mu\mathrm{F}$，$R = 4\,\Omega$ のときの電流の振幅，および電圧と電流の位相差を求めよ．

基本 5.17 (RC 並列回路)　(a)　交流電源（角振動数 ω）にコンデンサー（C）と抵抗（R）を並列につないだ回路を考える．電源の電圧を $V = V_0 \sin\omega t$ としたとき，下図の電流 I_1 と I_2 を，キルヒホッフの法則から求めよ．
(b)　電流 I を，1 つの三角関数によって表せ．
(c)　この問題を複素インピーダンスの方法を使って解き，(b) と同じ答えが得られることを確かめよ．

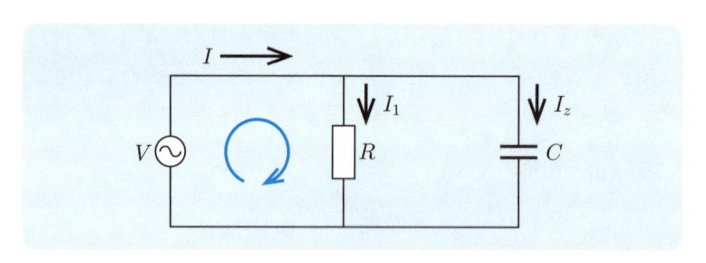

類題 5.11 (RL 並列回路)　上問のコンデンサーをコイルに置き換えた回路について，同じ計算をせよ．

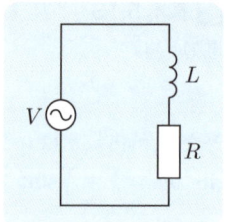

第 5 章 電磁誘導と交流回路

答 基本 5.16 (a) 直列接続だから，合成インピーダンスは

$$Z = R + i\omega L = \sqrt{R^2 + (\omega L)^2}\, e^{i\theta}$$

ただし $\tan\theta = \frac{\omega L}{R}$.

(b) 複素電圧を $\tilde{V} = V_0 e^{i\omega t}$ とすれば ($\tilde{V}$ の実数部分が与式の V)

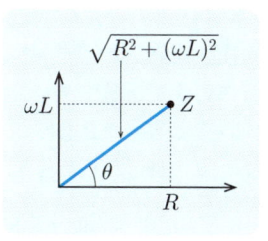

$$\tilde{I} = Z^{-1}\tilde{V} = \frac{V_0}{\sqrt{R^2+(\omega L)^2}}\, e^{i(\omega t - \theta)}$$

この実数部分が答えであり

$$I = \frac{V_0}{\sqrt{R^2+(\omega L)^2}} \cos(\omega t - \theta)$$

電流のほうが $\theta\ (>0)$ だけ遅れている．

(c) $\omega = 2\pi f = 314\,\mathrm{s}^{-1}$. したがって

$$|Z| = \sqrt{4^2 + 3.14^2} = 5.1\ (\Omega), \qquad 電流の振幅 = 141\,\mathrm{V} \div 5.1\,\Omega = 27\,\mathrm{A}$$

位相差は

$$\tan\theta = 314 \times 0.01 \div 4 = 0.79 \quad \rightarrow \quad \theta = 38° \ (= 0.67\,\mathrm{rad})$$

答 基本 5.17 (a) 左のループに対する回路の式は $V - RI_1 = 0$. したがって

$$I_1 = \frac{V}{R} = \frac{V_0}{R}\sin\omega t$$

外側を 1 周したときの回路の式は，$V - \frac{Q}{C} = 0$. したがって

$$I_2 = \frac{dQ}{dt} = C\frac{dV}{dt} = CV_0\,\omega\cos\omega t$$

(b) 三角関数の公式

$$A\sin\omega t + B\cos\omega t = \sqrt{A^2+B^2}\sin(\omega t + \theta_0) \quad ただし \quad \tan\theta_0 = \frac{B}{A}$$

を使えば

$$I = I_1 + I_2 = V_0\sqrt{R^{-2}+(\omega C)^2}\sin(\omega + \theta_0) \quad ただし \quad \tan\theta_0 = \frac{1}{\omega CR}$$

(c) 合成法則より全体のインピーダンスは

$$Z^{-1} = R^{-1} + i\omega C = \sqrt{R^{-2}+(\omega C)^2}\, e^{i\theta_0}$$

ただし θ_0 は上と同じ．複素電流は $Z^{-1}\tilde{V}$ なので，その虚数部分を取れば (b) の答えに一致する．

■基本■ **5.18** （*RLC*直列回路） (a) 交流の角振動数をωとして，右の回路のRLCの部分の合成インピーダンスZを求めよ．$Z = |Z|e^{i\theta}$と書いたときの$|Z|$とθを求めよ．
(b) θの符号は正か負か．

$$\omega_0 = \frac{1}{\sqrt{LC}}$$

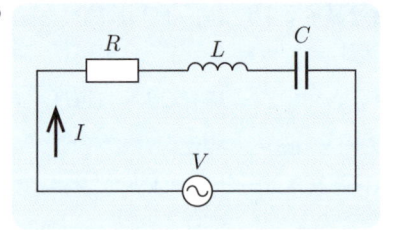

という記号を使って答えよ（ω_0は基本問題5.10と5.11で扱った，電源がないLC回路の角振動数である．電源の角振動数ωとは無関係なLC回路特有の量であり，それに対応する周波数を**固有周波数**あるいは**共振周波数**という）．
(c) この回路に交流電源をつなぐ．電源電圧が$V = V_0 \cos \omega t$であるとき，複素インピーダンスの方法を使って電流Iを求めよ．
(d) R, L, Cの値が固定されているとき，電流Iの振幅を最大にするωを求めよ．またそのときのIを求めよ．
(e) 各部分の電圧を求めよ．またその合計が電源電圧に等しいことを確かめよ．

■基本■ **5.19** （*LC*並列回路） (a) 右図の回路で，電源電圧が$V = V_0 \cos \omega t$のときに流れる電流を，複素インピーダンスの方法で求めよ．

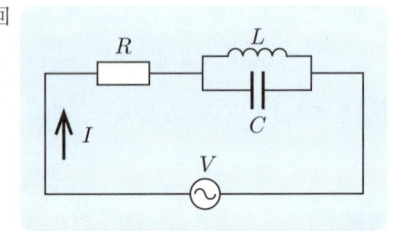

■類題■ **5.12** （*LC*並列回路） (a) 上記の問題で，コイルとコンデンサーに流れる電流を求めよ．ただし$\omega \neq \omega_0 = \frac{1}{\sqrt{LC}}$とせよ．
(b) $\omega = \omega_0 = \frac{1}{\sqrt{LC}}$の場合には何が起こるか．

ヒント コンデンサーに左から流れ込む電流をI_1とし，またコンデンサーの左側にたまる電荷をQとして，コンデンサーとコイルを1周するループについてキルヒホッフの法則を書き，QとI_1の関係を使って，I_1だけの式を導く．これは2階の微分方程式になり，力学での強制振動の方程式に対応する．

第5章 電磁誘導と交流回路

答 基本 5.18 (a) (b) 直列接続だから各インピーダンスを加えればよく

$$Z = R + i\omega L + \frac{1}{i\omega C} = R + i\left(\omega L - \frac{1}{\omega C}\right) \quad \to \quad |Z|^2 = R^2 + \left(\omega L - \frac{1}{\omega C}\right)^2$$

$$\tan\theta = \frac{\omega L - \frac{1}{\omega C}}{R} = \frac{\omega L}{R}\left(1 - \frac{\omega_0^2}{\omega^2}\right)$$

最後の式より，$\omega > \omega_0$ ならば $\theta > 0$. つまり Z の虚数部が正であり，コンデンサーに比べてコイルの効果のほうが大きいことがわかる．$\omega < \omega_0$ ならばその逆である．
(c) 複素電圧 $\tilde{V} = V_0 e^{i\omega t}$ とすると複素電流は（(a) の記号を使って）

$$\tilde{I} = Z^{-1}\tilde{V} = \frac{V_0}{|Z|} e^{i(\omega t - \theta)}$$

電流はこの実数部分だから

$$I = \frac{V_0}{|Z|}\cos(\omega t - \theta)$$

$\theta > 0$（$\theta < 0$）ならば電流が電圧に比べて遅れている（進んでいる）．
(d) ω を変えて $|Z|$ を最小にすればいいのだから

$$\frac{d|Z|}{d\omega} \propto \omega L - \frac{1}{\omega C} = 0 \quad \to \quad \omega = \omega_0$$

このときは $|Z| = R$, $\theta = 0$ だから，$I = \frac{V_0}{R}\cos\omega t$. コイルとコンデンサーは存在しないかのように電流が流れている．
(e)

$$\text{抵抗：} \quad V_R = IR = V_0 \frac{R}{|Z|}\cos(\omega t - \theta)$$

$$\text{コイル：} \quad V_L = L\frac{dI}{dt} = -\frac{V_0}{|Z|}\omega L \sin(\omega t - \theta)$$

$$\text{コンデンサー：} \quad \frac{dQ}{dt} = I \text{ だから } Q = \frac{V_0}{\omega|Z|}\sin(\omega t - \theta)$$

$$\to \quad V_C = \frac{Q}{C} = \frac{V_0}{|Z|\omega C}\sin(\omega t - \theta)$$

$$\text{合計} = \frac{V_0}{|Z|}\left(R\cos(\omega t - \theta) + \left(\frac{1}{\omega C} - \omega L\right)\sin(\omega t - \theta)\right)$$

基本問題 5.16 (b) で使った公式を用いれば，これが $V_0 \cos\omega t$ になることがわかる．

答 基本 5.19 コイルとコンデンサーの並列接続の合成インピーダンスを Z'，抵抗まで含めた合成インピーダンスを Z とすれば

$$\frac{1}{Z'} = \frac{1}{i\omega L} + i\omega C \quad \to \quad Z' = i\omega L(1 - \omega^2 LC)^{-1}$$

$$\to \quad Z = R + Z' = |Z|e^{i\theta} \quad \text{ただし} \quad \tan\theta = \frac{\omega L}{R}(1 - \omega^2 LC)$$

したがって電流は $I = \frac{V_0}{|Z|}\cos(\omega t - \theta)$.
（$|Z|$ の具体的な形は長くなるので省略するが，上式からすぐにわかるだろう．）

応用問題　交流と複素インピーダンス　※類題の解答は巻末

応用 5.7　（交流ブリッジ）　(a)　左図の，抵抗 2 つ，コイル 2 つからなるブリッジ回路を考える．AB 間に（いかなる時刻でも）電流が流れないための条件が

$$\frac{R_1}{L_1} = \frac{R_2}{L_2}$$

であることを示せ．

ヒント　AB 間には導線がないとして回路に流れる電流を求め，A と B の電圧が常に等しい条件を求めればよい．基本問題 5.15 の解答を使うとよい．

(b)　右図は，一般的なブリッジ回路である．各部分は抵抗，コイル，コンデンサーのいずれか 1 つでも，その組み合わせでもよく，いずれにしろその部分全体の複素インピーダンスが $Z_1 \sim Z_4$ であるとする．AB 間に電流が流れない条件を求めよ．

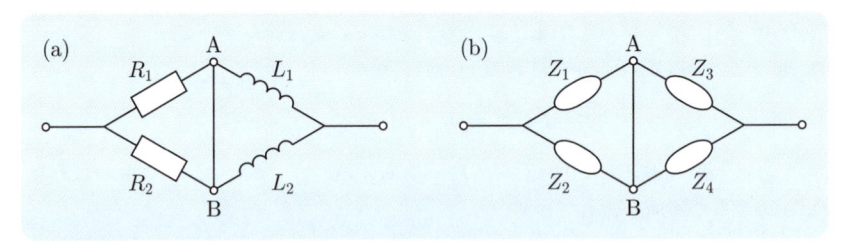

応用 5.8　（有効電力）　(a)　下図左の回路での，電源が回路に対して行う平均仕事率（平均消費電力）を求めよ．

(b)　下図中央の回路での，電源が回路に対して行う平均仕事率を求めよ．それが抵抗でのジュール熱の平均に等しいことを確かめよ．(a) と比べてどうなるか．

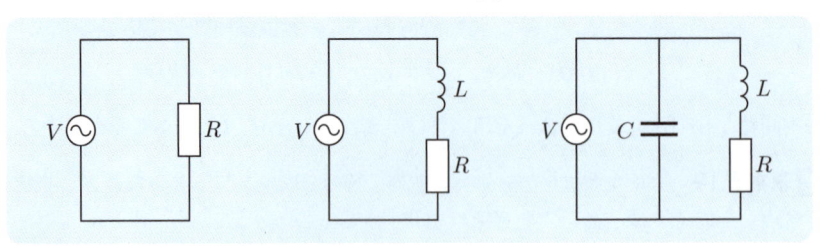

類題 5.13　（有効電力）　上図中央の回路にコンデンサーを並列に加えたのが上図右の回路である．

(a)　電源が回路に対して行う平均仕事率は変わらないことを示せ．

(b)　それにもかかわらず，電源を流れる電流を減らすことができることを示せ．特に，電流を最小にするには C をどのように選べばよいか．

第5章　電磁誘導と交流回路

答 応用 5.7 (a)　AB 間には導線がないとし，電源電圧は $V = V_0 \cos \omega t$ だとする．そのとき R_1 と L_1 を流れる電流 I は基本問題 5.16 で計算されているので

$$\text{抵抗 } R_1 \text{ の部分の電位差} = \frac{R_1}{\sqrt{R_1^2+(\omega L_1)^2}} \cos(\omega t - \theta_1)$$

ただし $\tan \theta_1 = \omega \frac{L_1}{R_1}$．抵抗 R_2 の部分の電位差も同様に得られるので，それらが等しいための条件は

$$\frac{R_1}{\sqrt{R_1^2+(\omega L_1)^2}} = \frac{R_2}{\sqrt{R_2^2+(\omega L_2)^2}}, \qquad \frac{L_1}{R_1} = \frac{L_2}{R_2}$$

2番目の条件が成り立っていれば自動的に1番目の条件も成り立つので，問題の与式が必要十分条件であることがわかる．

(b)　(a) と同様に AB 間には導線はないとする．複素電圧 $\tilde{V}$ が与えられたとき，上側には $\frac{\tilde{V}}{Z_1+Z_3}$ の複素電流が流れるので，Z_1 部分の電位差は，これに Z_1 を掛けて $\frac{\tilde{V}}{Z_1+Z_3} \times Z_1$ となる．同様に Z_2 部分の電位差は $\frac{\tilde{V}}{Z_2+Z_4} \times Z_2$ となる．AB 間をつないでもそこに電流が流れないためには，この2つの電位差が等しくなければならないので

$$\frac{Z_1+Z_3}{Z_1} = \frac{Z_2+Z_4}{Z_2} \quad \rightarrow \quad \frac{Z_3}{Z_1} = \frac{Z_4}{Z_2}$$

答 応用 5.8 (a)　$I = \frac{V}{R} = \frac{V_0}{R} \cos \omega t$ なので，仕事率は $P = VI = \frac{V_0^2}{R} \cos^2 \omega t$．$\cos^2 \omega t$ の時間平均は $\frac{1}{2}$ なので（基本問題 5.13 参照），

$$P \text{（平均）} = \frac{V_0^2}{2R}$$

$V = IR$ なので，P はジュール熱 $I^2 R$ に等しい．

(b)　基本問題 5.16 より，

$$I = \frac{V_0}{\sqrt{R^2+(\omega L)^2}} \cos(\omega t - \theta)$$
$$\rightarrow \quad P = VI = \frac{V_0^2}{\sqrt{R^2+(\omega L)^2}} \cos \omega t \cos(\omega t - \theta)$$

$\cos$ の積の平均は $\frac{1}{2} \cos \theta$ である（積を和にする公式を使っても，加法定理で $\cos(\omega t - \theta)$ を展開してもよい）．$\cos \theta = \frac{R}{\sqrt{R^2+(\omega L)^2}}$ も使えば

$$P \text{（平均）} = \frac{V_0^2 R}{2(R^2+(\omega L)^2)}$$

これはジュール熱 $RI^2 = \frac{RV_0^2}{R^2+(\omega L)^2} \times \cos^2(\omega t - \theta)$ の平均に等しい．V と I の位相のずれに起因する $\cos^2 \theta$ の分だけ (a) よりも小さい．単純に 電圧 × 電流 ではなく，**有効電力**という．

第6章 物質の電気的・磁気的性質

ポイント 1. 誘電体

● 物質はその電気的性質によって，**導体**，**半導体**，そして**絶縁体（誘電体）**の3つに大きく分類される．まず導体とは，その内部に自由に動ける電子（自由電子）が多数存在する物質である．その性質は第2章ですでに説明した．半導体（シリコン，ゲルマニウムなどが代表）は，自由電子は存在するがその数が非常に少ない物質である．導体に比べて抵抗が8〜10桁ほど大きい．純度，温度，電場などによって抵抗値が大きく変化するため，エレクトロニクスで幅広く利用される．また大部分の物質は絶縁体であり電流をほぼ流さない．抵抗値は導体よりも20桁ほど大きい（絶縁体でも非常に強い電場がかかると分子の一部が分解し放電が起こって電荷が移動する．**絶縁破壊**という）．

● **絶縁体 = 誘電体** 絶縁体といっても電場に反応しないわけではない．電場をかけると1つの分子内部での電子の移動が起こり，物体全体としても表面に電荷が生じる（**分極電荷**という）．電気的性質に着目する場合には絶縁体のことを誘電体という．誘電体で電荷が生じる理由は大きく分けて2つある．

原子・分子の分極：原子核の周りに電子が球対称に分布している場合には，原子は電気的に中性である．しかし外部から電場がかかると電子と原子核の位置が相対的に少しずれ，原子の片側が負，他方が正になる（**分極**という）．このことが物体全体で一斉に起これば，物体の一方に負，他方に正の電荷が出現することになる（物体全体の分極）．

通常の状態の原子　　　　　電場をかける

原子核　電子が動く領域(球対称)　電子が動く領域が左にずれる

極性分子の配向：異種の原子が結合した分子の場合，外部からの電場を受けていないときも，電子が一方の原子に偏り，分子の一方が負，他方が正に帯電していることがある（たとえば水分子では電子は酸素原子側に偏る）．このような，最初から分極している分子を**極性分子**という．極性分子の向きは，熱運動の結果としてばらばらになる物質が多いが，外部から電場がかかると，それに応じて全体が同じ方向を向く傾向が

第 6 章　物質の電気的・磁気的性質

生じる．そうなると，物体全体でも一方の表面に正の電荷が，他方の表面に負の電荷が出現し，物体全体での分極が起こる．

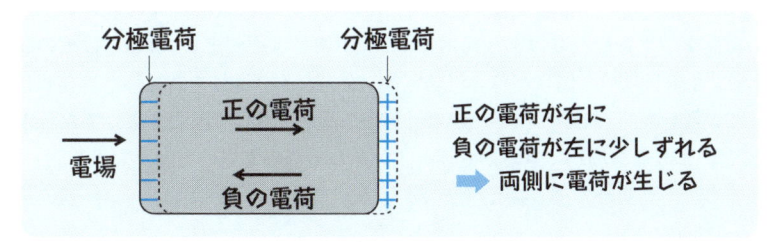

● **分極の大きさと分極電荷**　一様な物体が分極して現れる電荷は，物体表面に生じる電荷（**分極電荷**という）だけである．しかし物体内部でも分極は起きている．その程度を表すのが**分極** P（polarization の頭文字）という量である．各位置での P の大きさは，そこに，分極と直角の方向に幅が無限小の，平たい空間を作ったとき，その表面に生じる電荷の面密度 σ として定義する．P と太文字で書いた場合は，分極の方向を向くベクトルである（**分極ベクトル**）．

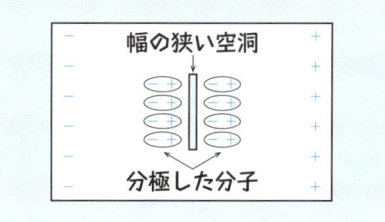

● 分極によって物体の表面に生じる面電荷密度 σ は，面が分極ベクトルに垂直の場合に $\sigma = P$ となる．分極ベクトルの方向は電場の方向によって決まり，物体表面に垂直とは限らない．

● 通常の物質では分極ベクトルは電場の方向を向き，その大きさは比例する．その比例関係を

$$P = (\varepsilon - \varepsilon_0)E \tag{6.1}$$

と書き，ε をこの物質の**誘電率**と呼ぶ（ε_0 はクーロンの法則の比例係数に登場した定数）．真空の場合は物質がないのだから $P = 0$，したがって $\varepsilon = \varepsilon_0$ となるので，ε_0 を真空の誘電率という．$\varepsilon > \varepsilon_0$ である．

上式の電場 E とは，外部からかけた電場ではなく，生じた分極電荷による電場も含めた，その位置での全電場のことであることに注意．

● 平行に並べた，面電荷密度 $\pm\sigma$ に帯電した 2 枚の板の間の電場は $\frac{\sigma}{\varepsilon_0}$ であった．板の間を誘電率 ε の誘電体で詰めると，電場は $\frac{\sigma}{\varepsilon}$ になる（基本問題 6.1）．その結果，平行板コンデンサーの電気容量（式 (2.10)）は増える．

$$C = \frac{\varepsilon S}{d} \quad \left(> \frac{\varepsilon_0 S}{d} \right) \tag{6.2}$$

1. 誘電体

理解 6.1　（平行板の電場）　2枚の平行に並べた導体板（平行板コンデンサー）に正負の電荷を帯電させたものを3組用意する．1組目はそのまま，2組目は板の間に導体を入れ，3組目は板の間に絶縁体（誘電体）を入れる（導体や誘電体と導体板は，接触はしていない）．それぞれのケースで何が起こるか，言葉で説明せよ．また板の間の点Aにどのような電場ができるかを述べよ．それぞれの電場の方向と大小を記すこと．

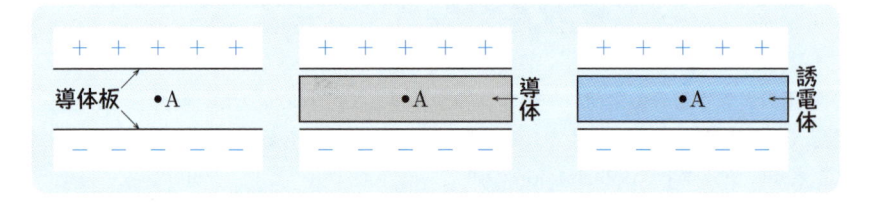

理解 6.2　（平行板の電位）　上問と同様の3組の平行板を考える．それぞれ，板の間の電位差はどうなるか，比較せよ．平行板上の電気量はすべて同じである．

理解 6.3　（平行板の電荷）　(a)　2枚の平行に並べた導体板（平行板コンデンサー）に電池をつなぐ．最初は板の間には何もないとする．その後，板の間に誘電体を挿入した．回路には何が起こるか．
(b)　誘電体を挿入している最中に，その誘電体には平行板から，どの方向に力が働くか．

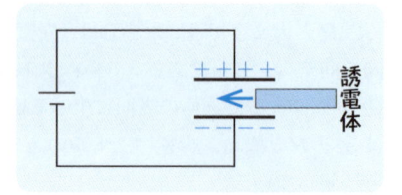

理解 6.4　（平行板のエネルギー）　2枚の平行に並べた導体板（平行板コンデンサー）が3組ある．形状はまったく同じだが，Aには電池がつながっている．Bには電池はつながっていないが，導体板上にはAと同じ電荷が存在し，しかも間には誘電体が入っている．CにはAと同じ電池がつながっており，誘電体も入っている．電気エネルギーの大小を比較せよ．

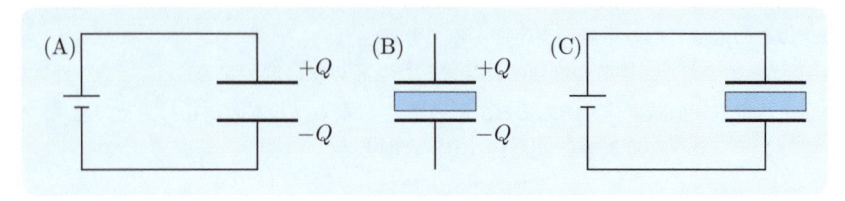

第 6 章　物質の電気的・磁気的性質　　　　　147

答 理解 6.1　何も入れない場合：正電荷の板から負電荷の板の方向に向く，一様な電場ができる．
導体を入れた場合：板の電荷に引き付けられて，導体の両表面に，板の電荷と逆符号の電荷が集まる．導体内部の電場がゼロになるまで電荷の移動が続き，結局，導体内部の電荷はゼロになる（導体表面に誘導された電荷と板の電荷が打ち消し合う）．
誘電体を入れた場合：誘電分極により誘電体の表面に，導体板の電荷とは逆符号の分極電荷が発生する．しかしその電荷は導体板の電荷よりも大きさが小さいので，導体を詰めた場合とは異なり，板の間の電場は完全にはなくならない（もし電場がなくなったら，式 (6.2) より $P=0$ となり，分極電荷もなくなってしまう）．

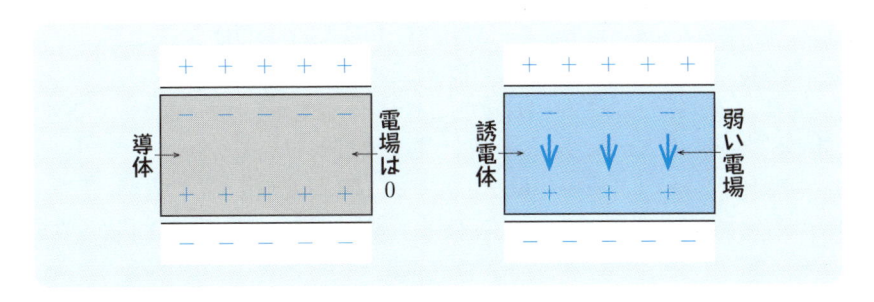

答 理解 6.2　導体の場合は電場はゼロなので，電位差もなくなる．誘電体があると，ない場合と比べて電場は減るので，電位差も減る．

答 理解 6.3　(a) 電池がつながれていなければ，誘電体を入れると電位差は減る．しかし電池がつながれていれば電位差は一定に保たれているので，電位差を減らさないために電池から平行板に電荷が流れ込む．
(b) 誘電体の表面には分極電荷が生じるので，平行板との間に引力が生じる．つまり誘電体は平行板の間に引き込まれる．

答 理解 6.4　電気エネルギーは板上の電気量 Q と電位差 V の積で決まる（正確には $\frac{1}{2}QV$）．したがって，A と比べて C は Q が大きいので電気エネルギーが大きい．また A と比べて B は V が小さいので電気エネルギーも小さい（C では誘電体を挿入したときに電荷が流れ込むので，そのときに電池が仕事をする．B では挿入したとき導体板が仕事をするので，電気エネルギーが消費される）．

基本問題　1. 誘電体 ※類題の解答は巻末

基本 6.1　（誘電体内部の電場）　一様に面密度 $\pm\sigma$ の電荷が分布した2枚の広い板を平行に置き，板の間には均質の誘電体を詰める．板の電荷が作る電場によって誘電体は分極し，その表面には面密度 $\pm\sigma'$ の電荷が発生したとする（分極電荷）．σ' は誘電体内の電場 E に比例するとし，その関係を

$$\sigma' = k\varepsilon_0 E$$

とする．k は物質によって決まる正の定数であり，ε_0 を入れることで，k は無次元な量になっている．次の質問に答えよ．

(a)　まず，特殊なケースを考える．誘電体がない場合，k の値はどうなるか．
(b)　誘電体ではなく導体だったら k の値はどうなるか．
(c)　電場 E は，最初からある平行板の面電荷 σ と，誘電体表面の面電荷 σ' の寄与の合計である．そのことから，σ' と σ の関係を k で表せ．
(d)　誘電体がないときの電場を E_0 としたとき，E_0 と E の比を k で表せ．
(e)　上式の k と誘電率 ε（式 (6.1)）との関係を求め，問 (d) の結果を ε を使って表せ．

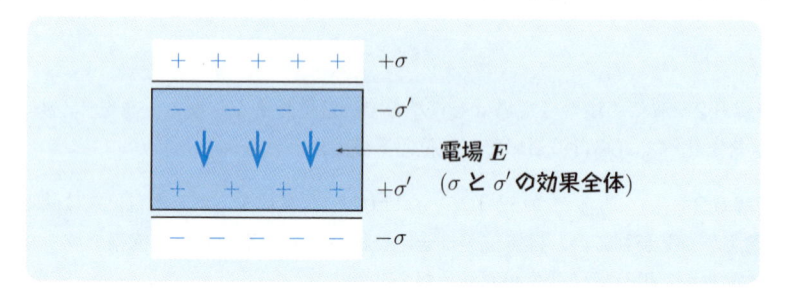

基本 6.2　（電気容量）　(a)　コンデンサーに誘電体を挿入すると電気容量が増えることを，理解度のチェック 6.2 あるいは 6.3 から考えよ．ただし電気容量 C とは，誘電体の有無にかかわらず，外部からためた電気量 Q（分極電荷を含まない）と電位差 V の比率である（$C = \frac{Q}{V}$）．
(b)　誘電率 ε の誘電体を挿入した平行板の電気容量の公式は

$$C = \frac{\varepsilon S}{d}$$

であることを示せ（誘電体がないときは $C = \frac{\varepsilon_0 S}{d}$ であった）．

類題 6.1　誘電体を入れた平行板コンデンサーの内部の電気エネルギー密度が，$\frac{1}{2}\varepsilon E^2$ であることを示せ（誘電体がないときは $\frac{1}{2}\varepsilon_0 E^2$ であった）．

第6章 物質の電気的・磁気的性質

答 基本6.1 (a) 真空の場合は分極電荷は生じないのだから，$\sigma' = 0$，つまり $k = 0$ である．

注 空気などの気体の場合，$\sigma' = 0$ ではないが非常に小さい．実際，常温常圧の乾燥した空気の場合は $k = 0.0006$ 程度である．

(b) 導体表面には誘導電荷が存在し（$\sigma' \neq 0$），その結果，導体内部では $E = 0$ になる．つまり $k \times 0 \neq 0$ なので，k は無限大でなければならない．

注 実際の誘電体の場合は，(a) と (b) の中間で $0 < k < \infty$ となる．

(c) 上側の電荷面密度は $\sigma - \sigma'$，下側はその逆符号だから，その中間の電場は

$$E = \frac{\sigma - \sigma'}{\varepsilon_0}$$

これを問題の式に代入すれば

$$\sigma' = k(\sigma - \sigma') \quad \rightarrow \quad \sigma' = \frac{k}{1+k}\sigma$$

(d) $E_0 = \frac{\sigma}{\varepsilon_0}$，$E = \frac{\sigma - \sigma'}{\varepsilon_0}$ なので

$$\frac{E}{E_0} = \frac{\sigma - \sigma'}{\sigma} = 1 - \frac{k}{1+k} = \frac{1}{1+k}$$

(e) 誘電体は一様に分極するとみなせば，電場に垂直な面で誘電体を切れば，その面に現れる面電荷密度は $\mp\sigma'$ になる．つまり $P = \sigma'$ であり，式 (6.1) は

$$\sigma' = (\varepsilon - \varepsilon_0)E = k\varepsilon_0 E \quad \rightarrow \quad \varepsilon = (1+k)\varepsilon_0$$

これと (d) の答えより

$$\frac{E}{E_0} = \frac{\varepsilon_0}{\varepsilon}$$

$k > 0$ なので $\varepsilon_0 < \varepsilon$．当然のことながら誘電体内部の電場 E は E_0 より減っている．

注 $\frac{\varepsilon}{\varepsilon_0} = 1 + k$ のことを**比誘電率**，$k\varepsilon_0$ のことを**電気感受率**，そして k のことを**比電気感受率**という．電気感受率は通常は χ（ギリシャ文字のカイ）と書かれる．

答 基本6.2 (a) Q 一定のまま誘電体を挿入すると V が減るのだから（理解度のチェック 6.2）C は増える．あるいは V 一定のまま誘電体を挿入すると Q が増えるのだから（理解度のチェック 6.3）C は増える．

(b) Q 一定（σ 一定）のときは電位は $\frac{\varepsilon_0}{\varepsilon}$ 倍になる（上問 (e)）のだから，C は $\frac{\varepsilon}{\varepsilon_0}$ 倍になり，与式が得られる．

注 $\frac{\varepsilon}{\varepsilon_0}$ が数百にもなる物質もあり，電気容量を格段に増やすことができる．

応用問題　誘電体

応用 6.1 （誘電体の境界） (a) これまでの問題と同様に，平行に置いた 2 枚の導体板が，電荷面密度 $\pm\sigma$ に帯電していたとする．またその間には，上半分に誘電率 ε_1，下半分に誘電率 ε_2 の誘電体が挿入されていたとする．分極電荷はどのように分布するか．特に，2 つの誘電体の境界面に現れる全分極電荷を求めよ．

ヒント 右の図のように分極電荷を表し，式 (6.2) を用いよ．

(b) 上問で，$\varepsilon_0 E_0 = \varepsilon_1 E_1 = \varepsilon_2 E_2$ という関係が成り立っていることを示せ．ただし E_1 と E_2 は各誘電体内の電場，E_0 は誘電体がないときの電場である．

応用 6.2 （電気力） 右図のように，面電荷密度 σ に帯電した広い導体板と，その横に誘電率 ε の誘電体がある．誘電体は右側に無限に広がっているとする．導体板と，誘電体の表面に生じる分極電荷の間に働く，単位面積当たりの力を求めよ．また，$\varepsilon = 3\varepsilon_0$, $\sigma = 20\,\mu\mathrm{C/m^2}$ だとして，その大きさを計算せよ．

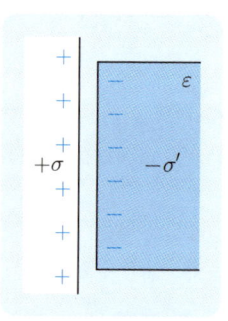

応用 6.3 （形状依存性） これまでの誘電体の分極の議論は，分極電荷が幅広く広がっており，それによる電場が一様になる（$\frac{\sigma}{\varepsilon_0}$ タイプの電場）という状況での話だった．同じ物質でも形状が違えば分極の大きさも変わる．一様な電場が存在している空間に，電場と垂直に広い誘電体を置いた場合（これまでのケース）と，電場と平行に棒のような誘電体を置いた場合で，分極，および誘電体内部の電場を比較せよ．

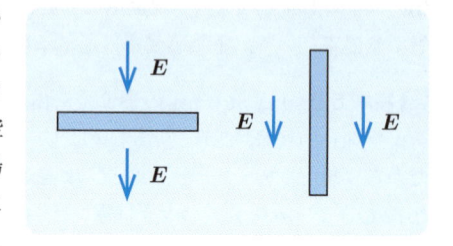

第 6 章 物質の電気的・磁気的性質　　　151

答 応用 6.1　(a) 誘電体 1 に関する計算には誘電体 2 は利いてこない（誘電体 2 の両面の分極電荷では，その外部には電場ができないので）．したがって誘電体 1 についての計算は基本問題 6.1 の計算とまったく同じであり，

$$\frac{\sigma_1}{\sigma} = \frac{k_1}{1+k_1} = \frac{\varepsilon_1 - \varepsilon_0}{\varepsilon_1}$$

同様に，

$$\frac{\sigma_2}{\sigma} = \frac{k_2}{1+k_2} = \frac{\varepsilon_2 - \varepsilon_0}{\varepsilon_2}$$

したがって

$$境界面の電荷面密度 = \sigma_1 - \sigma_2 = \varepsilon_0 \left(\frac{1}{\varepsilon_2} - \frac{1}{\varepsilon_1}\right)\sigma$$

(b)　やはり基本問題 6.1 (e) の結果がそのまま使えて

$$\frac{E_1}{E_0} = \frac{\varepsilon_0}{\varepsilon_1} \quad \rightarrow \quad \varepsilon_0 E_0 = \varepsilon_1 E_1$$

同様にして，これは $\varepsilon_2 E_2$ に等しい．

答 応用 6.2　誘電体表面に生じる分極電荷密度を σ' とすると，誘電体表面内側の電場は $\frac{\sigma}{2\varepsilon_0} - \frac{\sigma'}{2\varepsilon_0}$．したがって式 (6.1) は

$$\sigma' = k\varepsilon_0 \left(\frac{\sigma}{2\varepsilon_0} - \frac{\sigma'}{2\varepsilon_0}\right) \quad \rightarrow \quad \sigma' = \frac{\varepsilon - \varepsilon_0}{\varepsilon + \varepsilon_0}\sigma$$
$$電場 = \frac{\sigma}{2\varepsilon_0} - \frac{\sigma'}{2\varepsilon_0} = \frac{\sigma}{\varepsilon + \varepsilon_0}$$

単位面積当たりの力は

$$分極電荷密度 \times 導体板による電場$$
$$= \sigma' \times \frac{\sigma}{2\varepsilon_0} = \frac{\varepsilon - \varepsilon_0}{\varepsilon + \varepsilon_0} \frac{\sigma^2}{2\varepsilon_0} = 11\,\mathrm{N/m^2}$$

答 応用 6.3　従来のケース（厚さに比べて幅が広いケース）では，誘電体内部での電場は，外部の電場の $\frac{\varepsilon_0}{\varepsilon}$（< 1）になった．一方，棒状の場合，分極電荷はその両端に生じるが，棒が細長ければ，棒の中央付近は分極電荷の影響を受けない．つまり誘電体内部の電場は外部の電場と変わらない（棒の両端付近ではそうはならないが）．電場が大きいので分極も大きくなる．

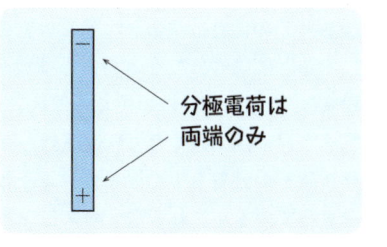

分極電荷は
両端のみ

ポイント 2. 磁性体

● 静電気（摩擦電気）に帯電した棒を，帯電していないもの（たとえば紙）に近付けると，紙は引き付けられる．これは，棒が作る電場によって紙が分極し，その分極電荷と棒が引き付け合うからである．

同様に，磁石を鉄に近付けると鉄は引き付けられる．これは磁石が作る磁場によって，鉄に**磁化**という現象（磁石のような性質をもつこと）が起こるからである．

通常の物質は鉄の場合に比べて磁化が非常に小さいので，磁石に反応しないように見える．しかしネオジム磁石のような強力な磁石を使うと，通常の物質でも磁化が起きていることがわかる．たとえば蛇口から落ちる水にネオジム磁石を近付けると，水流が曲がる（遠ざかる）ことがわかる．

● **磁性体** 磁化が分極と大きく違うのは，磁化の向き（磁化の結果できた磁石のS極からN極に向かう方向）が物質によって違うことである．磁化の方向が外部からかけた磁場と同じ物質を**常磁性体**といい，その反対のものを**反磁性体**という．下の図からわかるように常磁性体は近付けた磁石と引き付け合う．反磁性体は反発し合う（下の図とは磁化も動く方向も逆）．

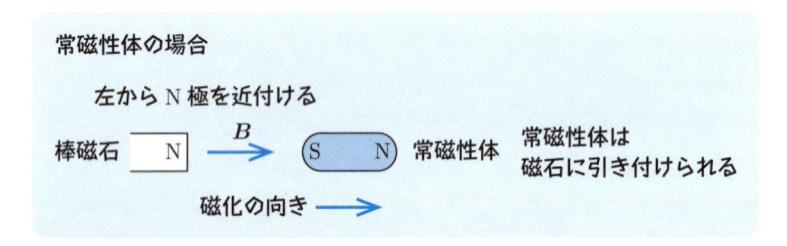

```
常磁性体の場合
   左からN極を近付ける
 棒磁石 [ N ]  →B   ( S   N )  常磁性体   常磁性体は
                                         磁石に引き付けられる
        磁化の向き →
```

鉄は磁石と引き付け合うので常磁性体と呼んでもいいが，通常の常磁性体とは磁化の強さが大きく異なるので（同じ磁場でも5桁から10桁の違いがある），**強磁性体**と呼ばれる．永久磁石になる物質はすべて強磁性体である．強磁性体はすべて，高温になるとその性質は失われ，通常の常磁性体になる．また，常温では常磁性体だが低温にすると強磁性体になる物質も多数ある．

● **磁化の起源** 磁性の主たる原因には2種類ある．どちらも電子に関係する．まず，電子が原子内で動くと（**軌道運動**），電荷が動くのだから電流，特に輪電流のようになり，磁石の性質をもつ．また，電子は動かなくても，それ自体がミクロな磁石の性質をもっている．これを電子の**スピン**という．スピンとはもともと自転という意味だが，電子に大きさがあってそれが自転しているというわけではない．電子自体は大きさのない点状の粒子とみなされるが，あたかも自転しているかのような性質をもっており，

それをスピンという．その結果，電子は外部からの磁場を受けなくてもそれ自体で磁石である．

軌道運動による磁性とスピンによる磁性のどちらも，極性分子による分極と同様に考えれば，磁場に対して常磁性のように振る舞うはずである．実際，原子中の電子が奇数ならばそうなるが，偶数だと，磁性が互いに打ち消し合うように電子が配列する．その状態に外から磁場をかけると，軌道運動の様子が変わり，(詳しいことは省略するが) その結果は反磁性となる．また強磁性は，多数の電子の軌道運動やスピンが互いに影響し合うことによって生じる．これらはすべて量子力学によって説明される現象であり，ここではこれ以上，深入りしない．

● **磁化電流** 物質内の各点での磁化の大きさを M と書く．分極 P の大きさは分極電荷密度で表したが，磁場は磁荷ではなく電流によって生じるものという考え方に立てば，磁化も電流によって表現することになる．磁化した物体は磁石の性質をもつ（磁場を発生させる）が，それはその物体の中に平行に並んだ，無数の微小なソレノイドの集合によって生じていると考える．磁化が一様な範囲では，ソレノイドの太さは問題にならない．下の図からわかるように，電流の隣り合う部分は打ち消し合うので，全体を取り囲む 1 つの電流で代表させることができる．これを**磁化電流**と呼び，その密度を磁化 M の大きさと定義する．

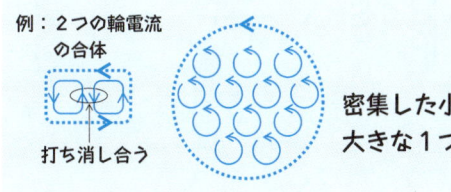

例：2つの輪電流の合体
打ち消し合う

密集した小さな輪電流の集合は大きな1つの輪電流（破線）と同等

● **透磁率** 多くの物質で電場と分極の大きさは比例するが，磁場と磁化も一般に，(磁場がそれほど大きくない限り) 比例する．そのときの比例係数は**透磁率** μ という物質固有の定数によって表される（定義は基本問題 6.4）．物質がないときの公式の多くは，物質がある場合は μ_0 が μ に置き換わる（たとえば鉄心を入れたソレノイドのインダクタンス）．μ は次のような傾向をもつ．

常磁性体： μ は μ_0 よりやや大きい

反磁性体： μ は μ_0 よりやや小さい

強磁性体： $\mu \gg \mu_0$

2. 磁性体

理解 6.5 (磁化と磁場の方向) (a) 下図のようなソレノイドに，図の向きに直流を流す．点 A および点 B の磁場の向きを述べよ（上向きか下向きか）．
(b) 図の矢印の方向に磁化している棒がある．この棒が作る磁場（磁力線）の概形を描け（磁化の方向とはその物質の S 極から N 極に向かう方向）．特に棒内部に注意すること．
(c) (a) の状態のソレノイドの下に棒を置く．棒が常磁性体（強磁性体）の場合，磁化の向きを答えよ．また，棒はソレノイドに引き付けられるか，反発するか．
(d) 上問で，棒が反磁性体だったらどう変わるか．
(e) 常磁性体（強磁性体）の棒をソレノイドの内部に入れる．物質内の磁場の向きはどうなるか．そのときの磁場の大きさは，何もない場合（(a) の状態）の磁場の大きさとどちらが大きいか．
(f) 上問で棒が反磁性体だったらどうなるか．

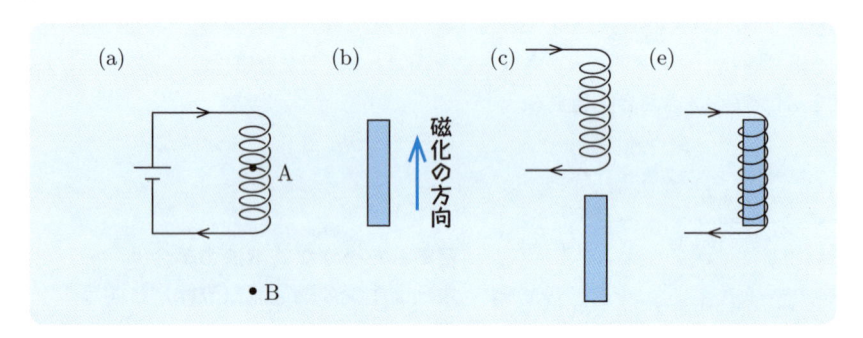

理解 6.6 (ソレノイド) (a) 空洞のソレノイドと，その内部に強磁性体を詰めたソレノイドを比較すると，自己インダクタンス L はどちらが大きいか．それはなぜか．
ヒント インダクタンスの定義は $L = \frac{\text{全磁束}}{\text{電流}}$ である．
(b) ソレノイドに最大電圧が決まった交流電源をつなげる．内部が空洞の場合と強磁性体の場合とで，どちらが電流が多く流れるか．
ヒント ソレノイドでの電位降下は $L \frac{dI}{dt}$ と書ける．
(c) ソレノイドにたまる磁気エネルギーはどちらが大きいか．
ヒント ソレノイドのエネルギーは $\frac{1}{2}LI^2$ と書ける．

第 6 章　物質の電気的・磁気的性質　　　　　　　　　　　　　　155

答 理解 6.5　(a)　ソレノイドの磁場は下図の通りなので，A でも B でも下向き．
(b)　棒が磁化するとは棒磁石の状態になっているということである．棒磁石の磁場はソレノイドと同じ形なのだから（第 4 章ポイント），下図のようになる．分極とは異なり，棒内部では磁場は S 極から N 極に向かっていることに注意．
(c)　常（強）磁性体の場合，磁化の方向は磁場の方向だから，下向き．上が S 極になるのだから引き付け合う．
(d)　磁化は上向きで反発する．
(e)　ソレノイド内部でもソレノイドによる磁場（B_0 とする）の方向は同じだから，磁化 M の方向は同じ．したがって棒の内部では磁化による磁場（B' とする）は磁化の方向なので，常磁性体では物質内で B_0 も B' も下向きであり，全磁場 $B (= B_0 + B')$ は B_0 より大きい．
(f)　反磁性体では磁化の方向が逆なので B' は上向きになる．しかし実際には B_0 よりもはるかに小さいので全磁場は下向き．ただし B_0 よりも少し小さい．

注　発生する磁場と電場の向きに関して言えば，物質外部で誘電体に似ているのは常磁性体だが，物質内部では反磁性体が似ている．

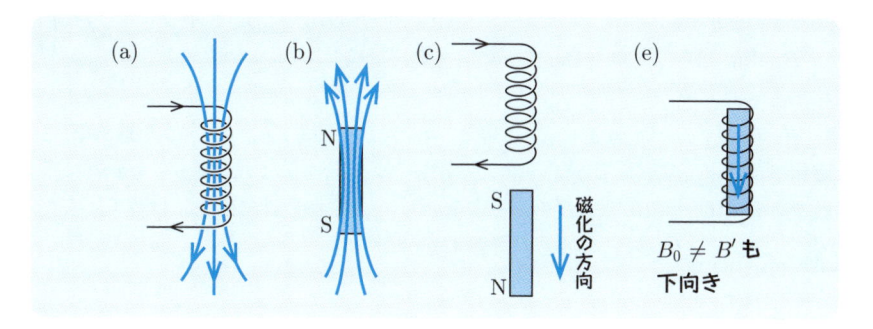

答 理解 6.6　(a)　上問解答の記号を使うと，電流が同じならば B_0 は同じ．したがって強磁性体を詰めると B' の分だけ磁束が多くなるので（強磁性体ならば数百倍から数千倍），公式 $L = \frac{全磁束}{電流}$ より，L も増える．
(b)　ソレノイドでの電位降下は $V = L\frac{dI}{dt}$．V が同じで L が a 倍になるのならば $\frac{dI}{dt}$ は a 分の 1 に減る．周波数は変わらないのだから，I が a 分の 1 に減っていなければならない（L が増えれば交流は流れにくくなる）．
(c)　L が a 倍になり I が a 分の 1 になるので，$\frac{1}{2}LI^2$ は a 分の 1 になる．

基本問題 2. 磁性体 ※類題の解答は巻末

基本 6.3 (単位) (a) 磁化 M の単位が A/m であることを説明せよ.
(b) $\mu_0 M$ と B は単位が同じであることを，ソレノイド内の磁場の公式 $B = \mu_0 nI$ を使って示せ．

基本 6.4 (透磁率) (a) 磁場と磁化が，

$$\mu_0 M = kB \quad (k \text{ は無次元の，物質特有の定数}) \qquad (*)$$

という関係にある物質を考える．ただし B は物質内の各位置での磁場であり，外部からかけた磁場と，磁化によって生じる磁場の合計である．また，M と B の方向が同じとき $k > 0$ であるとする．この物質からできた長い棒を，一様な磁場 B_0 が存在する空間に，B_0 に平行に置く．棒に生じる磁化 M と，棒内の磁場 B が

$$\mu_0 M = \frac{k}{1-k} B_0, \qquad B = \frac{1}{1-k} B_0$$

となることを示せ．
(b) B, B_0, M の方向，そして k の符号の関係を述べよ．

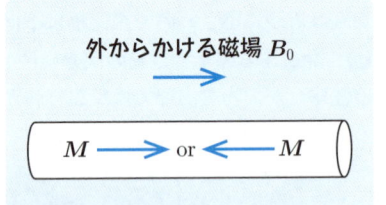

注 $\frac{B}{B_0} = \frac{1}{1-k} = \kappa_m = 1 + \chi_m$ と書き，κ_m を**比透磁率**，$\kappa_m \mu_0 = \mu$ を**透磁率**，χ_m を**磁化率**と呼ぶ．常磁性で $\chi_m > 0$，反磁性では $\chi_m < 0$ だが，どちらも非常に小さい数である（$10^{-3} \sim 10^{-4}$ 程度のことが多い）．しかし強磁性では χ_m は数千にもなる（k が 1 に近い）．(a) の式を透磁率で表すと

$$\frac{B}{\mu} = \frac{B_0}{\mu_0}$$

なので，強磁性体内部の磁場は非常に大きい．

類題 6.2 上問で，$k > 1$ となる可能性があるか考えよ．

基本 6.5 (自己インダクタンス) ソレノイドの内部に，透磁率 μ の鉄を詰める．自己インダクタンスはどうなるか．鉄がない場合の（内部の）磁場 B_0 と，ある場合の磁場 B の比は，上記のように $\frac{B}{B_0} = \frac{\mu}{\mu_0}$ である．

答 基本 6.3 (a) 磁化は磁化電流の大きさとして定義された．磁化電流とは面に流れる電流密度，すなわち単位長さの幅の間を流れる電流のことだから，単位は A/m である．
(b) n は単位長さ当たりの巻き数，I は電流だから，nI の単位は A/m であり M の単位と同じになる．したがって $\mu_0 M$ の単位は B の単位と同じになる．

答 基本 6.4 (a) M を知るには B が必要であり，また B を知るには M が必要である．つまり誘電体（基本問題 6.1）と同様に，M と B の連立方程式を解かなければならない．磁化が M である場合，それによる磁場（B' と書き，B_0 と同じ方向のとき正とする）は，棒の表面を流れる大きさ M の電流の磁場と同等である．棒が長ければこれはソレノイドの磁場の公式（$B = \mu_0 nI$）が使え，nI が単位長さ当たりの電流に相当するので（M = 磁化電流密度 … ポイント 2 参照）

$$B' = \mu_0 M$$

これを問題の式に代入すれば

$$\mu_0 M = k(B_0 + B') = k(B_0 + \mu_0 M)$$

これを解けば M が求まり，また $B (= B_0 + B')$ も左ページの式のようになる．
(b) $k < 0$ ならば M と B_0（あるいは B）は逆方向．また，$0 < k < 1$ ならばすべて同方向．つまり k の符号により常磁性か反磁性かが決まる．特に強磁性では，$k > 0$ であるばかりでなく 1 に近いので（磁化率 χ_m が非常に大きい），弱い磁場 B_0 でも物質内には大きな磁場 B ができる．

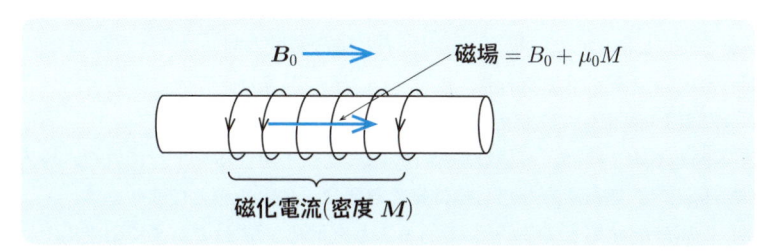

答 基本 6.5 鉄がない場合と比べて，電流が同じでも磁場は $\frac{\mu}{\mu_0}$ 倍になるので，磁束 Φ も同じだけ増える．自己インダクタンス L は（$\Phi = LI$ より），鉄がない場合の $\frac{\mu}{\mu_0}$ 倍になる（式 (5.2) を使えば $L = \frac{\mu n^2 S}{l}$）．

応用問題　磁性体　※類題の解答は巻末

応用 6.4 （磁気エネルギー）　基本問題 6.5 の，鉄心が入ったソレノイドに電流が流れているときの磁気エネルギー密度を，ソレノイド内部の磁場 B を使って表せ（鉄がないときは $\frac{1}{2\mu_0} B_0^2$ であった … 基本問題 5.7）．

応用 6.5 （形状依存性）　(a)　基本問題 6.4 で扱った物体の形状が棒ではなく薄い板であり，B_0 に垂直に置かれている場合，磁場と磁化はどうなるか（板の面積に比べて厚さが無限に小さい極限で考えてよい）．式 (*) 自体は形状によらない，物質特有の関係式である．
(b)　板が B_0 に平行な場合はどうなるか（板は正方形だと考えるとわかりやすい）．

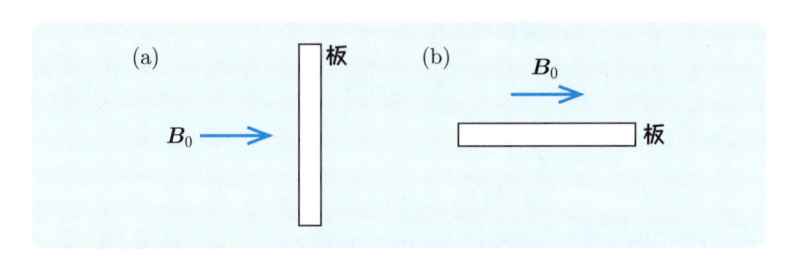

応用 6.6 （磁場の強さ H）　これまでは磁性体を電流によって説明してきた．電荷に相当する磁荷というものは存在しないのでそのようにしたが，仮想上のものとして磁荷を導入する手法もあり，誘電体と同様の計算ができるようになるので便利なこともある．このように考えたときの磁場（B と区別するために磁場の強さと呼ぶこともある）を $\mu_0 H$ と書く．この場合，磁化 M と磁荷密度の関係は，誘電体の分極 P と分極電荷密度の関係と同じであり，磁荷と $\mu_0 H$ の関係は，電荷と電場の関係と同じである（ただし ε_0 を $\frac{1}{\mu_0}$ に変える）．以下の問題に答えよ．
(a)　基本問題 6.4 と同様，一様な磁場 B_0 内に棒状の磁性体を平行に置く．棒内外の $\mu_0 H$ を B_0 と M で表せ．ただし棒は細く無限に長いと近似してよい．
(b)　$M = k'H$ とすると $k' = \chi_m$ であることを示せ．M はこれまでの立場では磁化電流，ここでの立場では分極磁荷の効果だが，同等の磁化を表すのだから数値としては同じである．
(c)　$B = \mu_0 H + \mu_0 M$ という関係が棒内外で成り立つことを示せ．

類題 6.3 （H … 板の場合）　上問 (a) と (b) を応用問題 6.5 の各状況で考えよ．

第6章 物質の電気的・磁気的性質

答 応用 6.4 （電流が変わらなければ）磁気エネルギー（$\frac{1}{2LI^2}$）は $\frac{\mu}{\mu_0}$ 倍．$\frac{1}{2\mu_0} B_0^2$ を $\frac{\mu}{\mu_0}$ 倍して B に書き換えれば，$\frac{1}{2\mu} B^2$ となる．

答 応用 6.5 (a) 物体の形状が変わると磁化電流の分布が変わる（磁化電流は物体表面にしか現れないので）．したがって B' が変わる．特に，非常に薄い板の場合には，磁化電流の量が非常に小さいので，$B' = 0$ とみなせる．したがって $B = B_0$ であり，

$$\mu_0 M = kB_0 = \frac{\chi_m}{1+\chi_m} B_0$$

(b) 左ページの図で磁場は水平方向を向いているのだから，M も水平方向を向くだろう．そのとき（大きさ M の）磁化電流は，上の表面では手前向き，下の表面では向こう向きであり，それによる磁場（平行板電流の磁場）は $\mu_0 M$．したがって

$$B = B_0 + \mu_0 M$$

これと $\mu_0 M = kB$ を連立させれば

$$B = \frac{1}{1-k} B_0 = \frac{\mu}{\mu_0} B_0$$

注 一般に，真空から透磁率 μ の物質に磁場が斜めに入るとき，磁場の境界に対して垂直な成分は不変であり（(a)のケース），水平な成分は $B : B_0 = \mu : \mu_0$ になる（(b)のケース）．もし $\mu \gg \mu_0$ だったら，斜めに入った磁場はほぼ境界に平行になる．

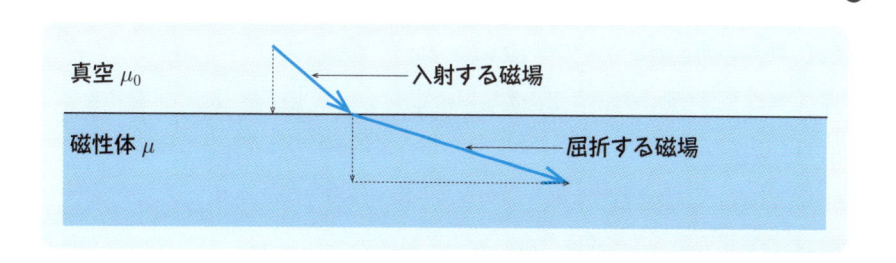

答 応用 6.6 (a) 分極磁荷は棒の両端に生じるが，無限遠方にあると近似できれば，その効果は無視できる．したがって棒の内外で $\mu_0 H = B_0$．

(b) 棒内部では $\mu_0 M = k' B_0$ ということだから，基本問題 6.4 の式より，$k' = \frac{k}{1-k} = \chi_m$．棒外部（つまり真空中）では $M = 0$ だから $k' = 0$ だが，$\chi_m = 0$ だから，やはり $k' = \chi_m$．

(c) $\mu_0 M = kB = k'\mu_0 H$ を，$1 + k' = \frac{1}{1-k}$ に代入して整理する．

第7章 マクスウェル方程式と電磁波

ポイント

● 電場や磁場は，空間の各点で値（ただしベクトル）が決まっている量である．単にゼロだという点もあるが，いずれにしろ全空間で決まっている．それを決める法則は今までもいくつか説明してきたが，それらを湧き出し（発散）と渦（回転）という観点から数学的に整理したのがマクスウェルだった．

電場が電荷から湧き出すという話は，電気力線とも結び付けて第2章で議論した．磁力線が湧き出すという話はこれまで出てこなかったが，それは，電荷に相当する磁荷というものが自然界には存在しないと考えられているからである．磁場で重要なのは，むしろ渦という概念だった（第4章）．磁場の渦は電流によって生じる．そしてこれまでしばしば，湧き出しや渦の大きさから，電場や磁場の大きさを求めてきた．

クーロンの法則やビオ-サバールの法則という法則もあった．しかしこれらは静的な場合（電荷分布や電流が時間的に変化していない場合）にのみ成立する．動的な場合にも成立する，電場や磁場を決める一般的な法則は，湧き出しと渦によって表されるとしたのがマクスウェルの理論である．以下，それぞれの場の湧き出しと渦について，4つの法則を説明（ほぼ復習）しよう．

● マクスウェルの4つの法則

法則 I：電場の湧き出し（ガウスの法則 … 21 ページ）

ある領域を囲む面から湧き出す電場の総量 $= \dfrac{1}{\varepsilon_0} \times$ その領域内部の電荷の総量

法則 II：磁場の湧き出し（電荷に対応する磁荷というものは存在しない）

ある領域を囲む面から湧き出す磁場の総量 $= 0$

法則 III：電場の渦（電磁誘導の法則 … 107 ページ）

ある閉曲線に沿っての電場（誘導電場）の渦の大きさ
$= -$ その閉曲線をつらぬく磁束の変化率

法則 IV：磁場の渦（アンペールの法則（86 ページ）＋新たな項）

ある閉曲線に沿っての磁場の渦の大きさ
$= \mu_0 \times$ その閉曲線をつらぬく電流の総量
$+ \varepsilon_0 \mu_0 \times$ その閉曲線をつらぬく電束の変化率

第 7 章 マクスウェル方程式と電磁波

● 最後の式（法則 IV）の右辺第 2 項は，マクスウェルが新たに導入した項である．閉曲線をつらぬく磁場の合計が磁束だったが，同じように，閉曲線をつらぬく電場の合計を**電束**という（それを ε_0 倍して定義することもある）．マクスウェルは自分なりの電場・磁場のモデルを分析してこの項を導入したのだが，この項がないと，全体として理論が矛盾することがわかっている．歴史的な理由でこの項は**変位電流**と呼ばれている（現在ではこの名称に意味はない）．

● この 4 つの法則は，湧き出しについては「領域」，渦については「閉曲線」という，大きさのある範囲に対しての法則になっている．しかし領域あるいは閉曲線を無限に縮めて，1 点に対する法則という形に書き直すことができる．それは微分方程式になり，**マクスウェル方程式**と呼ばれている．結論だけを示すと以下のようになる（次ページからの問題を解いていくと，式の意味がわかっていくだろう）．以下の式で ρ は各点での電荷密度，j（ベクトル）は各点での電流密度を表す．まず湧き出しについては

$$\text{法則 I：} \quad \frac{\partial E_x}{\partial x} + \frac{\partial E_y}{\partial y} + \frac{\partial E_z}{\partial z} = \frac{\rho}{\varepsilon_0}$$

$$\text{法則 II：} \quad \frac{\partial B_x}{\partial x} + \frac{\partial B_y}{\partial y} + \frac{\partial B_z}{\partial z} = 0$$

（それぞれ左辺は，場の x 成分は座標 x で微分し，y 成分は y で微分し，z 成分は z で微分して足し合わせるという意味である．）

渦についてはベクトルの関係式になる．渦の大きさばかりでなく，渦の軸（回転軸）の方向が問題になるからである．成分で書けばそれぞれ 3 つの式になる．

$$\text{法則 III：} \quad \frac{\partial E_y}{\partial x} - \frac{\partial E_x}{\partial y} = -\frac{\partial B_z}{\partial t}$$

$$\frac{\partial E_z}{\partial y} - \frac{\partial E_y}{\partial z} = -\frac{\partial B_x}{\partial t}$$

$$\frac{\partial E_x}{\partial z} - \frac{\partial E_z}{\partial x} = -\frac{\partial B_y}{\partial t}$$

$$\text{法則 IV：} \quad \frac{\partial B_y}{\partial x} - \frac{\partial B_x}{\partial y} = \mu_0 j_z + \varepsilon_0 \mu_0 \frac{\partial E_z}{\partial t}$$

$$\frac{\partial B_z}{\partial y} - \frac{\partial B_y}{\partial z} = \mu_0 j_x + \varepsilon_0 \mu_0 \frac{\partial E_x}{\partial t}$$

$$\frac{\partial B_x}{\partial z} - \frac{\partial B_z}{\partial x} = \mu_0 j_y + \varepsilon_0 \mu_0 \frac{\partial E_y}{\partial t}$$

● **電磁波の予言** マクスウェルの理論の最大の成果は，電場と磁場が波動として空間を伝わっていく（つまり**電磁波**）ことを予言したことだろう．具体的なことは次ページからの問題で示すが，(1) 電磁波は横波である（電場や磁場の向きは波の進行方向に垂直）．(2) 電場と磁場の方向も直交する．(3) 光も電磁波の一種．電磁波の速度は真空中では常に一定（光速度 c に等しい）であり，$c^2 = \frac{1}{\varepsilon_0 \mu_0}$ である．

理解度のチェック

理解 7.1 (湧き出し：1次元の例) (a) x 軸上のみに限定された，1次元的なベクトル場（ベクトル関数）$A(x)$ を考える．まず，$x<0$ では $A=-1$（$-x$ 方向を向く大きさ1のベクトル），$x>0$ では $A=1$ であったとする（下図）．x 軸上の領域 $[x_1, x_2]$ を考えたとき ($x_1 < x_2$)，x_1 でこの領域に入っていくベクトル $A(x_1)$ と，x_2 でこの領域から出ていくベクトル $A(x_2)$ に差があるためには，x_1 および x_2 はどのような値でなければならないか．

㊟ 差があるとき，この領域にはベクトル場 $A(x)$ の湧き出し（発散）があるという．ただし $A(x_2) - A(x_1)$ が正のときは正の湧き出し，負のときは負の湧き出しである．

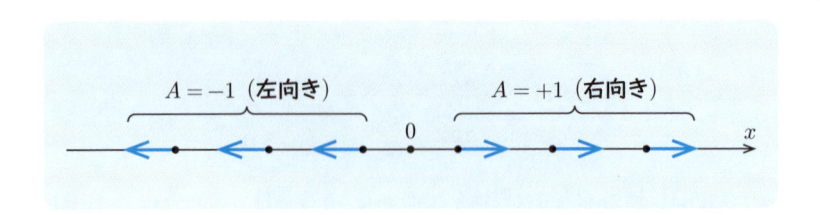

(b) 次に，$A(x) = x$ と表されるベクトル場を考えよう．大きさは $|x|$ だが，$x<0$ では $-x$ 方向を向き，$x>0$ では $+x$ 方向を向くベクトルである．領域 $[x_1, x_2]$ での湧き出し（発散）の大きさを求めよ．また位置 x における発散密度を求めよ．

㊟ x での**発散密度**とは，領域 $[x - \Delta x, x + \Delta x]$ での湧き出し（発散）を幅 $2\Delta x$ で割り，$\Delta x \to 0$ とした極限である．これは微分 $\frac{dA}{dx}$ に他ならない（法則 I や II では3つの項を足しているが，これは x 方向，y 方向，z 方向への湧き出しを加えたものである．）

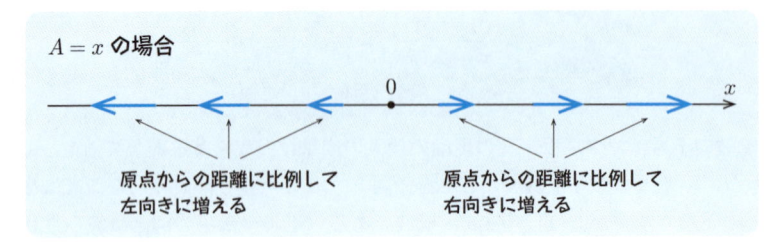

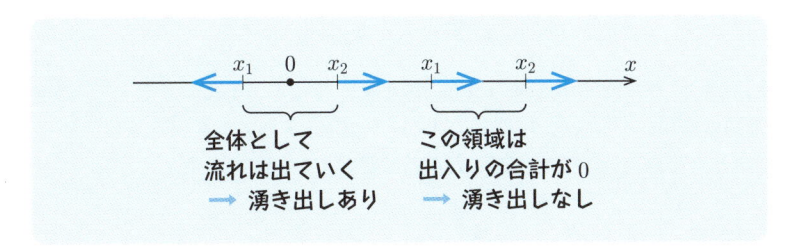

第 7 章 マクスウェル方程式と電磁波　　163

答 理解 7.1　(a)　x_1 と x_2 で $A(x)$ に差があるためには，$x_1 < 0$ かつ $x_2 > 0$ でなければならない．つまり原点を含む場合に限り，その領域には湧き出しがある．つまり原点に（正の）湧き出しがあるということに他ならない．

全体として
流れは出ていく
→ 湧き出しあり

この領域は
出入りの合計が 0
→ 湧き出しなし

注　このベクトル場を水の流れとしてみると，原点から水が湧き出し，両側に向けて 1 の流れを作り出しているとみなすことができる．あるいは $-\infty$ から $+\infty$ に向けて大きさ 1 の流れが最初からあり，原点から湧き出し左にのみ流れる大きさ 2 の流れ（-2 の流れ）がそれに重なり合っているとみなすこともできる（$x < 0$ では $1 + (-2) = -1$）．いずれの解釈でも，原点から湧き出す水は，合計で大きさ 2 の流れを作り出している．つまり湧き出し（発散）という量は，解釈によらずに一意的に決まる．

(b)　$A(x_2) - A(x_1) = x_2 - x_1$ だから，$x_2 > x_1$ である限り，それぞれの符号に関係なく湧き出しは正である．両方とも負である場合でも，出ていくベクトル $A(x_1)$ の大きさのほうが大きいので湧き出しは正である．発散密度は

$$\frac{dA(x)}{dx} = 1$$

だから，いたるところで $+1$ である．

注 1　このベクトル場のもっとも簡単な解釈は，すべての点から同じ密度で水が湧き出しているが，$x > 0$ ではすべて右に流れ出し，$x < 0$ ではすべて左に流れ出すと考えることである．$|x|$ が増えるにつれて流れ出た水がたまっていくので，$A(x)$ もそれに比例して大きくなる．

注 2　(a) の例では原点を除き $\frac{dA}{dx} = 0$．つまり湧き出しはない．原点では A は不連続に変わっているので微分は無限大．つまり発散密度としては無限大だが，$x = 0$ に限定されているので湧き出しの総量としては有限．

第 7 章 マクスウェル方程式と電磁波

理解 7.2 （湧き出し：2 次元の例） (a) xy 平面内で定義された 2 次元のベクトル場 $\boldsymbol{A} = (A_x(x,y), A_y(x,y))$ を考える．まず下図の左に描かれているケースを考える．常に y 方向を向いており，y が増えると大きさも増える．これは式で表すと，

$$A_x = 0, \qquad A_y = y$$

となる．どのような湧き出しがあるか，図を見て答えよ．また微分をして確かめよ．
(b) 下図の右は，やはり y 方向を向いているが，y が増えても大きさは変わらない．しかし横どうしを比較すると，x が大きいほど大きい．式で表すと

$$A_x = 0, \qquad A_y = x$$

となる．これにはどのような湧き出しがあるか，図を見て答えよ．また微分をして，それを確かめよ．

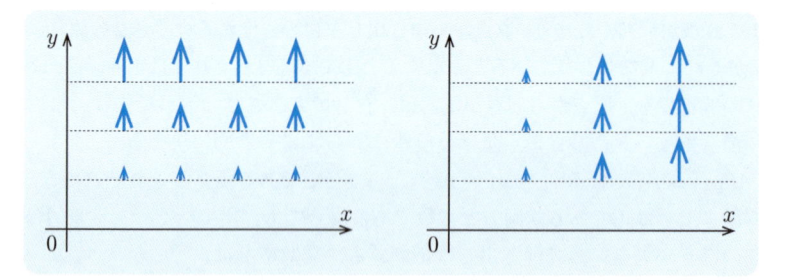

理解 7.3 （渦：2 次元の例） 上問の 2 つのケースはどちらも流れは一方向を向いているので，一見，渦（回転）があるようには見えない．しかし渦の大きさの定義（第 4 章ポイント）をよく考えると，(a) には渦はないが (b) にはあることがわかる．そのことを，下の図の正方形 PQRS を考えることによって説明せよ．

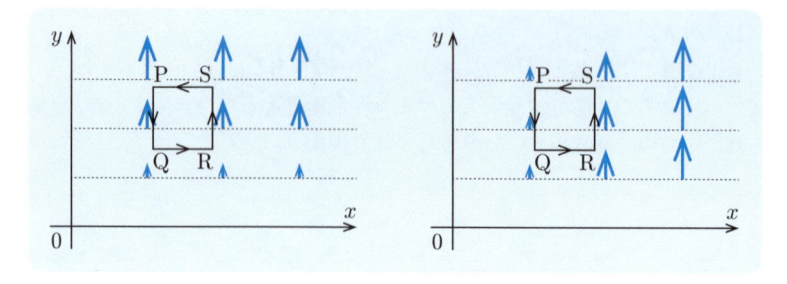

第 7 章 マクスウェル方程式と電磁波

答 理解7.2 (a) ベクトルの流れに沿って見ていくと，$y > 0$ ではその大きさは増えていく．つまり正の湧き出しがある．$y < 0$ でも流れに沿って見ていくと（つまり下方向にいくほど）流れの強さは増えているので，正の湧き出しがあることがわかる（理解度のチェック 7.1 (b) の x 方向を y 方向に変えただけの状況である）．実際，

$$\frac{\partial A_y}{\partial y} = +1$$

なので，y 方向の湧き出しがあることがわかる．また $A_x = 0$ なので $\frac{\partial A_x}{\partial x} = 0$，つまり x 方向の湧き出しはない．

(b) この例でも流れは y 方向である．しかしこの方向に沿ってみていってもベクトルの大きさは変わっていない．つまりどこにも湧き出しはない．これは

$$\frac{\partial A_y}{\partial y} = 0$$

という式によって確かめられる（A_y は y に依存しない）．もちろん x 方向にも湧き出しはない．

注 この例でも $\boldsymbol{A}$ は変化しているが，この変化は湧き出しではなく渦という概念で説明される．次の問題を参照．

答 理解7.3 閉曲線に沿った渦の大きさとは，その線に沿った成分をその線全体で合計したものである．正方形の場合は 4 つの辺を考えなければならない．

まず (a) のケースから考えよう．PQRS と 1 周したとき，QR と SP では場と辺とは直交しているので，辺に沿った方向の $\boldsymbol{A}$ の成分はゼロである．また，PQ と RS では $\boldsymbol{A}$ の大きさは同じだが，辺の方向が PQ（下向き）と RS（上向き）では逆である．したがってその方向の $\boldsymbol{A}$ の成分は符号が逆なので，足せば打ち消し合う．つまり渦はない．

(b) の場合も，QR と SP では $\boldsymbol{A}$ の辺方向の成分はゼロ．また PQ と RS で符号が逆なのも (a) と同じだが，PQ と RS で A_y の大きさが同じではないので（$\frac{\partial A_y}{\partial x} \neq 0$）完全には打ち消し合わない．つまりこの正方形に沿った渦の大きさはゼロではない（この正方形のところに渦があるからこそ，左右で流れの大きさが異なるのだと解釈することができる）．

注 もし A_x もゼロでなければ，PQ と RS で打ち消し合うか否か，つまり $\frac{\partial A_x}{\partial y} = 0$ か否かも問題になる．この 2 つの合計が，法則 III（あるいは法則 IV）の第 1 式の左辺である．

基本問題 ※類題の解答は巻末

基本 7.1 （波動の式） 次の式で表される波動がある．

$$A(x,t) = A_0 \sin(kx - \omega t)$$

ただし，A_0, k および ω はすべて，何らかの定数である．
(a) 各位置では，これは単振動を表していることを説明せよ．その単振動の振動数（周波数）f はどのように表されるか．
(b) 各時刻では，これは正弦波を表していることを説明せよ．その波の波長（波の山から山までの長さ）λ はどのように表されるか．
(c) この波動が動く速さ v はどのように表されるか．

類題 7.1 上問の A の式を，振動数 f と波長 λ を使って表せ．また波長と速さ v を使って表せ．

類題 7.2 （単位） 上問の式に出てくる定数 A_0, k および ω の，SI 単位系での単位を，わかる範囲で述べよ．ただし sin の中の変数はラジアン（SI 単位系では無次元）で表されているとする．それは，上問の答えと合致しているか．

基本 7.2 （正弦波の湧き出しと渦） (a) 3 次元ベクトル場 $\boldsymbol{A} = (A_x, A_y, A_z)$ を考える．一般には各成分は位置座標 $r = (x, y, z)$ の関数だが，特に，

$$A_y = A_0 \sin ky, \qquad A_x = A_z = 0$$

という形をしている場合に（k は何らかの定数），湧き出しと渦があるかないか説明せよ．
(b) $A_y = A_0 \sin kx$, $A_x = A_z = 0$ の場合にはどうか．

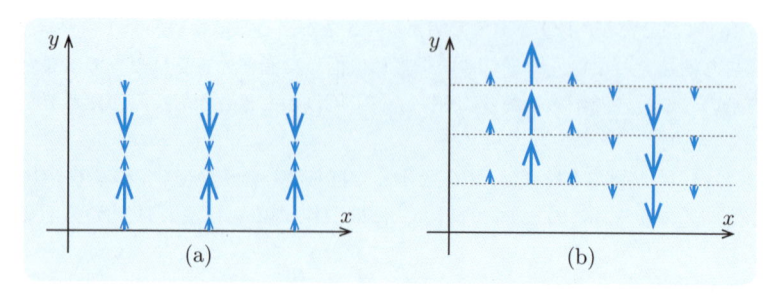

第7章　マクスウェル方程式と電磁波

答 基本 7.1　(a) 位置を決めれば x は定数だから，kx 全体が定数となる．つまり与式は

$$-A_0 \sin(\omega t + \text{定数})$$

と書ける．これは単振動の式であり，$\omega T = 2\pi$ となる $t = T$ が周期．したがって

$$\text{振動数（周波数）：} \quad f = \frac{1}{T} = \frac{\omega}{2\pi}$$

ω は角振動数であり，A_0 はこの単振動の振幅である．

(b)　時刻を決めれば t は定数だから，$-\omega t$ 全体が定数となる．つまり与式は

$$A_0 \sin(kx + \text{定数})$$

と書ける．これは正弦波の式であり，$k\lambda = 2\pi$ となる $x = \lambda$ が波長．つまり

$$\text{波長：} \quad \lambda = \frac{2\pi}{k}$$

k は波数（あるいは角波数）と呼ばれ，A_0 はこの波の振幅である．

(c)　各場所を単位時間に波長 λ の波が f 個通り過ぎるのだから，

$$v = \lambda \times f = \frac{2\pi}{k} \times \frac{\omega}{2\pi}$$
$$= \frac{\omega}{k}$$

あるいは 与式 $= A\sin(k(x - \frac{\omega}{k}t))$ と書き直せば，単位時間 ($t = 1$) に移動する距離が $\frac{\omega}{k}$ であることがわかる．

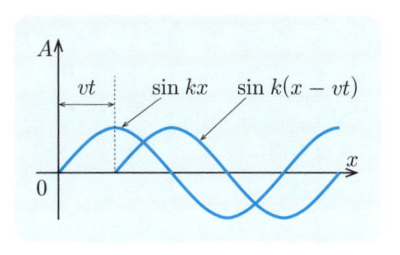

答 基本 7.2　(a) これは理解度のチェック 7.2 (a) で扱ったケースに似ている．ベクトル $\boldsymbol{A}$ が向いている y 方向に沿って進むとその大きさが変化する．つまり湧き出し（発散）がある．ただし大きさは増えたり減ったりするので，湧き出しも正負が入れ替わる．式で表せば

$$\frac{\partial A_y}{\partial y} = kA_0 \cos ky$$

が，各位置での湧き出し（発散密度）を表す．また理解度のチェック 7.3 (a) で説明したのと同様に，x が変わっても A_y は変わらないので（$\frac{\partial A_y}{\partial x} = 0$），渦はない．

(b)　これは理解度のチェック 7.2 (b) で扱ったケースに似ている．$\boldsymbol{A}$ の方向である y 方向に向かって進んでも大きさは変化しない（$\frac{\partial A_y}{\partial y} = 0$）ので湧き出しがないことがわかるが，

$$\frac{\partial A_y}{\partial x} = kA_0 \cos kx \neq 0$$

なので，理解度のチェック 7.3 (b) のような議論をすれば渦があることがわかる．

基本 7.3 （電磁波の例1） (a) 電荷も電流もない空間を x 方向に進む，電場と磁場の平面波を考える．この場合の平面波とは，各時刻で，電場と磁場が yz 平面上では一定であるということ，つまり x と t のみの関数になるということである．このような波に対しては，法則 I と法則 II から，$E_x = B_x = 0$ でなければならないことを示せ．

注 法則 I と II は，（電荷がなければ）電場と磁場に湧き出しがないという法則なのだから，場の x 成分は一定でなければならない（波ならばゼロでなければならない）のはこれまでの話から当然である．ただここでは，具体的に法則の式を書いて確認することを問題とする．

(b) (a) の波に対して，法則 III と IV が具体的にどうなるかを調べよう．磁場についてはすでに $B_x = 0$ であることがわかっているので，まず，B_y のみがゼロではない場合（$B_z = 0$）を考える（逆の $B_y = 0$, $B_z \neq 0$ という場合は類題で扱う）．このときは $E_y = 0$ であることを法則 III から示せ．

(c) E_z と B_y だけになったが，これらの量に対する残っている式を 2 つ書け．

(d) $E_z = E_0 \sin(kx - \omega t)$, $B_y = B_0 \sin(kx - \omega t)$ という形だとしよう（sin の中は同じでないと，(c) で導いた式を満たせない）．そのとき，4 つの定数 E_0, B_0, k および ω の間に成り立つ関係を求めよ．ただし電磁波の速度は c と書く．

(e) x 軸上で E_z と B_y はどうなっているか，概略を図示せよ．

(f) $|\boldsymbol{E}| = c|\boldsymbol{B}|$ は，電磁波において，電気エネルギーと磁気エネルギーが常に等しいことを意味する．このことを確かめよ．

ヒント 電気エネルギー密度は $\frac{\varepsilon_0}{2} E^2$, 磁気エネルギー密度は $\frac{1}{2\mu_0} B^2$ であった．121 ページ参照．

類題 7.3 （電磁波の例 2） 上問 (b) 以下とは逆に，$B_y = 0$, $B_z \neq 0$ という場合について，まず $E_z = 0$ であることを示したのち，$E_y = E_0 \sin(kx - \omega t)$, $B_z = B_0 \sin(kx - \omega t)$ という形の解を求めよ．また上問との相違点について説明せよ．

類題 7.4 （単位） 基本問題 7.3 で求めた電磁波では，2 つの重要な関係が成り立っていた．電磁波の速度（つまり光速度）を c と書くと，$c^2 = \frac{1}{\varepsilon_0 \mu_0}$, かつ $|\boldsymbol{E}| = c|\boldsymbol{B}|$ である．これは，この例に限らない電磁波での一般的な関係である．この 2 つの関係が，次元的に正しいことを確かめよ

ヒント 後者は 電気力 $= qE$, 磁気力 $= qvB$ よりすぐにわかる．

第 7 章　マクスウェル方程式と電磁波　　　　　　　　　169

答 **基本 7.3** (a) y や z による微分は自動的にゼロになるので書く必要はなく，電荷 ρ も存在しないので

$$\text{法則 I :}\quad \frac{\partial E_x}{\partial x} = 0, \qquad \text{法則 II :}\quad \frac{\partial B_x}{\partial x} = 0$$

となる．これは各時刻で，E_x と B_x が x にも依存しない，つまり全空間で一定であることを意味するが，それでは波にならない．つまり一定と言ってもゼロでなければならない．

注 x 方向に進むベクトルの波が x 成分をもたない（y あるいは z 方向を向く），つまり向きが進む方向と直交している波を一般に**横波**という．法則 I と II は，電磁波が横波であることを意味している．

(b) $E_x = 0$ だから法則 III より

$$\frac{\partial E_y}{\partial x} = -\frac{\partial B_z}{\partial t} = 0$$

したがって E_y は一定でなければならないが，それでは波ではなくなってしまうので，一定と言ってもゼロでなければならない．

(c) 法則 III : $-\frac{\partial E_z}{\partial x} = -\frac{\partial B_y}{\partial t}$，法則 IV : $\frac{\partial B_y}{\partial x} = \varepsilon_0 \mu_0 \frac{\partial E_z}{\partial t}$．

(d) 上の 2 式に代入すると，それぞれ

$$-E_0 k \cos(kx - \omega t) = B_0 \omega \cos(kx - \omega t)$$
$$B_0 k \cos(kx - \omega t) = -\varepsilon_0 \mu_0 E_0 \omega \cos(kx - \omega t)$$

両辺から $\cos$ を取り，速さ $c = \frac{\omega}{k}$（基本問題 7.1 (c)）を使えば，上式はそれぞれ

$$E_0 = -cB_0, \qquad B_0 = -\varepsilon_0 \mu_0 c E_0$$

第 1 式を第 2 式に代入すれば

$$1 = \varepsilon_0 \mu_0 c^2 \quad \rightarrow \quad c = \frac{\omega}{k} = \frac{1}{\sqrt{\varepsilon_0 \mu_0}}$$

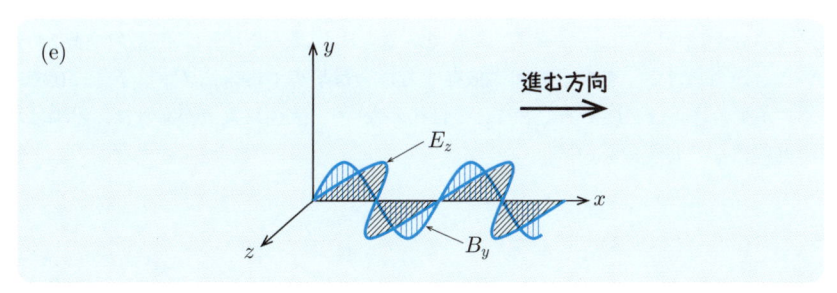

(e)

(f) $\frac{\varepsilon_0}{2} E^2 = \frac{\varepsilon_0}{2} (cB)^2 = \frac{\varepsilon_0}{2} \frac{1}{\varepsilon_0 \mu_0} B^2 = \frac{1}{2\mu_0} B^2$

応用問題

応用 7.1 （電波の電場） 面積 S の，ある面を単位時間に垂直に通り抜ける電磁波の全エネルギーを P とする．単位は W（ワット）である．この電磁波のエネルギー密度（単位体積当たりのエネルギー）を u と書くと，電磁波は光速度 c で動いているのだから，$P = Scu$ である（図）．u は電気エネルギー密度と磁気エネルギー密度の和だが，この 2 つは等しい（基本問題 7.3 (f)）ので，電気エネルギー密度の 2 倍であり $\varepsilon_0 E^2$ である．また $\sin$ の 2 乗の平均値は $\frac{1}{2}$ なので，振幅（最大値）を E_0 と書けば，E^2 の平均値は $\frac{E_0^2}{2}$ である．結局

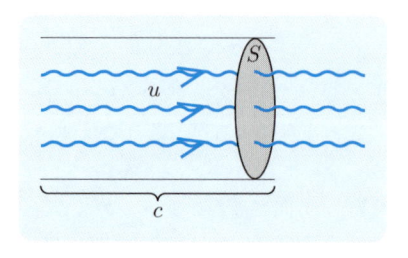

$$P = Sc \times \frac{\varepsilon_0}{2} E_0^2$$

となる．以上の結果を使って次の問題に答えよ．

(a) 電波送信所から出力 5 kW で電波を四方八方に放出している放送局がある．送信所から 2 km 先では，その電波の電場の最大値（振幅）E_0 はどれだけか．

(b) そこに置かれた長さ 50 cm のアンテナの両端に生じる電位差の最大値はどれだけか．

応用 7.2 （定常波） 両側に金属板がある $0 < x < L$ の領域に閉じ込められている電磁波を考える．基本問題 7.3 と同様に，場は y と z には依存しないとする．$x = 0$ と $x = L$ では電場はゼロであるとして（**注**を参照），正弦波の形をしたマクスウェル方程式の解を求めよ．基本問題 7.3 と同じ順番で考えよ．

ヒント $\sin kx$ に比例する形を考える．

注 電磁波は横波なので $E_x = 0$ なのは当然である．境界で $E_y = E_x = 0$ であるのは，境界の金属板内では $E_y = E_z = 0$ であるとすれば，それらは不連続には変われないことから導ける．ただし時間に依存する場合は境界で厳密に $E_y = E_z = 0$ ではなく，多少の修正は必要である（ここでは扱わない）．表面に電流があれば，磁場は境界でゼロになる必要はない．

第7章 マクスウェル方程式と電磁波

答 応用 7.1 (a) 四方八方に放出しているのだから，5 kW の出力が半径 $r = 2$ km の球面（$S = \pi r^2$）に広がると考える．与式より

$$E_0^2 = \frac{P}{Sc} \times \frac{2}{\varepsilon_0}$$
$$= \frac{5000 \text{ W}}{(4\pi \times 2000^2 \text{ m}^2) \times (3 \times 10^8 \text{ m/s})} \times (2 \times 4\pi) \times (9 \times 10^9 \text{ N m}^2/\text{C}^2) = (0.087 \text{ V/m})^2$$

したがって電場の振幅は 0.087 V/m であり，電位差はそれにアンテナの長さを掛けて

$$\text{電位差} = 0.087 \text{ V/m} \times 0.5 \text{ m} = 0.043 \text{ V}$$

答 応用 7.2 基本問題 7.3(a) にならって計算を進めよう．まず，場は y と z には依存しないという前提より，法則 I と II から $E_x = B_x = 0$ となる．次に，まず $B_z = 0$ となる解を考える．すると基本問題 7.3(b) と同様に，$E_y = 0$ となる．したがって，法則 III と IV の式の具体的な形は，基本問題 7.3(c) と同様であり，再掲すると

$$\text{法則 III：} \quad -\frac{\partial E_z}{\partial x} = -\frac{\partial B_y}{\partial t}, \qquad \text{法則 IV：} \quad \frac{\partial B_y}{\partial x} = \varepsilon_0 \mu_0 \frac{\partial E_z}{\partial t}$$

ここからが基本問題 7.3 とは異なる．あらゆる時刻 t で両境界で電場がゼロなので，形が動く波（進行波）にはなりえない．動かずに振動する波（**定常波**と呼ぶ）でなければならない．そこで $E_z = E_0(t) \sin kx$ という形を考える．振幅 E_0 が t に依存する．$x = 0$ では $E_x = 0$ となるが，$x = L$ でも $E_z = 0$ であるという条件から k の値に制限が付き，

$$\sin kL = 0 \quad \to \quad kL = \pi n \text{ (n は任意の整数)} \quad \to \quad k = \frac{\pi}{Ln}$$

この条件のもとで，上の 2 式の解を探そう．磁場の形を $B_y = B_0(t) \cos kx$ とする（cos にしないと上式が満たされない）．これらを上式に代入して左右を入れ替えれば，

$$\frac{dB_0}{dt} = kE_0, \qquad \frac{dE_0}{dt} = -\frac{k}{\varepsilon_0 \mu_0} B_0$$

この連立方程式の解は

$$E_0 = A \sin \omega t$$
$$B_0 = -\frac{A}{c} \cos \omega t$$

ただし $c = \frac{1}{\sqrt{\varepsilon_0 \mu_0}}$，$\omega = ck$ である．sin と cos は入れ替えてもよい．

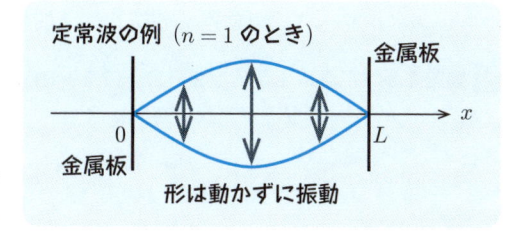

類題の解答

答 類題 1.1 (1) 電流 I が流れているときは，単位時間に I だけの電荷が，電位差 V である負荷の一方から他方へと移動している（電位の低いほうへの移動）ので，単位時間に IV だけの電気エネルギーが減少する．つまり $P = IV$．このエネルギーは負荷での仕事あるいは発熱になる．
(2) 力 P に使用時間を掛けたものが電力量 W．
(3) $V = IR$ が成り立っていれば，消費電力は $P = IV = I^2 R = \frac{V^2}{R}$ とも書ける．

答 類題 1.2 (a) $1\,\text{MV} = 10^3\,\text{kV} = 10^6\,\text{V}$ を使えば
$$1.2\,\text{MV} = 1.2 \times 10^3\,\text{kV} = 1.2 \times 10^6\,\text{V}$$
(b) $1\,\text{mC} = 10^{-3}\,\text{C} = 10^3\,\mu\text{C}$ を使えば
$$1.2\,\text{mC} = 1.2 \times 10^{-3}\,\text{C} = 1.2 \times 10^3\,\mu\text{C}$$
0.0012 C, 1200 μC としてもよい．

答 類題 1.3 (a) 電池をこのようにつなげることは，ポンプを縦に 2 つ重ねたのと同じことになる．したがって水位差は 2 倍になり，したがって電位差も 2 倍である．つまり 3.0 V になる．
(b) 同じ水位差をもつポンプを横に並べても，水位差は変わらない．したがって電位差も 1.5 V のままである．

答 類題 1.4 (a) J = W s であり W = V A なのだから
$$\text{J} = \text{V A s} = \text{V C}$$
(b) 電位差 V がある所を電荷 Q が移動すれば，電気エネルギーは VQ だけ変わる．つまり エネルギー差 = 電位差 × 電荷 という関係から，J = V C．

答 類題 1.5 電流は $1.5\,\text{V} \div 200\,\Omega = 7.5 \times 10^{-3}\,\text{A}$．これが 1 秒間に流れる電気量である．したがって電流が流れる時間は
$$100\,\text{C} \div (7.5 \times 10^{-3}\,\text{A}) = 1.33 \times 10^4\,\text{s} = 3.7\,\text{時間}$$
電力量は
$$\text{電圧} \times \text{電流} \times \text{時間} = 1.5\,\text{J}$$
としてもよいが，電圧 × 全電荷 としてもすぐに同じ結果が出る．

類題の解答

答 類題 1.6 (a) 500 W で 1 時間使えば電力量は 500 Wh = 0.5 kWh．したがって 3 時間では 1.5 kWh だから，45 円になる．
(b) まず必要なエネルギーを計算すると，水の比熱は $1\,\mathrm{cal/(g\,°C)} = 4.2\,\mathrm{J/(g\,°C)}$ だから

$$30\,°\mathrm{C} \times 4.2\,\mathrm{J/(g\,°C)} \times 1000\,\mathrm{g} = 1.26 \times 10^5\,\mathrm{J}$$

$1\,\mathrm{kWh} = 3600\,\mathrm{J} \times 1000 = 3.6 \times 10^6\,\mathrm{J}$ だから，これは

$$1.26 \times 10^5\,\mathrm{J} \div (3.6 \times 10^6\,\mathrm{J/kWh}) = 0.035\,\mathrm{kWh}$$

だから約 1 円である．

答 類題 2.1 (a) 球面上の電荷は内部には電場を作らない（基本問題 2.7）．したがって球面内の電場は中心の電荷 q によるもののみであり

$$E = \frac{1}{4\pi\varepsilon_0}\frac{q}{r^2}$$

(b) 帯電した球面外に大きな球面を考えてガウスの法則を適用すれば，外側は $E = 0$ なのだから全電荷はゼロ，つまり球面上の電荷は $-q$ であることがわかる．したがって球面上の電荷密度 σ は $\sigma = -\frac{q}{4\pi a^2}$（$a$ は球の半径）．これは，球面表裏の電場の差の ε_0 倍と大きさが等しい．

答 類題 2.2 電気力線と直交するように描く．詳細は省略．

答 類題 2.3 (a) 円筒外部での電場は，電荷の値を適切に対応させれば直線電荷の電場と同じだった（基本問題 2.9）．したがって，定数をどうとるかは別として，電位の形は同じになる．
(b) 円筒内部では電場はゼロなので，電位は一定．
(c) 電位は折れ曲がりはするが連続なので，円筒外部の電位の円筒上での値と同じでなければならない．

答 類題 2.4 (a) $|z| \gg d$ のときは

$$\frac{1}{z \pm d} = \frac{1}{z}\frac{1}{1 \pm \frac{d}{z}} \fallingdotseq \frac{1}{z}\left(1 \mp \frac{d}{z}\right) = \frac{1}{z} \mp \frac{d}{z^2}$$

という近似式が使える．これをたとえば $z > d$ の式に代入すれば，$\frac{1}{z}$ の部分は打ち消し合って

$$\phi(z \gg d) \fallingdotseq 2k\frac{qd}{z^2}$$

となる．距離に反比例する点電荷の場合と異なり，距離の 2 乗に反比例している．

(b)

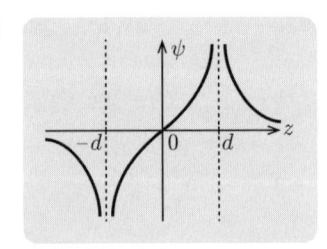

答 類題 2.5 円筒外では電場は，電荷線密度 $2\pi a\sigma$ の直線電荷と同じなので電位も同じ形であり，

$$\phi(r>a) = -\frac{a\sigma}{\varepsilon_0}\log r + 定数$$

$\phi(r=a)=0$ という条件より，定数 $=\frac{a\sigma}{\varepsilon_0}\log a$．まとめれば

$$\phi = -\frac{a\sigma}{\varepsilon_0}\log\frac{r}{a}$$

となる．円筒内部には電場はないので ϕ は定数だが，外部との連続性より $\phi=0$．

答 類題 2.6 $z>a$ では，$\phi(r=a)=0$ という条件も考えると

$$\phi = -\frac{\lambda_a+\lambda_b}{2\pi\varepsilon_0}\log\frac{r}{a}$$

$a>r>b$ では，内側の円筒の電荷だけがきくので

$$\phi = -\frac{\lambda_b}{2\pi\varepsilon_0}\log r + 定数$$

だが，$r=a$ で上の ϕ と一致する（ゼロになる）という条件より定数が決まり，まとめれば

$$\phi = -\frac{\lambda_b}{2\pi\varepsilon_0}\log\frac{r}{a}$$

$b>r$ では電場がないので ϕ は一定だが，その値は上式との連続性から決まり

$$\phi = -\frac{\lambda_b}{2\pi\varepsilon_0}\log\frac{b}{a}$$

答 類題 2.7 それぞれの円筒の電荷は $\lambda_a l$ と $\lambda_b l$ なので，$Q=\lambda_a l=-\lambda_b l$ としよう．すると電位差 V は

$$V = |\phi(a)-\phi(b)| = \frac{Q}{2\pi\varepsilon_0 l}\log\frac{a}{b}$$

したがって

$$C = \frac{Q}{V} = \frac{1}{2\pi\varepsilon_0 l}\log\frac{a}{b}$$

類題の解答

答 類題 2.8 電位差は電荷に比例するから，Q' だけ移動した段階での電位差は $V \times \frac{Q'}{Q}$. そのときに，さらに $\Delta Q'$ だけ移動するのに必要な仕事は $V \times \frac{Q'}{Q} \times \Delta Q'$. 仕事を合計（積分）すれば

$$\int_0^Q V \times \frac{Q'}{Q} dQ' = \frac{1}{2} QV$$

答 類題 2.9 位置 z（<0），微小部分 dz の電荷による電場 dE（z 方向）は，

$$dE = k \frac{\lambda \, dz}{(a-z)^2}$$

これを $-\infty$ から 0 まで積分すれば

$$E(a) = k\lambda \int \frac{1}{(a-z)^2} dz = k \frac{\lambda}{a}$$

a で微分し負号を付けてこの式になるためには

$$\phi(a) = -k\lambda \log a + 定数$$

とすればよい．

注 いきなり電位を積分で求めようとすると，無限大になってしまう．そのときは，いずれかの点 $a = a_0$ での電位 $\phi(a_0)$ を何らかの定数とし，$\phi(a) - \phi(a_0)$ を積分で求めるという方法もある．●

答 類題 2.10 合成された電場は x 方向を向く．したがって各部分による電場の x 成分を合計（積分）すればよい．

$$E(x) = k\lambda \int \frac{\cos\theta}{z^2+x^2} dz = k\lambda x \int \frac{1}{(z^2+x^2)^{3/2}} = 2k \frac{\lambda}{x}$$

これは式 (2.2) に一致する．

答 類題 2.11 中間の導体板の上面に誘導される電荷を Q_1，下面に誘導される電荷を Q_2 とすると，それが満たす条件は

$$Q_1 + Q_2 = Q_0, \qquad Q + Q_1 - Q_2 - (-Q) = 0$$

である．1番目の式は電荷の保存則，2番目の式は，導体板内部の電場がゼロという条件である（ちなみに基本問題 2.23 では，$Q_0 = 0$, $Q_1 = -Q_2 = -Q$ であり，上式が成り立つ）．この2式を解けば

$$Q_1 = -Q + \frac{Q_0}{2}, \qquad Q_2 = Q + \frac{Q_0}{2}$$

答 類題 2.12 それぞれの導体平面に誘導される電荷密度を σ_1, σ_2 としよう．それらから出る電気力線はすべて，挿入した導体板につながっていなければならない（つ

ながっておらず，どこか遠方に延びているとすると，導体平面の電位がゼロという条件と矛盾する）．したがって

$$\sigma_1 + \sigma_2 = -\sigma$$

また，どちらの導体平面から計算しても導体板の電位は同じになるという条件（電場×距離が等しいという条件）から

$$\sigma_1 d_1 = \sigma_2 d_2$$

これらを解けば

$$\sigma_1 = -\frac{d_2 \sigma}{d_1 + d_2}, \qquad \sigma_2 = -\frac{d_1 \sigma}{d_1 + d_2}$$

答 類題 2.13 (a) 導体平面上の誘導電荷が作る電場は，鏡像の位置にある点電荷 $-q$ が作る電場と同じだから，点電荷 q が受ける電気力はクーロンの法則より

$$\text{電気力} = k\frac{q^2}{(2a)^2} = \frac{k}{4}\frac{q^2}{a^2}$$

(b) $x=0$ と $z=0$ の面の電位をゼロにするには，どのように点電荷が配置していればよいかを考える．答えは，$-q$ の電荷が点 $(-a,0,a)$ と点 $(a,0,-a)$（図の第 2 象限と第 4 象限）に，そして $+q$ の電荷が点 $(-a,0,-a)$（図の第 3 象限）にあればよい（鏡像，そしてそのまた鏡像と考えればよい）．これらの 3 つの鏡像から，$(a,0,a)$ の点電荷 q が受ける電気力の合力は，原点の方向を向き，その大きさは

$$\text{合力} = k\frac{q^2}{(2a)^2} \times \frac{1}{\sqrt{2}} \times 2 - k\frac{q^2}{(2\sqrt{2}a)^2} = \frac{2\sqrt{2}-1}{8}k\frac{q^2}{a^2}$$

答 類題 3.1 (a) CD 間の合成抵抗

$$\frac{1}{1000} + \frac{1}{500} = \frac{1500}{1000 \times 500} = \frac{3}{1000}$$

より，$\frac{1000}{3}$ kΩ.

(b) BD 間の合成抵抗：$\frac{1000}{3}$ kΩ $+ 500$ kΩ $= \frac{2500}{3}$ kΩ

(c) $I_1 = 100\,\text{V} \div \frac{2500}{3}\,\text{kΩ} = \frac{3}{25}\,\text{mA} = 0.12\,\text{mA}$

(d) $I_2 = 0.04\,\text{mA},\ I_3 = 0.08\,\text{mA}$

(e) A $=$ B $= 100$ V, C $= 60$ V, D $=$ E $= 0$ V

答 類題 3.2 (a) $R_{23} = \frac{R_2 R_3}{R_2 + R_3}$

(b) $R = R_1 + \frac{R_2 R_3}{R_2 + R_3}$

(c) $I_1 = \frac{\varepsilon}{R}$

(d) $I_2 = I_1 \times \frac{R_3}{R_2 + R_3},\ I_3 = I_1 \times \frac{R_2}{R_2 + R_3}$

(e) C の電位を R_2 あるいは R_3 を使って計算すると

類題の解答　　　　177

$$I_2 R_2 = I_3 R_3 = I_1 \frac{R_2 R_3}{R_2+R_3}$$

R_1 を使って計算すると，$\varepsilon - I_1 R_1 = (R - R_1)I_1 = $ 上式.

答 類題 3.3 コンデンサーの所では電流が流れないので，その部分はないのと同じであり，基本問題 3.5 と同じになる．またコンデンサーの両端には電圧 $(\varepsilon_1 - R_1 I)$ がかかるので，コンデンサーにそれに応じた電荷がたまる．

答 類題 3.4 (a) 上 2 つの抵抗値の比と，下 2 つの抵抗値の比が同じなので，CD 間に電位差がない．つまり CD 間には電流は流れず，ここは切断されていると考えてもよい．すると全体は単純に $3\,\Omega$ と $6\,\Omega$ の並列回路になり，

$$\frac{1}{R} = \frac{1}{3} + \frac{1}{6} = \frac{1}{2} \quad \to \quad R = 2\,\Omega$$

(b) 下図のように電流が流れているとする．外側を 1 周したときのキルヒホッフの第 2 法則は

$$\varepsilon - I_1 - 2I_2 = 0$$

また回路内の三角形の部分は，左右それぞれ

$$-I_1 + (I_2 - I_1) + 2(I - I_1) = 0$$
$$-2I_2 + 2(I - I_2) - (I_2 - I_1) = 0$$

面倒な計算の結果 $\varepsilon = \frac{32}{19} I$ となるので合成抵抗は $\frac{32}{19}\,\Omega$ (ちなみに，$I_1 = \frac{12}{19} I$, $I_2 = \frac{10}{19} I$).

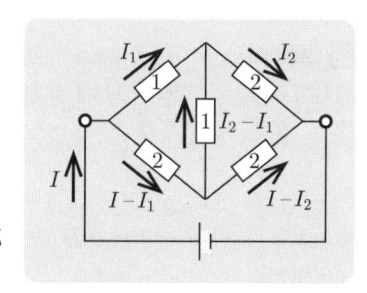

答 類題 4.1 電流が平行な場合，はさまれた領域でのみ磁場は反対方向になる．したがって，そのちょうど中間の位置では打ち消し合って磁場がゼロになる．反平行だったら電流の両側で磁場が反対方向になるが，両電流からの距離が等しくなる位置はないので，完全に打ち消し合うことはない．

答 類題 4.2 棒磁石の下側が S 極である場合を示す．輪電流の向きによって合力の方向は反対になるが，輪電流を板磁石に対応させれば当然だろう．

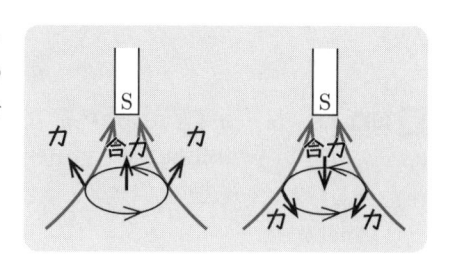

答 類題 4.3 まず，理解度のチェック 4.7 (b) のケースを考えよう．電流を逆にすれば力の方向は反転するので，正方形の回転も反対方向になる．磁石は磁場の方向に N 極を向けるということに合致する．

理解度のチェック 4.7 (a) のケースは少し微妙である．力の方向は反転するのですべて内向きになる．これは棒をその両端から内側に押すという状況に似ている．力が正確に向き合っていれば棒は回転しないが，少しでも方向がずれると棒はくるっと回転してしまう．この正方形電流も同じであり，磁石の方向が磁場の方向と逆だと，磁石は 180° 回転することに対応する．

答 類題 4.4 電気力の式 $F = qE$ と，磁気力の式 $F = qvB$ を比較すれば

$$\text{磁場の単位} \div \text{電場の単位} = \frac{F}{qv} \div \frac{F}{q} \text{ の単位} = v \text{ の単位}$$

だから，単位の比は速度の単位になる．

答 類題 4.5 $j = \frac{2B}{\mu_0} = 2 \text{ T} \div (4\pi \times 10^{-7} \text{ mT/A}) = 1.6 \times 10^6 \text{ A/m}$

答 類題 4.6 ソレノイドには，筒を回る方向ばかりでなく筒が伸びる方向にも電流が流れている．その大きさは I であり，筒の外部に，筒の中心軸の周りに渦巻く磁場を作る．磁場の大きさはアンペールの法則より（軸からの距離を r とすると）

$$B = \frac{\mu_0}{2\pi} \frac{I}{r}$$

単位長さ当たりの巻き数 n がかかっていないので（一般に $nr \gg 1$ である），ソレノイド内部の磁場よりも小さい．

答 類題 4.7 円筒内部の磁場はゼロ．円筒外部は直線電流と同じであり

$$B = \frac{\mu_0}{2\pi} \frac{I}{r}$$

答 類題 4.8 電場の大きさは $E = V/\text{距離} = 10 \text{ V/m}$．それと同じ大きさの磁気力を得るには，$E = vB$ より

$$v = \frac{E}{B} = 10 \text{ m/s}$$

答 類題 4.9 (a) $m \frac{dv_x}{dt} = qE + qv_y B$, $m \frac{dv_y}{dt} = -qv_x B$（この式で，$qE + qv_y B = 0$, $v_x = 0$ というのが応用問題 4.1 の状況であった．）

(b) 新しい変数を代入し $\omega = \frac{qB}{m}$ とすると（ω は応用問題 4.2 (b) で求めたサイクロトロン振動数）

$$\frac{dv'_x}{dt} = \omega v'_y, \qquad \frac{dv'_y}{dt} = -\omega v'_x$$

となる．これは円運動の式である．実際，この式の解は v_0 を任意の定数として

$$v'_x = v_0 \sin\omega t, \qquad v'_y = v_0 \cos\omega t$$

と書ける．これは半径 $\frac{v_0}{\omega}$ の円運動を表す（円運動の中心を原点とすれば，$x = -\frac{v_0}{\omega}\cos\omega t$，$y = \frac{v_0}{\omega}\sin\omega t$）．

(c) 最初の基準で見れば，この粒子は円運動しながら，その円の中心が等速 $v = -\frac{E}{B}$ で動いていることになる．したがって運動の概略図は右のようになる．

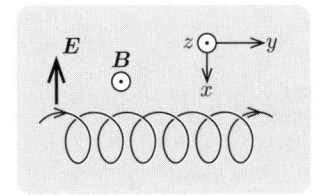

答 類題 4.10 棒輪の中心軸に沿って，下の無限遠から上の無限遠まで進み，それから無限の遠方を通って下の無限遠に戻るという経路を考える．無限の遠方では磁場はゼロなので，アンペールの法則への寄与はないので，

$$2\int_0^\infty \frac{c}{L^3}\,dr = \mu_0 I$$

という式が成り立つだろう．積分公式を使えば

$$\int_0^\infty \frac{1}{L^3}\,dr = \frac{1}{a^2}$$

なので

$$2c\frac{1}{a^2} = \mu_0 I \quad \rightarrow \quad c = \frac{\mu_0}{2a^2}I$$

答 類題 4.11 応用問題 4.5 で求めた式をここの記号で書き直せば

$$B = \frac{\mu_0}{2r^2}\frac{I}{(r^2+R^2)^{3/2}}$$

これより

$$I = \frac{2B}{\mu_0} \times \frac{(r^2+R^2)^{3/2}}{r^2} = 3.0 \times 10^9 \text{ A}$$

非常に大きいようだが，この電流が断面積 1000 km 四方の部分を流れているとすれば，電流面密度は $1\,\text{mA/m}^2$ レベルになる．

答 類題 4.12 図の Δz 部分の電流が点 A に作る磁場を考える．その大きさは

$$\Delta B = \frac{\mu_0}{4\pi}\frac{I\Delta z}{z^2+r^2}\sin\theta = \frac{\mu_0}{4\pi}\frac{Ir\Delta z}{(z^2+r^2)^{3/2}}$$

方向は z の値にかかわらず紙面裏向きなので，そのまま積分すれば全磁場が得られる．
応用問題 4.5 の積分公式を使えば

$$B = \frac{\mu_0}{4\pi}Ir\int_{-\infty}^\infty \frac{1}{(z^2+r^2)^{3/2}}\,dz = \frac{\mu_0}{2\pi}\frac{I}{r}$$

答 類題 4.13 微小部分 Δx が点 A に作る磁場の, x 成分（横方向）を計算する（点 A の両側の電流の寄与を足せば x 成分だけが残るので）.

$$\Delta B_x = \frac{\mu_0}{2\pi} \frac{j\Delta x}{r} \cos\theta = \frac{\mu_0}{2\pi} \frac{jz\Delta x}{x^2+z^2}$$

これを $-\infty < x < \infty$ で積分すれば（積分公式 $\int_{-\infty}^{\infty} \frac{1}{x^2+z^2} dx = \frac{\pi}{z}$ も使って）

$$B = \frac{\mu_0}{2\pi} jz \int \frac{1}{x^2+z^2} dx = \frac{\mu_0 j}{2}$$

答 類題 4.14 上辺は速さ $v = b\omega$ で動いている. したがって上辺に生じる電位差は $Bva = B\omega ab$. 下辺も同じである（ただし向きは逆向き）. また側辺では磁気力の方向は導線の方向に直角なので, 側辺には電位差は生じない. 結局, PQ 間では上辺と下辺の電位差が足し合わさって, $B\omega 2ab$ となる.

注 面が磁場に対して ϕ だけ傾いているときは, これに $\sin\phi$ を掛けたものになる. 応用問題 5.2 も参照.　●

答 類題 5.1 (a) 上から見て右回りの電場が生じるのだから, 左回りの電流は妨げられる.
(b) 上から見て左回りの電場が生じるのだから, 左回りの電流は強められる（以下略）.

答 類題 5.2 磁場は, 2 つの円筒間に, 円筒を渦巻くようにできる. その大きさは, 軸からの距離を r とすると（$b < r < a$）, アンペールの法則より

$$B = \frac{\mu_0}{2\pi} \frac{I}{r}$$

この磁場の大きさが変化すると, 円筒縦方向の, 軸を含む断面の, 内外の円筒ではさまれた部分（両端をつなげれば長方形の回路になる … 下図）に起電力ができる. その長方形をつらぬく磁束 Φ は

$$\Phi = \frac{\mu_0}{2\pi} \times I \times l \times \int_a^b \frac{1}{r} dr = \frac{\mu_0}{2\pi} Il \log \frac{a}{b}$$

自己インダクタンスの定義は $L = \frac{\Phi}{I}$ だから

$$L = \frac{\mu_0}{2\pi} l \log \frac{a}{b}$$

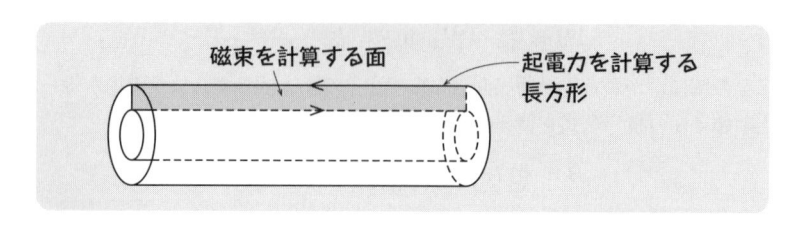

類題の解答

答 類題 5.3 (a) 右回りに考えると，電池で ε の電位上昇，コンデンサーで $\frac{Q}{C}$ の電位降下，コイルで $L\frac{dI}{dt}$ の電位降下になるから，与式のようになる．
(b) 電流の方向を考えると，Q が増えているときに $I>0$，つまり $\frac{dQ}{dt}=I$．したがって
$$\varepsilon - \frac{Q}{C} - L\frac{d^2Q}{dt^2} = 0$$
(c) 上式を書き換えると
$$\frac{d^2Q}{dt^2} = -\frac{1}{LC}(Q-C\varepsilon)$$
したがって $\tilde{Q}=Q-C\varepsilon$，$\omega^2=\frac{1}{LC}$ とすれば
$$\frac{d^2\tilde{Q}}{dt^2} = -\omega^2 \tilde{Q}$$
となり，角振動数 ω の単振動の式になる．
(d) この式の解は $\sin\omega t$ と $\cos\omega t$ のタイプがあるが，$t=0$ で $\frac{d\tilde{Q}}{dt}=I=0$ なので，$\cos\omega t$ でなければならず，したがって A を任意定数として
$$Q = C\varepsilon + \tilde{Q} = C\varepsilon + A\cos\omega t$$
さらに $t=0$ で $Q=0$ という条件より $A=-C\varepsilon$ と決まり
$$Q = C\varepsilon(1-\cos\omega t), \qquad I = \frac{dQ}{dt} = C\varepsilon\omega\sin\omega t$$
となる．Q は $C\varepsilon$（L がないときの値）を中心に，0 と $2C\varepsilon$ の間を振動する．

答 類題 5.4 ヒントの $\tilde{I}$ を使うと，問題文の微分方程式は
$$\frac{d\tilde{I}}{dt} = -\frac{R}{L}\tilde{I}$$
となる．この式のもっとも一般的な解は $\tilde{I}=A'e^{-t/\tau}$（A' は任意の定数）と書けるので，問題文の解 I が得られる．

答 類題 5.5 コイルがあるのでスイッチを切った瞬間にも電流は瞬間的には止まらず，流れ続ける．しかしスイッチの所で回路が切れているので，そこに電荷がたまる．スイッチの両端の間に高電圧が発生するので火花が出る可能性が大きい．その火花によりエネルギーが失われて，回路は何もない状態になる（切れているスイッチは，電気容量が非常に小さいコンデンサーだとみなせる．少しの電荷で電圧が急速に上がり（$V=\frac{Q}{C}$），絶縁状態が破れる）．

答 類題 5.6 応用問題 5.6(a) の式を使うと
$$I_1 = \frac{\varepsilon - R_2 I_2}{R_1}$$

これを使って (b) の式から I_1 を消去すると

$$\frac{dI_2}{dt} = -\frac{R}{L}I_2 \quad \text{ただし} \quad R = \frac{R_1 R_2}{R_1 + R_2}$$

したがって

$$I_2 = I_0 e^{-t/\tau} \quad \text{ただし} \quad \tau = \frac{L}{R}$$

であり I_0 は (a) で求めた I_2 の初期値 $\frac{\varepsilon}{R_1+R_2}$. これを上の I_1 の式に代入すれば

$$I_1 = \frac{\varepsilon}{R_1}\left(1 - \frac{R_2}{R_1+R_2}e^{-t/\tau}\right)$$

答 類題 5.7 電流が最大になるのは電流の向きが反転するときだから，電流の変化率，つまり電位降下（電圧）がゼロになるときである．つまりずれは 4 分の 1 周期，位相差は $\frac{\pi}{4}$. 電流が増えているときはその増加率は減少に転じているので，電圧はすでに下降し始めている．つまり電流のほうが遅れて変化していることになる（電流遅れ状態）．

答 類題 5.8 (a) コンデンサーにたまっている電荷と流れ込む電流の間には $I = \frac{dQ}{dt}$ という関係が成り立つように電荷と電流の正負を定義したとする．すると $V(=\frac{Q}{C}) = \cos\omega t$ ならば，$I = -\omega C \sin\omega t$，$V = \sin\omega t$ ならば $I = \omega C \cos\omega t$. したがって $\tilde{V} = \cos\omega t + i\sin\omega t$ ならば

$$\tilde{I} = -\omega C \sin\omega t + i\omega C \cos\omega t = i\omega C(\cos\omega t + i\sin\omega t)$$

(b) $\tilde{V} = Z\tilde{I}$ より，$Z = \frac{1}{i\omega C}$.
(c) $Z = \frac{1}{e^{i\pi/2}\omega C}$ より，$\theta = -\frac{\pi}{2}$.
(d) 電流のほうが $\frac{\pi}{2}$ だけ進んでいる．

答 類題 5.9 (a) 回路の式は $V - L\frac{dI}{dt} = 0$ だから，$V = V_0 \sin\omega t$ ならば $I = -\frac{V_0}{\omega L}\cos\omega t$.
(b) 同様に $V = V_0 \cos\omega t$ ならば $I = \frac{V_0}{\omega L}\sin\omega t$.
(c) $Z = \omega L e^{i\pi/2}$ なので，$\tilde{V} = V_0(\cos\omega t + i\sin\omega t) = V_0 e^{i\omega t}$ とすれば，

$$\tilde{I} = \frac{1}{\omega L}e^{i(\omega t - \pi/2)} = \frac{V_0}{\omega L}\left(\cos(\omega t - \frac{\pi}{2}) + i\sin(\omega t - \frac{\pi}{2})\right) = \frac{V_0}{\omega L}(\sin\omega t - i\cos\omega t)$$

$\tilde{V}$ と $\tilde{I}$ の実部どうし，虚部どうしを組み合わせれば，それぞれ (b) と (a) の結果になる．

答 類題 5.10 (a) 合成インピーダンスは

$$Z = R + \frac{1}{i\omega C} = \sqrt{R^2 + (\omega C)^{-2}}\,e^{i\theta}$$

ただし $\tan\theta = -\frac{1}{\omega RC}$.

(b) 複素電圧が $\tilde{V} = V_0 e^{i\omega t}$ のときは複素電流は

$$\tilde{I} = \frac{V_0}{\sqrt{R^2+(\omega C)^{-2}}} e^{i(\omega t-\theta)}$$

だから，$V = V_0 \cos\omega t$ のときは実部を取って

$$I = \frac{V_0}{\sqrt{R^2+(\omega C)^{-2}}} \cos(\omega t - \theta)$$

(c) $\omega = 2\pi f = 314 \text{ s}^{-1}$ だから

$$|Z| = \sqrt{4^2 + (0.0628)^{-2}} = 16.4 \,(\Omega)$$

$\rightarrow$ 電流の振幅 $= 141 \text{ V} \div 16.4\,\Omega = 8.6 \text{ A}$

位相差は $\tan\theta = -\frac{1}{314\times 2\times 10^{-4}\times 4} \fallingdotseq -4.0 \rightarrow \theta = -76°$ $(= -1.3 \text{ rad})$.

答 類題 5.11 (a) $I_1 = \frac{V_0}{R}\sin\omega t$ であることは変わらない．外側を1周したときの式は $V - L\frac{dI_2}{dt} = 0$ となるので

$$\frac{dI_2}{dt} = \frac{V}{L} = \frac{V_0}{L}\sin\omega t \quad \rightarrow \quad I_2 = -\frac{V_0}{\omega L}\cos\omega t$$

(b)

$$I = I_1 + I_2 = \frac{V_0}{R}\sin\omega t - \frac{V_0}{\omega L}\cos\omega t = V_0\sqrt{R^{-2}+(\omega L)^{-2}}\sin(\omega t + \theta_0)$$

ただし $\tan\theta_0 = -\frac{R}{\omega L}$.

(c) 合成インピーダンスは

$$Z^{-1} = R^{-1} + (i\omega L)^{-1} = \sqrt{R^{-2}+(\omega L)^{-2}}\,e^{i\theta_0}$$

ただし θ_0 は上と同じ．あとは $\tilde{I} = Z^{-1}\tilde{V}$ の虚部を取れば (b) と同じになる．

答 類題 5.12 (a) ヒント で導入した記号を使えば，コイルに流れる電流は $I - I_1$ であり

$$\frac{dQ}{dt} = I_1, \qquad L\frac{d}{dt}(I - I_1) = \frac{Q}{C}$$

である．2番目の式を t で微分した上で Q を消去すると

$$\frac{d^2 I_1}{dt^2} + \omega_0^2 I_1 = \frac{d^2 I}{dt^2} = -\omega^2 \frac{V_0}{|Z|}\cos(\omega t - \theta)$$

ただし，Z と θ は基本問題 5.19 の解答で導入した定数である．

右辺 $= 0$ ならばこれは単純な単振動の式であり，基本問題 5.10 ですでに考えた問題である．この LC 回路には，電源がなくても固有角振動数 ω_0 で電流がコンデンサー

とコイルの間を振動する解がある．また，この式の右辺はこの LC 回路に外部からかかる，振動する電圧であり，力学では強制振動の問題になる．

この式の解は一般に

$$I_1 = A\cos(\omega t - \theta) + (角振動数 \omega_0 で振動する解)$$

という形に書ける．係数 A は上式に代入すると決まり

$$A = \frac{\omega^2}{\omega^2 - \omega_0^2} \frac{V_0}{|Z|}$$

となる．I_1 右辺の第 1 項は外部電源による強制振動であり，第 2 項はそれと無関係に起こる LC 回路の固有振動である．ただし現実には LC 回路の部分にも多少の抵抗があるので，時間が経過すれば固有振動は減衰するだろう．したがって結局，第 1 項の強制振動の部分のみが残り，これがこの問題の解になる．

(b) 力学より，外力の振動数と固有振動数が一致する場合の強制振動の解は

$$t \sin \omega t$$

という形になることが知られている．つまり時間とともに振幅が増加する．LC 回路の部分を回る電流が徐々に増えている．この部分にエネルギーが少しずつ蓄積していることを表す．

答 類題 5.13 (a) コンデンサーに上から流れ込む電流を I_1，コイル側に上から流れ込む電流を I_2 とすると，$V = V_0 \cos \omega t$ のときは

$$I_1 = -\omega C V_0 \sin \omega t, \qquad I_2 = \frac{V_0}{\sqrt{R^2 + (\omega L)^2}} \cos(\omega t - \theta)$$

である（I_2 は応用問題 5.8 (b) の I と同じ）．これに V を掛けて時間平均したものが平均仕事率だが，$V_1 I$ の時間平均はゼロなので，結果は応用問題 5.8 (b) と変わらない．

(b) 電源を流れる電流は $I_1 + I_2$ だが，それは

$$I_1 + I_2 = A \cos \omega t + B \sin \omega t$$

という形に書ける．全体の振幅は $\sqrt{A^2 + B^2}$ だが，A は C に依存しない．したがって C を調整して $B = 0$ にすれば電流は最小になるが

$$B = -\omega C V_0 + \frac{V_0}{\sqrt{R^2 + (\omega L)^2}} \sin \theta = -\omega C V_0 + \omega L V_0$$

なので，$B = 0$ より

$$C = \frac{L}{R^2 + (\omega L)^2}$$

$B = 0$ とは電流と電圧の位相差をゼロにするということである．これにより最小の電流の振幅で必要な電力が得られる．実際に工場などで使われている原理である．

類題の解答

答 類題 6.1 電気容量で表せば電気エネルギーは $\frac{1}{2}CV^2$ である．ここで
$$C = \frac{\varepsilon S}{d}, \qquad V = Ed$$
を代入すれば
$$\tfrac{1}{2}CV^2 = \tfrac{1}{2}\varepsilon E^2 \times Sd$$
Sd はコンデンサーの体積だから，Sd で割ればエネルギー密度が得られる．

答 類題 6.2 k が正ならば磁化と磁場は同じ方向を向く．したがって磁化も磁場もない状態に外部から磁場 B_0 を掛けると，この物質は B_0 の方向に磁化するだろう．しかしそれでは B が $\mu_0 M$ だけ増えてしまって，$\frac{\mu_0 M}{B} = k > 1$ にすることができない．つまり式 (*) が成り立つ状態に達することができない．

永久磁石のように B_0 がなくても磁化 M が存在する場合だったら，式 (*) が成り立っている状況を作ることができるが，そのような物質では，そもそも B と M の間の比例関係はない．また本書では静磁場に対する透磁率しか考えていないが，絶えず振動する磁場（電磁波内の磁場）に対してだったら負の透磁率（$k > 1$）をもつ人工物質を作ることもできる．

答 類題 6.3 まず応用問題 6.5 (a) の状況を考える（板が磁場に垂直）．
(a) $\pm\sigma$ の分極磁荷が板の両面に生じる．（分極電荷と同じだとすれば）$\sigma = M$ である．したがって板内では $\mu_0 H = B_0 - \mu_0 M$．板の外部では両面の磁荷の影響は打ち消し合うので $\mu_0 H = B_0$．
(b) $H = \frac{1}{k'}M$ を (a) の板内の式に代入すれば
$$\tfrac{1}{k'}\mu_0 M = B_0 - \mu_0 M \quad \rightarrow \quad \mu_0 M = \tfrac{k'}{1+k'}B_0$$
これと，応用問題 6.5 (a) の解答の式を比較すれば $k' = \chi_m$ であることがわかる．

次に，応用問題 6.5 (b) の状況を考えると（板が磁場に平行），分極磁荷は板の左右両端に生じるので棒の場合と同様に無視でき，板内外で $\mu_0 H = B_0$．したがって (b) は応用問題 6.6 と同じになる．

答 類題 7.1 基本問題 7.1 で求めた関係を使えば
$$A(x,t) = A_0 \sin\!\left(\tfrac{2\pi}{\lambda}x - 2\pi ft\right)$$
さらに書き換えれば
$$A(x,t) = A_0 \sin\!\left(\tfrac{2\pi}{\lambda}(x - \lambda ft)\right) = A_0 \sin\!\left(\tfrac{2\pi}{\lambda}(x - vt)\right)$$

答 類題 7.2 k の単位：長さの逆数の単位だから m^{-1}（ラジアンを付ければ rad/m だが，rad は無次元なので付けても付けなくてもよい）.
ω の単位：時間の逆数の単位だから s^{-1}（あるいは rad/s）.
A は何を表しているのかは指定されていないので，A_0 の単位（$= A$ の単位）は決まらない．

答 類題 7.3 基本問題 7.3 の小問に対応させて説明すると
(b) $E_x = 0$ だから，$-\frac{\partial E_z}{\partial x} = -\frac{\partial B_y}{\partial t} = 0$. したがって E_z は一定でなければならないが，それでは波ではなくなってしまうので，一定といってもゼロでなければならない．
(c) 法則 III：$\frac{\partial E_y}{\partial x} = -\frac{\partial B_z}{\partial t}$，法則 IV：$-\frac{\partial B_z}{\partial x} = \varepsilon_0 \mu_0 \frac{\partial E_y}{\partial t}$
(d) E_y と B_z に対して基本問題 7.3 (d) と同様の形を仮定して上の 2 式に代入すると，それぞれ

$$E_0 k \cos(kx - \omega t) = B_0 \omega \cos(kx - \omega t)$$
$$-B_0 k \cos(kx - \omega t) = -\varepsilon_0 \mu_0 E_0 \omega \cos(kx - \omega t)$$

あとは，負号が付かないことを除けば基本問題 7.3 と同じである．
基本問題 7.3 との相違点：どちらも電場と磁場，そして波の進行方向の 3 つが互いに直交しているが，式の符号が違うため，どちらのケースでも，電場から磁場の方向に回した右ねじが進む方向が波の進行方向になっている．

答 類題 7.4 ヒントの 2 式の各辺どうしを割れば，$\frac{E}{B}$ の単位が速度の単位になることがわかる．積 $\varepsilon_0 \mu_0$ の単位は，たとえば電荷間のクーロン力の法則と，電流間の力の法則を比較すればよい．

$$\mathrm{C}^2/\mathrm{m}^2 \div \varepsilon_0 \text{ の単位} = \mathrm{A}^2 \times \mu_0 \text{ の単位}$$

となるので，

$$\varepsilon_0 \mu_0 = \mathrm{C}^2/(\mathrm{A}^2\,\mathrm{m}^2) = \mathrm{s}^2/\mathrm{m}^2$$

右辺は速度の単位の 2 乗の逆数である．

索引

● あ行 ●

アース　43
アンペア（A）　9, 84
アンペールの回路定理　86
アンペールの法則　86

インピーダンス　133

ウェーバー（Wb）　107
渦　160

オーム（Ω）　9, 61
オームの法則　8, 60

● か行 ●

回転　160
回路　7
ガウスの法則　21
角振動数　132
過減衰　125
過渡現象　61

起電力　1, 6, 60, 107
軌道運動　152
逆起電力　107
キャパシター　42
球面電荷　21
強磁性体　152
共振周波数　140
鏡像法　43
極性分子　144
キルヒホッフの第1法則　61

キルヒホッフの第2法則　61

クーロン電場　106
クーロンの法則　20

減衰振動　125

交流　132
固有周波数　140
コンデンサー　42

● さ行 ●

サイクロトロン振動数　99

磁化　152
磁化電流　153
磁化率　156
磁気エネルギー　115, 121
磁気モーメント　96
磁気力　85, 86
自己インダクタンス　114
自己誘導　107
磁束　107
実効電圧　137
時定数（RC回路）　130
時定数（RL回路）　118, 128
磁場　85
周期　132
自由電子　6
周波数　132
ジュール熱　9
ジュールの法則　9

常磁性体　152
消費電力　8
磁力線　2, 85
真空の透磁率　84
真空の誘電率　20
振動数　132
振幅　132

水流モデル　1
スピン　152

正弦波交流　132
静電遮蔽　43
整流子　97
絶縁体　144
絶縁破壊　144
接地　43

双極子　34
相互誘導　107
ソレノイド　87

● た行 ●

帯電　6

直線電荷　21

抵抗　8
抵抗値　8
抵抗率　76
定常波　171
テスラ（T）　86
電圧　1, 7
電位　1, 7, 32

電位差　1, 7
電荷　6
電荷素量　9
電気エネルギー　7, 32
電気感受率　149
電気的位置エネルギー　7
電気容量　42
電気力線　2, 21
電気量　6
電気力　6, 20
電源　6, 60
電磁波　161
電磁誘導　106
電磁誘導の法則　107
電束　161
電場　1, 20
電流　1
電流進み状態　135
電力　1, 8

透磁率　84, 153, 156
導体　144
等電位面　33
導電率　77

● は行 ●

発散　160
発散密度　162
発電の原理　87
反磁性体　152
半導体　144

ビオ-サバールの法則　86
比電気感受率　149

比透磁率　156
比誘電率　149

ファラッド（F）　61
負荷　7, 60
複素インピーダンス　133
複素電圧　133
複素電流　133
分極　144, 145
分極電荷　144, 145
分極ベクトル　145

平面電荷　21
平面（平行板）コンデンサー　42
変位電流　161
ヘンリー（H）　116

ボルト（V）　9

● ま行 ●

マクスウェル方程式　161
摩擦電気　6

モーターの原理　87

● や行 ●

有効電力　143
誘電体　144
誘電率　20, 145
誘導起電力　107
誘導電荷　43
誘導電場　106
誘導電流　106

横波　169

● ら行 ●

レンツの法則　106

● わ行 ●

湧き出し　160
ワット（W）　9, 16
ワット時（Wh）　9
輪電流　87

● 欧字 ●

LC 回路　115
RC 回路　115
RLC 回路　115
RL 回路　115

著者略歴

和田 純夫
（わだ すみお）

1972 年　東京大学理学部物理学科 卒業
2015 年　東京大学総合文化研究科専任講師 定年退職
現　　在　成蹊大学非常勤講師

主要著訳書

「物理講義のききどころ」全6巻（岩波書店），
「一般教養としての物理学入門」（岩波書店），
「プリンキピアを読む」（講談社ブルーバックス），
「新・単位がわかると物理がわかる」（共著，ベレ出版），
「ファインマン講義　重力の理論」（訳書，岩波書店），
「グラフィック講義　物理学の基礎」（サイエンス社），
「グラフィック講義　力学の基礎」（サイエンス社），
「グラフィック講義　電磁気学の基礎」（サイエンス社），
「グラフィック講義　熱・統計力学の基礎」（サイエンス社），
「グラフィック講義　量子力学の基礎」（サイエンス社），
「グラフィック講義　相対論の基礎」（サイエンス社），
「グラフィック演習　力学の基礎」（サイエンス社）

ライブラリ 物理学グラフィック講義＝別巻 2
グラフィック演習 電磁気学の基礎

2015 年 7 月 10 日 ⓒ　　　　　　初　版　発　行

著　者　和田純夫　　　発行者　木下敏孝
　　　　　　　　　　　印刷者　林　初彦

発行所　　株式会社　サイエンス社

〒151-0051　東京都渋谷区千駄ヶ谷1丁目3番25号
営業　☎ (03)5474–8500（代）　振替 00170-7-2387
編集　☎ (03)5474–8600（代）
FAX　☎ (03)5474–8900

印刷・製本　太洋社
《検印省略》

本書の内容を無断で複写複製することは，著作者および出版社の権利を侵害することがありますので，その場合にはあらかじめ小社あて許諾をお求め下さい．

サイエンス社のホームページのご案内
http://www.saiensu.co.jp
ご意見・ご要望は
rikei@saiensu.co.jp　まで．

ISBN978-4-7819-1363-6

PRINTED IN JAPAN

はじめて学ぶ 電磁気学
阿部龍蔵著　2色刷・A5・本体1500円

電磁気学入門
阿部龍蔵著　A5・本体1700円

新・基礎 電磁気学
佐野元昭著　2色刷・A5・本体1800円

わかる電磁気学
松川　宏著　2色刷・B5・本体2300円

電磁気学ノート
末松監修　長嶋・伊藤共著　B5変・本体3200円

理工基礎 電磁気学
大槻義彦著　A5・本体1650円

電磁気学
鈴木　皇著　A5・本体1845円

＊表示価格は全て税抜きです．

サイエンス社

演習電磁気学 ［新訂版］
　　　　加藤著・和田改訂　　2色刷・A5・本体1850円

新・演習 電磁気学
　　　　阿部龍蔵著　　2色刷・A5・本体1850円

電磁気学演習 ［新訂版］
　　　　山村・北川共著　　A5・本体1850円

新版 マクスウェル方程式
－電磁気学のよりよい理解のために－
　　　　北野正雄著　　A5・本体2000円

＊表示価格は全て税抜きです．

サイエンス社

ライブラリ 物理学グラフィック講義
和田 純夫 著

グラフィック講義 **物理学の基礎**
2色刷・A5・本体1900円

グラフィック講義 **力学の基礎**
2色刷・A5・本体1700円

グラフィック講義 **電磁気学の基礎**
2色刷・A5・本体1800円

グラフィック講義 **熱・統計力学の基礎**
2色刷・A5・本体1850円

グラフィック講義 **量子力学の基礎**
2色刷・A5・本体1850円

グラフィック講義 **相対論の基礎**
2色刷・A5・本体1950円

グラフィック演習 **力学の基礎**
2色刷・A5・本体1900円

グラフィック演習 **電磁気学の基礎**
2色刷・A5・本体1950円

＊表示価格は全て税抜きです．

サイエンス社